建设行业专业技术管理人员继续教育教材

计算机在建设工程中的应用

北京土木建筑学会　组织编写

江超　主编

江苏凤凰科学技术出版社

图书在版编目（CIP）数据

计算机在建设工程中的应用/江超主编 . —南京：
江苏凤凰科学技术出版社，2016.9
建设行业专业技术管理人员继续教育教材/魏文彪
主编
ISBN 978-7-5537-6943-1

Ⅰ.①计… Ⅱ.①江… Ⅲ.①计算机应用-建筑工程
-继续教育-教材 Ⅳ.①TU-39

中国版本图书馆 CIP 数据核字（2016）第 178770 号

建设行业专业技术管理人员继续教育教材
计算机在建设工程中的应用

主 编	江 超
项 目 策 划	凤凰空间/翟永梅
责 任 编 辑	刘屹立
特 约 编 辑	翟永梅

出 版 发 行	凤凰出版传媒股份有限公司
	江苏凤凰科学技术出版社
出版社地址	南京市湖南路 1 号 A 楼，邮编：210009
出版社网址	http://www.pspress.cn
总 经 销	天津凤凰空间文化传媒有限公司
总经销网址	http://www.ifengspace.cn
经 销	全国新华书店
印 刷	北京市十月印刷有限公司

开 本	787 mm×1 092 mm 1/16
印 张	17.5
字 数	437 000
版 次	2016 年 9 月第 1 版
印 次	2016 年 9 月第 1 次印刷

标 准 书 号	ISBN 978-7-5537-6943-1
定 价	43.00 元

图书如有印装质量问题，可随时向销售部调换（电话：022-87893668）。

内 容 提 要

本书内容包括：计算机在建设领域的应用、计算机软件技术在建设工程中的应用、计算机先进技术在建设工程中的应用、计算机在传统建筑工程中的应用以及计算机在智能建筑工程中的应用。

本书可作为高等学校工程管理专业辅助教材，也可作为培训机构培训教材，还可供相关土木工程类专业师生、工程管理人员和工程技术人员参考。

前　言

　　随着建设行业的发展，新材料、新设备、新工艺、新技术不断投入使用，一批新的施工规范和施工技术也相继颁布实施，对建设工程新知识要求也越来越广泛。为了使读者能系统地掌握更多先进的建设工程施工方面的知识，编者根据多年的教学经验和实践经验，特意编写了"建设行业专业技术管理人员继续教育教材"系列丛书，包括：

　　《建设工程新材料及应用》《建设工程新技术及应用》《建设工程节能技术》《建设工程绿色施工及技术应用》《工程技术经济》《建设行业职业道德及法律法规》《建设工程质量管理》《建设工程环境与安全管理》《计算机在建设工程中的应用》。

　　本系列丛书以新技术、新规范、新材料、节能、绿色、经济为主要内容；以提高建设行业从业人员素质、确保工程质量和安全生产为目的；按照继续教育工作科学化、制度化、经常化的要求；针对国家建设行业颁布的新技术、新规范、新材料和法律、法规等及时搜集整理，组织建设行业专家编写了行业急需的继续教育教材。

　　本系列丛书具有较强的适用性和可操作性，理论联系实际，图文并茂，可作为建设行业专业技术管理人员继续教育教材，同时也可作为从事建筑业、房地产业等工程建设和管理相关人员的参考用书。本系列丛书选取部分相关专业进行介绍，内容包括行业中最前沿的科技和需要重视的问题。阐述方式严谨科学，思路清晰。在内容安排上，尽量做到重点突出、表达简练。

　　本书主要讲述计算机在建设工程中的应用的相关内容，参与本书编写的人员有：江超、刘海明、张跃、李佳滢、刘梦然、李长江、王玉静、许春霞、王启立。

　　本系列丛书在编写过程中，参阅了部分相关书籍，在此对参考资料的原作者表示衷心的感谢。此外，由于编写时间仓促，加之编者水平有限，书中难免会出现错误，欢迎读者给予批评指正，以便我们进一步地修改和完善。

编者

2016 年 9 月

目 录

第一章 计算机在建设领域的应用

◀◀ 第一节 计算机与建设行业的历史 ▶▶

一、计算机在建筑设计中的重要性

1. 引言

随着我国经济的发展、社会的进步，计算机技术在我国的各行各业得到了广泛应用，并给社会带来了便利。这场以计算机技术为代表的新技术革命产生了很多新兴产业，同时也促进了传统产业的更新改造。作为国民经济传统四大支柱产业之一的建筑业，是从事建造各类房屋和兴建各项土木工程的行业，而计算机模拟在建筑集成设计中业已得到了广泛应用，并促进了建筑设计的不断优化和整个建筑行业的规范和发展。

2. CAD 技术

计算机辅助设计（CAD）是信息技术在工程设计领域的一种应用技术，而计算机辅助建筑设计（CAAD）则是 CAD 技术的一个分支，是信息技术在建筑设计领域的一种应用技术。

近年来，我国建筑结构的计算软件与 CAD 制图软件取得了突飞猛进的发展，已经比较好地解决了平面和空间结构分析计算问题。绝大多数的分析计算程序都设有 CAD 接口使计算结果图形化，将结构设计人员从繁重的结构计算中解脱出来。目前，国内已开发了建筑工程各专业的 CAD 制图软件，借助制图软件，设计人员可以轻松地完成施工设计。

CAD 即计算机辅助设计与制图，是指运用计算机系统辅助一项设计的建立、修改、分析或优化。CAD 系统由硬件和软件组成。硬件包括数据图形输入输出设备以及有关的硬件平台设备；软件包括系统软件、支撑软件和专业应用软件。CAD 软件是一个功能强大、易学易用，具有开放型结构的软件，不仅便于用户使用，而且系统本身可以不断地扩充和完善，因而被广泛地应用于计算机及设计工作中。

3. 3D 施工模拟

3D 施工模拟可以不受时间、地点、时机及社会因素的限制。它的超现实功能，可以任意选择所需要的视角，甚至物体的内部，可以更醒目地用动画的方法模拟场景中人们应注意的地方。在建筑行业中，建筑设计投标动画、房地产促销动画，多采用 3D Max 软件制作，这将对施工动画的使用产生很大的影响。事实上，现在已有众多优秀施工动画是由 3D Max 软件制作的。

4. 先进技术

计算机的不断发展，其性能不断地提高，带动了建筑产业水平的提高，其中出现的多种先进技术被积极应用于建设工程中，如虚拟现实技术和协同设计技术等。

1）虚拟现实技术

虚拟现实技术又称灵境技术，是近十几年悄然兴起的高新技术，它是一种可创建三维虚拟世界的计算机系统。这种由系统创建的虚拟环境，作用于用户的视觉、听觉、触觉，使用户产生身临其境的感觉，用户很自然地通过计算机进入这个环境并操纵系统中的对象进行交互，进而沉浸其中。虚拟现实技术作为一项实用技术，在建筑设计和城市规划领域有着广泛应用前景。

首先，虚拟技术能够展示建筑物的整体信息。传统阶段的二维、三维的表达方式，只能传递建筑物部分属性的信息，并且只能提供单一尺度的建筑物信息，而使用虚拟技术可以展示一栋活生生的虚拟建筑物，并且可以在里面漫游，体验身临其境之感。建筑设计不仅仅是设计者的事，住户、管理部门都可起到辅助决策的作用，而虚拟现实技术在设计者和用户之间起到一种沟通的桥梁作用。

其次，在过去的建筑设计过程中，一般都会对设计的建筑物提出不同的设计方案，对未来建筑物的形象作多种设想，在虚拟的建筑三维空间中，可以实时地切换不同的方案，在同一个观察点或同一个观察序列中感受不同建筑外观，这样有助于比较不同的建筑方案的特点与不足，以便进一步进行决策。事实上，利用虚拟现实技术不但能够对不同方案进行比较，而且可以对某个特定的方案做修改，并实时地与修改前的方案进行分析比较。

2）协同设计技术

传统的产品设计是在图纸上以手工设计为主，设计周期长，设计成本高，质量还不能保证。而现今常用的 CAD 技术目前基本限于平面和单人作业。随着并行工程的广泛推行与计算机支持的协同工作（CSCW）领域研究的迅速发展，人们正在寻求将建设设计技术与 CSCW 技术结合起来的方法，以开发计算机支持的协同设计系统。到目前为止，协同设计主要应用在 CAD/CAM/CAE 集成化、远程计算与设计、工作流管理与 PDM、虚拟产品设计与可视化等方面。

5. 计算机对建筑创作的积极影响

计算机可以帮助设计人员担负计算、信息存储和制图等多项工作。在设计中可用计算机对不同方案进行大量的计算、分析和比较，以决定最优方案；各种设计信息都能存放在计算机的内存或外存里，并能快速地检索和方便地修改；设计人员通常用草图开始设计，将草图变为工作图的繁重工作可以交给计算机完成。正因如此，计算机辅助设计已经被广泛应用到工程设计和产品设计中，在建筑设计行业更成为了必不可少的工具。

利用计算机辅助建筑设计是一种用来表现设计的媒介，掌握计算机的基本操作也是一种基本技能。它极大地丰富了表达的方式，提高了设计图面效果，在设计的技术手段方面首先具备了参与国际竞争的能力。

随着人们对建筑的要求越来越高，建筑设计的方式也必将由原来的粗放设计向集成化设计转变，建筑设计的计算机模拟技术也将会受到越来越多的人的关注，这是一个必然的趋势。但就目前的建筑市场来说，情况还不容乐观，在各建筑设计团队中，计算机信息模拟和性能模拟没有完全融会到建筑设计之中。与此同时，我们应该看到其好的一面。近年来，建筑集成化设计和计算机模拟的相关基础和理论已经取得了长足的发展，并将逐渐形成系统的学科，进而会建立一套完整的体系和规范化的框架。因此，计算机模拟在建筑集成设计中的应用前景是光明的，我们必须正确地走下去，把计算机技术完全融会贯通于建筑设计之中，使建筑设计不断发展和完善，从而为人们设计出更人性化、更舒适的建筑产品，服务人类，并造福于人类。

二、计算机在建设施工中的重要性

计算机的引入不仅可以提高工作效率，同时能够及时提供市场信息，这对于每一个行业的发展都是至关重要的。随着经济的发展，建筑业不仅要满足传统需求，还要与时俱进，实现多元化、智能化，更要保证最大的经济效益。而将计算机技术应用于建筑工程建设，不仅可以简化项目管理的复杂流程，提高效率，同时能够提供信息平台，使交流沟通更为方便快捷。主要表现在下面几个方面。

1. 企业的发展

企业的发展取决于经济效益，提高资金管理和运作水平，对企业至关重要。在实际工程中，现场办公只解决一些日常开支和少数部分的施工费用，大部分的财务结算都是在总部进行。这样就需要一种中央财务管理模式，使资金在本部进行运作，统一规划各项项目资金。利用计算机系统的数据库同步和网络通信功能，可以及时有效地完成各个任务，从而保证工程所需，降低资金运作成本。

2. 材料项目工程管理

在建设工程项目管理中，材料的使用占据首要地位，有效地控制物资是减少成本的关键。通过计算机的数据库管理功能，对物资的管理现状及时更新，管理人员可根据系统内设置的逻辑限制条件和查询功能在第一时间发现请购量、设计量、采购量、出库量之间的相对关系，以便于及时采取措施预防纠正，避免造成更大的损失，减少成本浪费。此外，计算机可以协助管理人员根据整体进度调整物资供应进度，最终实现物资管理。既满足了进度计划的要求，又能减少库存数量。

3. 工程施工进度规划

施工进度的合理规划，有助于施工工期的缩短，从而降低建设成本，提高经济效益。计算机技术的引入，使信息共享成为现实，借助建设工程项目管理信息系统，建立工程数据库并应用网络系统对建设工程项目施工进行科学化的管理，可以将施工过程中各个阶段的类型不同、格式不同的工程建设用声音、图像、文字等信息数据进行统一管理，提高各部门之间的协调合作，使得业主、建设单位、施工单位以及设计单位和政府部门之间的沟通变得高效，从而减少时间的浪费，提高工程的施工进度。

4. 新技术、新工艺的应用

在建设施工过程中，新技术、新工艺的应用，是提高经济效益的重要手段，也使建设施工质量得到了更好的保证。计算机的引入，使得许多智能化仪器在建设施工中被应用，减少了因人为主观因素而造成的误判，解决了一些隐蔽工程项目无法检查的难题。纵观历史，任何一项新技术、新工艺的推广与发展都必将给社会带来巨大的进步。计算机带动建设技术的革新，必将使建设施工更加快捷、节能、高效。

5. 安全管理

本着以人为本的原则，安全问题一直是建设施工过程中的重中之重。建筑业的固有特点决定了其管理难度较大，且具有危险性，成为事故高发的产业之一。随着建筑物的构造形式、立面造型多样化，新工艺、新材料、新产品以及新设备的使用，对建筑安全提出了更高的要求。安全知识信息的培训与推广，必然少不了计算机的帮助。通过对网络技术的应用，对建筑施工实现网络监管，可以排除安全隐患，提高施工人员的安全意识，从而对建筑施工提供保障。

6. 资料信息

建设工程中的资料和信息项目繁多，且部分孤立、分散而无序，利用计算机软件将工程数据和信息通过计算机网络进行科学化的管理，将施工过程中各个阶段的数据资料进行统一管理，使得建设工程各个项目的信息管理更加快捷方便。

就目前建设工程与计算机技术的发展形势而言，只有在建设工程项目管理中广泛应用信息技术以及计算机技术，使工程项目实现信息化管理，才能使企业在行业竞争中立于不败之地，企业的发展才能更加高效、快捷。

◀◀◀ 第二节　建设工程中计算机仪器和软件的应用 ▶▶▶

一、计算机仪器的应用

1. 建筑测量仪器

由于计算机在建设工程中的应用，一系列建筑仪器不断改革、创新，给建筑业的发展带来了巨大的便利。目前的计算机建筑工程测量仪器主要有智能全站仪、断面仪、收敛仪、湿度仪、光学水准仪、光学经纬仪、电子经纬仪、电子测距仪、电子全站仪、电子水准仪、GPS 密度计、地质超前预报等仪器。

以智能全站仪为例：

世界上最高精度的全站仪：测角精度（一测回方向标准偏差）0.5 秒，测距精度0.5 mm＋1 ppm。利用 ATR（自动目标识别）功能，白天和黑夜（无需照明）都可以工作。全站仪已经达到令人不可置信的角度和距离测量精度，既可人工操作也可自动操作，既可远距离遥控运行也可在机载应用程序控制下使用，可使用在精密工程测量、变形监测、几乎是无容许限差的机械引导控制等应用领域。

1）计算机在全站仪中的技术应用

随着计算机技术的不断发展与应用以及用户的特殊要求，全站仪进入了一个新的发展时期，出现了带内存、防水型、防爆型、电脑型等类型的全站仪。

在自动化全站仪的基础上，仪器安装有自动目标识别与照准的新功能，因此在自动化的进程中，全站仪进一步克服了需要人工照准目标的重大缺陷，实现了全站仪的智能化。在相关软件的控制下，智能型全站仪在无人干预的条件下可自动完成多个目标的识别、照准与测量。

（1）光学系统

光学系统使全站仪的望远镜实现了视准轴、测距光波的发射、接收光轴同轴化。在望远镜与调焦透镜间设置分光棱镜系统，通过该系统即可瞄准目标，进行角度测量；同时通过内、外光路调制光的相位差可以计算实测距离。同轴性使得望远镜一次瞄准即可实现同时测定水平角、垂直角和斜距等全部基本测量要素。

（2）自补偿系统

双轴倾斜自动补偿系统，可对纵轴的倾斜进行监测，并在度盘读数中对因纵轴倾斜造成的测角误差自动加以改正，也可由微处理器自动按竖轴倾斜改正计算式计算，实现纵轴倾斜自动补偿。当作业中全站仪器倾斜时，运算电路会实时计算出光强的差值，从而换算成倾斜的位移，将此信息传达给控制系统进行自动补偿，确保轴始终保证绝对水平。

（3）电子处理系统

电子处理系统包括微处理器、存储器等。微处理器主要由寄存器、运算器和控制器组成。微处理器的主要功能是根据键盘指令启动仪器进行测量工作，执行测量过程中的检核和数据传输、处理、显示、储存等工作，保证整个测量工作协调有序地进行。全站仪存储器的作用是将实时采集的测量数据存储起来，再根据需要传送到其他设备（如计算机、打印机等）中，供进一步地处理或利用。

（4）外设支援系统

外设支援系统的应用使全站仪可以通过操作键盘输入操作指令、数据和设置参数。全站型仪器的键盘和显示屏均为双面式，便于正、倒镜作业时操作。输入输出接口是与外部设备连接的装置，输入输出设备使全站仪能与磁卡和微机等设备交互通信、传输数据，实现了全站仪与计算机间的双向信息传输。

2）全站仪的主要特点

与传统仪器相比，智能全站仪具有强大的软件功能，全站仪是集光、电、磁、机的新技术，及测距、测角于一体的测绘仪器，操作方便快捷、测量精度更高、内存量更大，能够实现水平距离换算、自动补偿改正、加常数乘常数的改正等。全站仪具有角度测量、距离测量、三维坐标测量、交会定点测量等多种用途。

全站仪的主要特点如下。

（1）可以实现综合测量

全站仪可以同时进行角度测量和距离测量，水平角左角和右角测量模式可以互换。全站仪可以实现综合测量，提高了测绘工作的效率。

（2）程序模式功能强大

全站仪内存中储存了各种程序模式，可以很便捷地进行三维坐标测量、导线测量、后方交会测量、对边测量、面积测量等，提高了测量的自动化水平。

（3）测量精度高

全站仪内部采取了一些特殊的测量补偿校正措施，确保了测量的精度。

3）智能全站仪在测绘中的应用

传统的经纬仪与水准仪只能测量比较具体且小范围的数据，而智能全站仪能全方位地定位目标，把人工光学测微读数代之以自动记录和显示读数，使测角操作简单化，且可避免读数误差的产生。安置一次仪器就可完成该测站上全部测量工作。

（1）测站的建立

首先将全站仪在架站点上进行整置，然后测量出仪器上红漆点至全站仪横轴中心的高度，测量温度、气压、棱镜高，一并输入到全站仪中，开始建站。如果测区中在一个架站点设站不能测量测区内的全部的碎部点时，就需要在多个点设站，这些点即为转站点，这些点的平面坐标须已知。运用建站，输入测站三维坐标、仪器高，再输入后视坐标，然后定向，完成建站。

（2）距离测量

第一，设置棱镜常数。测距前须将棱镜常数输入仪器中，仪器会自动对所测距离进行改正。

第二，设置大气改正值或气温、气压值。实测时，可输入温度和气压值，全站仪会自动计算大气改正值，并对测距结果进行改正。

第三，测量仪器高、棱镜高并输入全站仪。

第四，距离测量。瞄准目标棱镜中心，按测距键，距离测量开始，测距完成时显示斜距、平距、高差。

全站仪的测距模式有精测模式、跟踪模式、粗测模式3种。在距离测量或坐标测量时，可按测距模式键选择不同的测距模式。

（3）坐标测量

第一，设定测站点度盘读数为其方位角。当设定后视点的坐标时，全站仪会自动计算后视方向的方位角，并设定后视方向的水平度盘读数为其方位角。第二，设置棱镜常数。第三，设置大气改正值或气温、气压值。第四，量仪器高、棱镜高并输入全站仪。第五，瞄准目标棱镜，按坐标测量键，全站仪开始测距并计算显示测点的三维坐标。

全站仪已不仅应用于测绘工程、建筑工程、交通与水利工程、地籍与房地产测量中，而且在大型工业生产设备和构件的安装调试、船体设计施工、大桥水坝的变形观测、地质灾害监测及体育竞技等领域中都得到了广泛应用。外业测绘是测绘工作的重点，采用全站仪进行数据测量与采集，可以更加快捷地完成测绘任务。

2. 建筑检测仪器

计算机在建筑检测方面应用非常广泛，从材料方面、安全方面、质量方面等涉及多个领域，具体包括智能建材放射性检测仪、多功能室内环境检测仪、甲醛气体检测仪、氨气检测仪、环境氡检测仪、苯气体检测仪、钢筋扫描仪、钢筋定位仪、数字回弹仪、回弹数据处理器、混凝土超声检测分析仪、楼板测厚仪、混凝土厚度测试仪、钢筋锈蚀仪、混凝土强度检测仪、多功能强度检测仪、钢筋混凝土雷达探测仪、混凝土裂缝测宽仪、混凝土裂缝深度测试仪等仪器，为建筑业的健康发展提供了保障。

下面以钢筋锈蚀仪为例。

1）钢筋锈蚀仪简介

钢筋锈蚀仪用于无损测量混凝土结构中钢筋的锈蚀程度。仪器主要利用电化学测定方法对混凝土中钢筋的锈蚀程度进行无损测量，具有锈蚀测量、数据分析、结果存储与输出等功能，是一种便携式、测量精确、使用方便的智能化钢筋锈蚀测量仪。其组成部分主要包括主机、延长线、金属电极、电位电极、连接杆等。

利用计算机技术，钢筋锈蚀仪测试操作简便，读数快而准，结果以数字或图形方式显示；钢筋锈蚀程度分多级灰度或色彩图形显示；测量数据可以选串口或USB口方式传输到PC机数据处理软件进行分析；软件界面简洁，操作简单，强大的分析处理功能，可直接生成检测报告；永久性铜－硫酸铜参比电极，测试前后不必更换硫酸铜溶液。

主要功能：

①无损检测混凝土中钢筋的锈蚀程度；

②测量数据的存储、查看、删除功能；

③向机外数据处理软件传输测量数据。

2）钢筋锈蚀仪在钢筋锈蚀检测中的应用

（1）钢筋锈蚀的主要原因分析

混凝土密封得不严实、裂缝的出现是造成钢筋锈蚀的主要原因，由于工作人员在对钢筋结构进行水泥浇筑时操作不规范或疏忽，往往会出现蜂窝、麻面、漏筋等现象，也正是这个原因使得钢筋产生锈蚀。混凝土与二氧化碳的反应会使钢筋结构附近的环境呈现酸性，这种酸性环境也是造成钢筋锈蚀的诱因。

①化学锈蚀。

在混凝土钢筋的锈蚀中，化学锈蚀是导致钢筋锈蚀的主要原因。化学锈蚀，往往是由混凝土在水化过程中产生的碱性物质和气体所引起的，这些碱性物质和气体会与钢筋的表面接触，发生化学反应。起初，化学反应会在钢筋表变形成一种氧化膜，虽然钢筋表面的氧化膜可以阻止钢筋的进一步氧化，但是由于混凝土受到水化过程或外界环境的影响，其钢筋混凝土内部存留大量的热量，这些热量为钢筋的化学反应提供了条件，钢筋的化学反应会进一步加速，再加上混凝土与钢筋间隙之间的干燥环境，往往会促进钢筋的锈蚀作用的产生。

②电化学锈蚀。

电化学锈蚀是在水环境的作用下形成的，如果钢筋处于一个潮湿的环境中，往往就会发生这种锈蚀，因为很多时候钢筋的大部分都是发生了电化学反应才形成锈蚀的。当水环境中存在酸性分子或者活性比较高的阴离子的时候，其多为氯离子，这些离子会破坏钢筋表面的氧化膜，并且使其开裂，进而直接与钢筋本体发生化学反应，加上水和氧气的存在，就会引起钢筋的锈蚀。

（2）仪器对钢筋检测的方法

①物理学检测。

这种检测方法主要有四种形式：电阻探针法、电阻探头法、光纤传感技术、声波发射法。

电阻探针的方法就是将与钢筋相同材料的电阻探针埋进混凝土中，利用电桥原理来测量探针的电阻，从而达到测量钢筋锈蚀程度的目的。

电阻探头的方法是在进行建筑钢筋混结构建筑时，就预先将探头埋进钢筋结构中，此方法适合均匀腐蚀的钢结构，对于局部腐蚀的钢结构不起作用。

光纤传感技术是一种新型技术，但是光纤的造价过于高昂，由于光纤能抗电磁干扰，而且材质比较轻，并且能够比较容易放进混凝土中，所以将多条光纤铺设在钢筋结构中，利用光的时域反射原理，就能够实现大型钢混结构建筑物的钢筋锈蚀检测。利用光纤敏感膜的腐蚀程度来对钢筋结构腐蚀进行监测要比以前的检测技术可靠得多，而且后期的维护成本相对低廉，也减少了时间的浪费，使得施工效率明显提高。

声波发射法原理是钢筋结构在受到腐蚀的时候会产生一定内张力，这种力会使混凝土向外裂开，而且在这一过程中产生的能量会以一种声波的方式迸发出去，声波发射法就是利用了这一原理，但是，这种方法存在着一定的缺陷，那就是无法避免外界的声波干扰。

②电化学方法（仪器主要运用此方法检测）。

电化学方法一般有三种检测方法：交流阻抗法、钢筋锈蚀评估综合法、恒电流实验方法。

交流阻抗方法的原理就是根据施加在电极上的交流电压电流信号的变化程度来计算出电极的变化数据，从而得出钢筋结构的锈蚀程度。现在，这种方法在钢混结构的建筑物中的使用已经非常普遍了，这种方法的优点就是能够显示出锈蚀的一些信息，而且能够测算出锈蚀的速度。不过，其也存在着一定的缺陷，比如在对钢筋锈蚀速度进行测量时，就必须进行大范围的测量，工作量比较大，在对低频区信息进行测量时耗时较长，必须进行多次测算；且使用地域受到局限，尤其不能在现场使用。

钢筋锈蚀评估综合方法主要适用于现场，其原理就是利用数学建模的方法建立三元辨别函数，再依据测得的数据进行分类，然后计算出钢筋锈蚀的数据，这种方法能避免很多外来因素的干扰，而且测算出来的结果比较准确可靠，非常适合钢筋结构锈蚀程度的检测。

恒电流试验方法其原理就是利用激励信号的衰减曲线进行分析，由此得出钢筋结构的锈蚀数据，不过，这种方法的信号比较弱，时间短，所以测试的难度较大，但是这种方法测试速度较快，而且准确，能测算出钢筋结构瞬间的锈蚀速度。

（3）对锈蚀钢筋的检测

①标测点。

先找到钢筋并用粉笔标出其位置与走向，钢筋的交叉点即为测点，如图1-1所示。

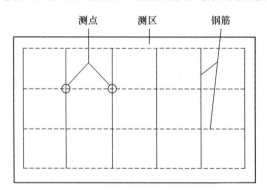

图1-1　钢筋分部检测区域的测点

②测试。

选择电位测试时，需要凿开一处混凝土露出钢筋，并除去钢筋锈蚀层，把连接黑色信号线的金属电极夹到钢筋上，黑色信号线的另一端接锈蚀仪"黑色"插座，红色信号线一端连电位电极，另一端接锈蚀仪"红色"插座，如图1-2所示。

选择梯度测试时，不需要开凿混凝土，用连接杆连接两个电位电极，点距为20 cm，如图1-3所示。

③数据输出。

通过仪器将所测得的数据保存，并传入计算机分析软件中，通过软件分析，将最终得出所需结果，最后将数据分析结果转化成Excel表格打印为报表。

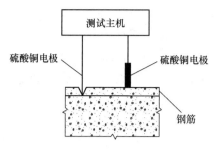

图 1-2 电位测试方式示意

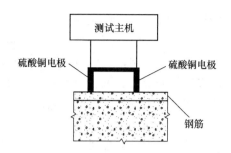

图 1-3 梯度测试方式示意

3. 建筑声学仪器

声学仪器工作原理：声学仪器是研究媒质中机械波的产生、传播、接收和效应的而研发的仪器。建筑声学仪器主要包括超声波探伤仪、声级计及噪声测量仪器、振动测量仪器、电声测量仪器、实时信号分析仪、环境噪声自动监测系统、声强测量分析仪、测试传声器及前置放大器、建筑声学测量仪器、声学校准器等。通过声学与计算机的结合，将人类无法通过感观判断的工程更加科学、直观、准确地呈现出来，为建筑施工与检测带来了巨大的变化。

以超声波探伤仪在钢结构焊接中的检测为例。

1）超声波探伤仪简介

超声波探伤技术是利用超声波探伤仪进行超声检测的一种技术，超声检测是无损检测的常用方法之一。

超声波探伤仪的基本原理是：如果被检测材料出现问题，超声波在传播的过程中会受材料内部组织变化的影响，从而根据影响程度来判断材料的质量。

2）超声波探伤仪在钢结构检测中的应用

①探测仪识别钢结构焊接的几种缺陷。

夹渣、气孔。

出现夹渣主要是因为在进行钢结构焊接时未将焊缝内的熔渣或者其他杂质清理干净，这些夹渣形状各异，主要为点状和条状夹渣。点状夹渣在某种意义上与点状气孔类似，在进行超声波探伤时反射出来的信号相差不大。条状夹渣的回波信号表现明显，通过超声波探伤仪可看出其形状与锯齿状类似，条状夹渣的波幅较低，且随超声波探测仪探头位置的改变而改变，波形一般表现为树枝状。

气孔是在钢结构焊接时由于温度过高，焊缝中融入大量气体，在焊缝冷凝时气体没有得到完全排除，从而随着焊缝的凝固而在焊缝中形成的形状大小各不相同的孔穴。这些孔穴的形状以球形为主，按照气孔的密集程度可以分为单个气孔与密集气孔。在检测焊接过程中，单个气孔与密集气孔的波高、波形均会有所不同。单个气孔的回波高度以及波形一般不会随着探测方向的改变而改变，但是在探头移动之时回波高会立即消失。由于密集气孔是由多个大小不一的单个气孔组成的，在改变探头位置时，波高会出现高低不同的迅速改变。

裂纹。

裂纹对钢结构焊接的质量有着极大的威胁，所以在进行钢结构焊接工作是做好裂纹防治工作是非常重要的。应力是影响钢结构焊接产生裂纹的主要原因，根据裂纹产生温度的不同可以分为热裂纹与冷裂纹，即热裂纹是在高温的条件下产生，而冷裂纹是钢结构构件在焊接结束后经过长时间的凝固形成的。根据裂纹产生位置的不同可以分为横向裂纹、纵向裂纹、焊趾裂纹以及根部裂纹。当裂纹与焊缝方向相平行时称为横向裂纹，横向裂纹主要受焊缝速度及钢结构质量的影响；裂纹与焊缝方向相垂直时称为纵向裂纹，纵向裂纹主要与作用在钢结构构件焊缝处的应力有关；焊趾裂纹一般与钢结构材料的表面相垂直；根部裂纹则是位于焊缝根部的裂纹，焊趾裂纹与根部裂纹均属于冷裂纹。

未焊透、未熔合。

在焊接的过程中，对焊接接头处的金属没有进行充分的熔化，导致出现未焊透现象。未焊透的位置主要在焊缝处，且长度会有所限制。利用超声波探伤仪进行探测时，能够较轻易地判断焊缝处是否出现未焊透现象，超声波探伤仪的探头在进行平移时，未焊透处的波形相对于焊缝两侧更为稳定，并且焊缝两侧的波幅大小基本相同，而未焊透处与焊缝两侧的波幅出现明显的波动。未熔合与未焊透的形成原因在某种程度上大致相似，未熔合是指在焊缝处填充的材料与钢结构材料之间没有充分熔合在一起，其反射波的波形变化与未焊透的波形变化基本相同，但是焊缝两侧的波幅相差较大，有时可能会出现一侧能探测到波幅，而另一侧则无的现象。

②超声波探伤仪的要求。

选择探头时，需要参考探头在检测时发出的声波束与钢结构焊缝之间的实际距离。为了更好地做好检测工作，需要根据钢结构构件的实际情况选用科学合理的探头频率及角度。选择探头频率主要根据构件的厚度，对于厚度较大的构件，在进行检测时不适合选用高频率的探头，因为这种探头的穿透力较差。但在一般情况下，如果构件的厚度在高频率探头适用范围内，应以更高频率的探头优先选用，实际检测中，还应以钢构件的实际情况为主。探头角度的选择以构件的厚度及焊缝类型为主要考虑因素，建筑板材一般使用折射角为 60° 或是 68° 为宜。

③超声波探伤技术在检测中的影响。

在钢结构检测过程中，即使其中含有多种不同的合金成分，其声速也认为是基本恒定的。而在其他的许多材料中，如许多非铁金属或塑料中，超声传播速度的变化是非常显著的，因而会影响测量的精度。

如果待检测对象的材料不是各向同性的，那么在不同的方向上声速就会不同。在这种情况下必须用检测范围内的声速的平均值进行计算。平均值是通过测量声速与待测试块的平均声速相当的参考试块而获得的。

二、建设工程中计算机软件的应用

1. 计算机建筑软件的开发

随着科学的发展，计算机技术已经突飞猛进，目前几乎已经渗透到社会工作的各个领域，建筑工程当然也毫不例外，CAD、PKPM、sap、midas、ansys、广联达、鲁班、神机妙算、理正、revit、microstation 等计算机软件不断更新，计算机软件技术在建筑工程中的应用给建筑业的发展带来了前所未有的变化。建筑新技术、新工艺、新材料不断涌现，构造形式、结构功能更加多元化，智能建筑应运而生，建筑业进入了一个全新的时代。

2. CAD 软件技术在建设工程中的应用

随着 CAD 技术的不断完善和发展，CAD 技术已是土木工程行业中应用最广泛和发展最快的技术之一。目前 CAD 技术已参与到土木工程的规划、设计、施工等各个阶段，使用 CAD 技术的意义不仅仅在于提高了企业的技术水平，更成为同其他企业进行竞争的重要手段。

1）应用于规划中

一个工程中对项目的前期规划是非常重要的，要考虑的因素有很多，包括社会经济、自然条件和环境因素等。任何一项规划都关乎项目的成败。应用于这一阶段的CAD系统包括三类：

一是规划信息的查询与存储系统，例如地理信息系统、城市政策信息系统，该类系统主要采用数据库系统形式；

二是信息分析系统，例如城市规划信息分析系统；

三是规划辅助表现及制作系统，例如景观表现系统。

2）应用于设计中

一个完整的土木建筑设计过程包括选定结构形式、假定形状尺寸、结构模型化、结构分析与验算、绘制图面、材料计算等过程。因为结构设计是CAD技术在建筑工程中最早应用的，所以有关设计CAD系统的发展比较成熟。如在对桥梁的结构设计中，首先利用CAD软件对桥梁结构进行实体建模，然后分析了桥梁截面情况和受力后情况，按照实际情况对桥梁的受力和变形进行了准确的估算，为工程质量提供了保障。

3）应用于施工中

建筑工程的施工过程包括投标报价，施工调查，施工组织设计，人员、器材和资金调配，具体施工及项目工程管理和验收等，而CAD技术在每一个环节中都得到了广泛的应用。我国已采用了投标报价与合同管理、工程项目管理、网络计划等系统，现在国外已经开发出建筑物和构筑物的集成施工系统，CAD技术的应用，有效地提高了企业的技术实力和管理水平。

4）应用于维护管理中

为解决建筑物的老化与功能下降问题，必须对建筑物进行定期的维护与管理，主要是定期检查、维护与加固。在维护管理中最早应用CAD技术的是煤气、上下水管线图的计算机管理，主要是管线的位置和管线埋设条件。由于采用了维护管理系统，较大地降低了管路的分析与检查的工作难度。随着CAD技术的进步，近年来又出现了以数据库为中心，道路设施维护管理的CAD系统，该系统可以保存定期检查结果信息，还可以辅助维修和加固规划设计。

3. CAD在建设工程中应用的优缺点

1）CAD技术在建筑工程中的优点

传统的手工绘图需要十几种绘图工具，而且一旦出错，就要在图纸上进行涂改，这样就影响了图纸的整洁度和美观。而CAD制图只需要装有绘图软件的电脑、打印机和鼠标就可以完成任何复杂图纸的绘制，同时软件提供的功能可以为工程设计人员绘图提供保障，即便出错也可以返回出错之前的图面。通过参数化绘图工具还能为工程设计人员提供独特的表达方式和更加广阔的思维空间。

一般建筑设计过程是由提出方案、方案设计、初步设计和施工图设计组成。传统制图方式中，各阶段不同设计成果要分时制作，影响了工程设计人员之间的默契，制约了制图速度的提高；在CAD制图中，可以实现图纸资料互换，即便设计方案有所修改，工程设计人员也只要调整原有的设计图纸即可。现在CAD软件大多提供了丰富的分类图库，在需要时直接在图库中找寻即可，重复工作越多，这种优势就越明显，这样就可以明显提高工作效率。

建筑工程设计对裂缝宽度、挠度、承载力和配筋面积等参数方面要求很严格，而且在实际工程中，对各个结构件如梁、板承受的载荷的设计要符合规范，还要根据相关设计标准进行计算和调整，计算数值稍有偏差就会导致产品不符合设计要求，所以对计算的要求很高，CAD 对此提供了专业的计算模块，能够快速准确地处理大量的数据，特别是在日影分析、室内声场分析和灯光照度分析等方面的计算，无论是精度还是速度都是手工计算无法比拟的。

CAD 制图中为避免构图实体在空间中发生不必要的碰撞，可以在真色彩、真三维和光照情况下，按照物体运动轨迹构建虚拟建筑体，在虚拟体中可以进行实时漫游，查看构件组合情况，这样就可以使结构的板、梁、柱和墙等的设计达到相容、相配，有效地避免了碰撞的发生。发现问题后可以迅速而详细地进行修改，直到满意为止，这样就为工程设计人员提供了有益的帮助。

通过 CAD 软件制作的工程图表可以直接存储到软盘和硬盘中，这样可以避免资料因受潮、虫蛀以及破坏性查阅造成的不必要损失，如果将设计资料刻录成光盘，数据能至少能保存几十年。一个设计院资料室所有资料被几张光盘所代替，查找和管理都变得更加简便和规范。

随着信息技术快速发展，网络技术大范围的普及以及 CAD 智能化的应用，各企业间跨地区的设计合作与异地招标投标等设想均有实现的可能。

CAD 制作的建筑效果图通过利用透视关系、光影关系和建筑材料的质感真实地再现了设计的成果，再通过配合真实的树木、人、天空和汽车等背景使得效果更加逼真，几乎可达到以假乱真的地步。而且只要 CAD 制作的效果图完成就可以按照任意指定的透视角度、模型材质，快速地生成数张效果图，无需再从头做起，这也是传统手绘制图所不具备的一个优势，这一切都为设计师的设计工作提供了很多的便利，也使设计师在展示自己的设计成果时能更加全面和有说服力。

2）CAD 技术在建筑工程中的缺点

由于电脑屏幕尺寸的限制，设计师在进行设计和修改时往往只能关注到设计的局部，这样就不能站在全局的角度思考问题，对全局的设计和布置会产生不良的影响，使得整个建筑的比例和体量失控。建筑设计师需要有艺术家的灵感和天赋，而这种灵感很多就是在设计过程模糊印象中产生的，因为 CAD 对数据要求很精确，所以在制图时要求每一笔都要有准确的数据，设计师只能屈从于电脑的机械和准确，这样设计中的模糊性和随机性就会被忽略，一些有创意的灵感也就被扼杀掉了。同时由于 CAD 软件自身功能的局限性和不完善性，以及设计工程师对 CAD 软件掌握的熟练程度不足，使得建筑师好的灵感和创意不能通过 CAD 来表达，建筑师优秀的创意、思路和灵感再次被束缚。

建筑不仅仅是单纯的结构设计，它是将科技、艺术、文化和哲学融为一体的一门博大精深的学科，同时建筑不仅仅是一件商品，更是一件给人以美感的艺术品。一些从事设计工程的人员认为，过分依赖 CAD 技术会使得建筑设计工作由艺术创作者变为工业化生产机器，CAD 一直以来引以为傲的复制与套用修改技术，则直接省去了设计的过程，这本身就伤害了这一学科；CAD 带来的设计标准化和工业化使得设计出的作品千篇一律，缺乏人文关怀、设计个性和灵气，使建筑沦落为纯粹的商品，而用电脑效果图来取代最有艺术气息的手绘建筑效果图，虽然快捷方便，但却终究缺少设计师所要表达的个性与设计师特有的艺术风格与感受。如果过度依赖 CAD 进行设计和制图，久而久之就会丧失对建筑艺术创作的灵感。

CAD 是一项技术含量很高的技术，单就 CAD 软件而言，一套正版的工程建筑软件都要花费不菲，还要定期地升级和更新，需要大量的后续资金投入，而且由于 CAD 软件对系统配置要求很高，必须是性能良好的计算机才能顺畅地运行 CAD 软件，同时想要完整地实现计算机制图还需要别的配套设备，如：工作站、绘图仪、复印机、扫描仪、数字化仪、数码相机、刻录光盘等，电脑设备和正版软件及其后续升级所需的资金、投入就更加不菲。

目前应用范围较为广泛的专业软件大多数只停留在二维的基础上，在设计中只能算是个绘图工具，缺乏智能化。真正的智能化结构软件应该是不仅仅能构建三维立体图像，还能自动执行相关规范，设计中所用的参数不仅能达到经济实用的效果，还要便于施工。如中国建筑科学研究院 PKPM 软件在使用过程中能自动规范完成钢筋混凝土梁的配筋、选筋和挠度的计算，施工图的生成等一系列的功能。

◄◄◄ 第三节　计算机在建设工程中的应用 ►►►

一、计算机在市政工程中的应用

1. 计算机应用与市政施工管理

现在各行各业都有计算机应用的渗透，在市政工程行业也不例外。在市政工程施工管理中推广计算机应用技术，不仅要解决是否利用计算机的问题，还要解决如何利用的问题。计算机技术的应用反映了信息技术的应用水平，而信息技术的应用提高了市政工程施工管理的水平。

计算机在市政工程施工管理中的应用比较广泛，除了编制网络计划以外，还可以包括各项工作的工艺和组织。

具体来说，在市政工程施工中，可以利用计算机技术进行各项计算机作业和辅助管理工作，如办公信息管理自动化系统，招标投标自动化系统（工程量计算、投标报价、标书制作、施工平面图设计、造价计算、编制工程进度网络），设计计算机系统（深基坑支护设计、脚手架设计、模板设计、施工详图设计），项目管理系统（项目成本、质量、进度管理、日常信息管理）等。其实，任何一项工程都不是一个个单独的个体，它们都是可以组合在一起的有机整体，按照一定的程序对它们进行合理安排，如在施工中推广应用计算机的自动化控制技术，在一些地方取得了较好的效果。而通过计算机网络计划所特有的反馈作用，调整和改进施工管理工作才能使施工得以全面地达到优质、节省和快速的要求。比如，不仅在企业各部门应用计算机，而且还要在企业部门之间、企业各项目环节之间、企业与政府之间使用计算机进行信息交换。同时，使用计算机可以对现代化施工过程的施工进度、质量、成本进行跟踪管理。

计算机的应用不但改善了市政工程行业的整体形象，提高了市政工程工作的效率、技术水平和安全水平，使行业和企业的整体竞争力得到提升，同时，也使得企业生产成本和工作强度有所下降，工程质量得到了保障。施工实践也证明，应用计算机网络计划技术组织与管理施工一般能保证质量、缩短工期、降低成本。

2. 计算机在应用中存在的问题

由于计算机在我国的应用相对来说比较晚，计算机技术进入市政工程行业也相对较晚，再加上其他的一些原因，导致计算机技术在市政工程施工管理方面应用得还不够广泛。究其原因，无外乎内因和外因两个方面。

1）企业外部环境多变，影响计算机的应用

外部环境的影响包括工程设计多变、工期的确定受行政干扰多、工程进度付款没有与计划紧密联系、工程款拖欠等。另外，目前市场上计算机的编制软件很多，但适用于进度控制的软件却很少，而且通用性比较差，从客观上阻碍了市政工程施工企业应用计算机实施项目控制的目的。

2）市政工程施工企业自身应用计算机的范围较小

①施工管理仍然主要靠管理人员的经验和处理能力，跟不上当前信息化的管理体制。

②市政工程行业应用计算机主要存在明显的局限性，以应用单机版软件为主机操作，没有形成网络信息的共享和自动传递。

③目前市政工程企业应用计算机的整体水平较低，未能充分利用计算机带来的便利。

目前工程信息网络开发得少，软件开发利用率不高，缺乏统筹规划，多属低水平重复开发。

3）市政工程施工企业自身水平有限，制约了计算机的应用

①施工中传统工作方式的障碍。传统施工管理采用手工管理且很多工作都是靠经验来完成的。这种情况之下，很多施工人员会拒绝计算机的应用，因为他们觉得它会限制他们的行动自由，没有传统管理方式那样得心应手。

②施工管理中没有完全实行网络化、规范化，施工管理粗放。施工管理中现场跟踪检查没有形成制度化，随意性比较大，进度数据收集不全面、不完整，进度数据的整理、统计、加工、分析、识别能力差，没有专项管理人员负责等。

③高素质管理人员缺乏。目前大部分施工企业的管理人员同时又是工程技术人员，他们往往只注重施工技术的研究，对计算机技术知识的掌握不系统。

4）市政项目本身的特点，不便于计算机的推广

①市政工程项目的质量必须安全可靠。市政工程项目建设的都是公共设施，在使用过程中都存在使用频繁、人多车多的情况，因此，市政工程项目的第一要求就是质量安全可靠。质量的安全可靠直接关系着广大人民群众的生命安全和财产安全与效益，关系着政府的形象。

②市政工程项目的建筑期限短。目前，我国的城市现代化建设已经进入快车道上，跟上了城市现代化的步伐，有的设施比较陈旧，迫切需要改善；有的设施需要重建；更多的情况是已经建设好的地段还没有相关的市政设施，市政工程项目常常是急于投入运营的项目，因此，其建筑的期限就非常短。

③市政工程项目资金控制程度高。在市政工程项目的建设过程中，资金的投入一般数量相当大，这种情况下，市政工程项目开工建设时，其配套的资金还没有完全到位，市政工程管理人员要合理调配资金、控制资金投入幅度小，用到该用到的地方。另外，市政工程管理人员还要适度调配资金，根据资金的数量调整市政工程项目的进度。

④市政工程项目种类复杂。市政工程项目的种类非常复杂，不但涉及普通的建筑行业多类工种，而且涉及非建筑行业的多类工种。因此，在建设的过程中经常需要根据施工的状况进行不同部门间和不同行业间的协调。

5）市政工程项目资料管理中存在的困难

①市政工程项目报表困难。由于市政项目的工种复杂、建设地点多、面积广，并且每到月底各建设施工单位、监理公司都要上交自己项目的报表，有时报表还会出现问题，这样就要多次往返进行报表修改，不但浪费了人力、物力，而且耽误了时间，耽误了市政工程项目

的信息采集工作，从而延误市政工程项目的进程。

②市政工程项目管理部门汇总、统计困难。在市政工程项目的建设过程中，市政建设管理部门每月都要收集来自于各施工单位、监理单位的各种报表，并进行汇总、统计和审核。在这个过程中，如果施工单位和监理单位出现报表信息错误，或者发生其他变化，那么管理单位必须重新开始对这些信息进行汇总、统计与审核，这样势必浪费大量的人力、物力和财力。

③市政工程项目信息下达困难。在市政工程项目管理过程中，有很多需要及时下发的信息，但是由于下发手段单一，通常采用打电话或者发传真的方式，这样的下达手段经常会出现施工单位和监理单位难以接收的问题，从而导致信息下发迟缓或者不能完整地进行传达。

④市政工程项目管理文档资料处理困难。在市政工程项目管理过程中，每个施工阶段都有相当多的文档资料需要进行处理，在处理过程中，不同的文档资料处理方式不同，大多都需要进行审批和版面的设计。在质量工程推出备案制度之后，对于建设工程项目的文档资料提出了更加规范的要求。在市政工程项目管理过程中，管理人员常常要耗费相当大的力气整理这些文档资料，进行规范化的审批和定制版面。由于文档资料查阅困难，在整理的过程中，管理人员有时还会因为查询某些文档资料耗费大量的时间。

3. 计算机与施工管理控制

目前，随着计算机的应用，在市政工程领域已经有了一批不错的应用软件，各施工企业应该大力推进施工管理四个控制过程（质量、成本、进度、安全）相关软件的应用。这是推广计算机应用的一个开始，从这些控制软件入手，能够更有效地提高管理效率。

1）质量控制

经理部要根据公司确定的质量目标，制定相应的质量验收标准，然后制作好质量目标表格，便于后期验收。工程质量管理是施工管理中一个重要的环节，具有信息量大、综合性强、技术难度高的特点，利用质量管理软件与人工操作相比，其优越性非常突出（处理时间短，结果的可靠性高）。质量管理软件系统可用于施工过程各阶段的质量控制和评定，从而为质量管理人员对工程质量实施动态控制提供可靠的物质保证。

2）成本控制

项目成本控制就是在项目成本的形成过程中，对生产经营所消耗的人力资源、物质资源和费用开支进行指导、监督、调节和限制，把各项生产费用控制在计划成本范围之内，保证成本目标的实现。一般来说，项目经理和预算员要参与投标书的编制。项目中标后，应该将相关信息输入计算机，可以设置好预算的上下浮动范围，严格做到软件化、表格化管理，对施工中发生的人力、物资等费用开支严格按照计算机规定标准执行。

3）进度控制

一般在项目施工之前，会事先制订一个切实可行的科学的进度计划。在制定工程进度计划时要有一定的预见性和前瞻性，使进度计划尽量符合变化后的实施条件。在了解和熟悉图纸的基础上，根据合同要求编好工程进度计划。根据进度计划配置人数、机械设备和周转材料，使投入的人力、设备、周转材料确保工程进度。可以利用计算机技术，将这些指标输入电脑，设置好关键工作、可以活动的时间范围，对工程的各个项目部分严格按照规定的进度执行，以确保工程进度，提高劳动效率。

4）安全控制

可以通过计算机模拟整个施工现场，将施工现场的生活区和工作区分开，材料堆放整齐，保持道路通畅，标语牌位置等全部标示出来，这样便于现场的安全管理。而且还可以在计算机上进一步，优化应用较为广泛的有深基坑设计与计算、市政工程施工模板设计、工程测量、大体积混凝土施工质量控制、大型构件吊装自动化控制以及管线设备安装的三维效果设计等。

4. 施工管理中如何提高计算机的使用率

随着市场竞争的加剧，很多市政工程施工企业都将不断地被淘汰，企业要想提高自身的竞争力，推广使用计算机技术势在必行，在施工管理阶段使用计算机技术，更能体现一个企业的整体水平。

①要想推广使用计算机技术，各类计算机人才是必不可少的。现在的施工企业中有一部分并不是专业的施工管理人员，对计算机技术更是掌握得少。为此，市政工程施工企业必须拓宽招聘途径，多范围、多角度地招聘适合企业的计算机人才。

②企业各人员，尤其是管理人员必须转变观念，充分重视计算机的应用。计算机的最大特点是它能够提供施工管理所需的多种信息，有助于管理人员合理地组织生产。施工管理中推广应用计算机必将取得好、快、省的全面效果，进一步提高施工管理水平。为此，企业的领导应该有充分的认识，把应用计算机技术放在企业发展的一个关键位置。

③企业各层人员应该重视计算机应用，但是不能盲目追求，必须要循序渐进才行。计算机技术是一项科学的施工技术理想、方法和手段，它的应用不仅是一个技术问题，还涉及项目管理体制和同项目有关的单位、个人等多方面的因素。应用计算机技术应本着循序渐进、先易后难、注重实效的原则，稳步推进计算机技术的应用。从工程规模上讲，应先从较小的工程项目或分部分项工程做起，逐步积累和总结经验。

5. 计算机在市政管理中的应用

1）通过计算机管理可以实现市政工程的多项目同时管理

在计算机管理系统中，可以通过不同的计算机模块对应不同的工程项目，然后通过不同的模块对不同的市政工程项目进行管理。例如：对于市政工程建设项目，我们通过市政建设模块及其子模块可以完成对市政工程的各个项目进行控制。在计算机系统中不同的子模块对应着市政工程不同的项目，如图纸子模块对应着市政工程各个阶段的建设图纸，土方子模块对应着市政工程各阶段土方的使用情况。市政工程模块收集来自于各子模块的信息并进行处理，然后显示在计算机屏幕上以方便管理者进行综合处理。一台计算机内部可以有几百个甚至上千个这样的系统，市政工程项目管理人员可以通过操作不同的系统完成对不同市政工程项目的管理。

2）通过计算机管理可以实现市政工程信息的快速采集

通过计算机可以实现对信息的快速采集，可以通过一线施工管理人员直接在计算机上填制各种报表，对于需要进行复杂计算的信息可以通过计算机模块完成，从而可以避免人为计算的错误造成的不必要损失。计算机内的相关模块，还可以完成对计算信息的审核，如果出现错误，计算机就会发出和错误相对应的信号，以便一线施工人员进行核实，然后在原来报表上对单个错误数据进行修改，从而避免了填写整张报表。经过核实，确认报表没有错误后，一线施工人员就可以通过互联网直接将报表传递到市政工程项目管理中心。这样不但可以保证报表信息的准确，而且可以节省大量时间。

3）通过计算机管理可以实现市政工程信息的快速汇总

在完成对市政工程项目的信息进行采集后，计算机可以快速地进行各个项目的信息的汇总。这样，管理单位就可以节省大量时间，以便对施工单位和监理单位进行督促管理，引导他们上报正确的建设信息。

4）通过计算机管理可以实现市政工程信息的快速审核

在完成对各项市政工程项目的信息汇总后，市政工程项目管理人员可以通过计算机管理的相关系统对相关数据进行审核，审核无误后，系统将自动生成市政工程项目管理报表，并将报表储存在计算机内。如果在审核过程中出现了问题，计算机会快速地指出出错的项目、出错的数据，此时市政项目管理人员就可以让计算机生成错误报告，然后将错误报告发送给原报表单位，以便原报表单位对照错误报表查找错误。

5）通过计算机管理可以实现市政工程信息的快速沟通

在市政工程项目管理过程中，需要及时下发的信息可以快速迅捷地通过互联网进行传递。市政管理人员可以通过市政管理系统，或者通过其他计算机平台完成信息的快速下发，施工单位、监理单位只需要使用计算机相对应的系统或者平台就可以完整接收到下发的信息；施工单位、监理单位也可以通过相应的系统或者平台将意见和建议传递到市政工程项目管理中心，既可以避免信息在传递过程中的失误，又节省了大量的人力、物力和财力。

6）通过计算机管理可以规范市政工程的文档管理

计算机内部的各个模块可以实现市政工程项目管理文档的规范化。计算机各模块不但可以规范工程项目的管理流程、施工单位和监理单位的工作职责，而且可以避免文档在取得过程中时间上的浪费，从而提高了工作效率，做到了文档管理的规范化和标准化。

二、计算机在园林工程中的应用

1. 计算机在园林绿化工程中的应用

随着计算机技术在园林绿化中应用越来越广泛，有效地降低了园林绿化的生产成本，极大地提高了工作效率和工程质量，显示出了广阔的应用前景。随着社会的进步、科学技术的发展，园林绿化的内容也在不断地更新与创新，特别是近年来，一些高科技的引进，给传统的园林绿化的技法注入了新的活力。园林绿化是为人们提供一个良好的休息、文化娱乐、亲近大自然，满足人们回归自然愿望的场所，是保护生态环境、改善城市生活的重要措施。

1）园林绿化介绍

园林绿化泛指园林城市绿地和风景名胜区中涵盖园林建筑在内的环境建设，包括园林建筑、土方，园林筑山，园林理水，园林铺地、绿化等，它是应用工程技术来表现园林艺术，使地面上的工程构筑物和园林景观融为一体。

（1）计算机技术在精细农业和园林温室的控制与管理上的应用

园林绿化生产无论是从经济效应还是从环保的角度考虑，发展的趋势肯定会朝着精细农业方向发展，即根据作物的生长情况进行施肥和预防病虫害等农业作业，必要之处多投入，不必要之处则少投入，使投入能最大限度地发挥作用。同时园林绿化一般采用设施栽培，大型农业机械不适合，并且温室内温度高相对湿度大、地方狭窄、空气流动少，长时间工作会让人感到很不舒服。为此，欧美、日本等发达国家开发出了一系列的小型机器人，现在投入到应用的有育苗机器人、嫁接机器人、施肥机器人、洒药机器人、温室无土栽培用移动机器人等，这些小型机器人可以日夜不停地工作，既提高了生产率，又可实现精细农业作业的要求。美国在20世纪80年代就开发出了智能中央计算机灌溉系统，目前已经成功将3S技术和计算机控制相结合，通过调整温室内的光照、温度、水、气、肥等因子，实现对花卉、果蔬等产品的开花和成熟期进行控制。荷兰的园艺种植者只需从软件公司购买温室控制软件，从化学公司购买营养液，即可按照不同作物的特点进行自动控制，满足作物生长发育的最适要求。日本建造了植物工厂，由计算机控制进行全封闭式生产。目前，中国温室自动化程度还很低，现代化温室仅占2%左右，然而传统栽培方式无法满足鲜花数量、品种、质量需求的不断扩大，也无法实现鲜花不分季节地连续产出和控制鲜花固定节日（如国庆节）同时绽放等精确控制。

（2）计算机技术在现代园林灌溉中的应用

随着国内城市绿化建设的大力发展，现代园林灌溉问题显得日益突出。在园林绿化设计中，往往利用植物多元化来增加绿化带的层次感和美感，这样使得在同一块绿地上同时种有树木、花卉以及草皮等多种植物。不同植物以及同种植物的不同生长时期需水量不同。传统的人工浇灌或摇臂式喷头灌溉方法无法满足现代园林的这些灌溉要求，即无法使灌溉的水量与植物生长相配合，从而使得许多园林地带的原定绿化效果无法体现。计算机控制的自动化喷灌技术能够实现精确化灌溉，而且可以大大节省用水量和人工费用。美国某城市公园采用自动化灌溉技术后只要两三个人就可以管理好所属的几十个公园的绿化灌溉工作。中国上海、深圳等城市采用自动灌溉设备在夜间定时灌溉，既可以避开城市用水高峰期，又可以减少蒸发等，取得了良好的灌溉效应。

（3）电子商务在园林绿化产业中的应用

电子商务的核心是以现代计算机通信技术尤其是网络技术为手段，进行生产和商务的资源整合，改进商务运作模式，从而提高企业的生产效率，降低经营成本，优化资源配置，实现价值的最大化。网上交易现在已经成为商家经营的一种重要手段，园林绿化作为一种朝阳产业，它必然与传统产业在商业渠道、流通体系、市场管理等方面存在差距。电子商务利用网络技术加快了市场信息畅通，规范了市场秩序，有利于建立更加公开、公平、透明的市场体系。中国的一些企业与农民通过网络进行洽谈与贸易，发展"订单农业"，克服了传统的生产经营的种养信息短缺、品种不对路、市场销售不畅等问题，基本解决了产品在一地难卖而在另一地短缺的现象，从而保证了农民既增产又增收的良好效应。

（4）农业模拟系统在园林绿化中的应用

农业模拟系统是指对作物的生长过程在计算机上进行三维仿真模拟。目前虚拟作物是土壤、作物以及大气系统的一个重要研究方向，是信息农业的一个重要课题。将作物模拟与专家系统等智能化农业相结合，可以在计算机上对园艺绿化植物在不同的气候、土壤、施肥、灌水、品种等条件下的生长情况进行模拟。

利用模拟系统可以在短时间内获得植物的整个生长周期的各种参数，加快了人们对植物的生理研究和对植物生命的理解，部分替代了传统的实地种植后再观察分析的试验。利用作物模拟系统还可以模拟在现实世界中难以进行的实验，如把太空、月球、火星等条件下的参数输入模拟系统中，在地球上获取到植物在那些环境下的生长参数，为人类将来更好地利用地球以外的资源创造条件。一些发达国家已经研制出了数十种农作物的模拟模型，比如美国的 simcot 模型，cossym/comax 模型和 sicm 模型等，中国也相继开发出 rcsods，decoca 等计算机辅助决策模拟系统，利用这些模型不仅能够模拟作物的生理生长过程，还能够模拟土壤养分和水分的平衡。园艺工作者可以借助这些模型来模拟某些园林绿化植物在不同的气候、土壤等条件下的生长情况，找出植物的最佳生长环境，进而指导园艺生产，同时还可以利用模拟系统来为新品种的培育、改良和推广获得试验数据。通过对生产中的现象、过程进行模拟和优化，从而达到合理利用资源、降低生产成本、改善生态环境、提高园艺绿化植物的产品质量和产量的目的。

2）园林绿化发展的现状

在中国，目前计算机技术在园林绿化中的应用和发展还步履滞缓，主要原因包括：

①园林环境设计涉及领域广泛，对象复杂多变，信息量极大，计算机技术应用有较多困难；

②缺乏核心园林计算机辅助设计（CAD）软件，国外虽有相关软件面世，但因国情不同，其中的详图及工作量的计算方法与中国的设计规范不甚相符，并不完全适应中国的实际情况；

③使用计算机进行辅助设计的水平不高，从某种程度上来说，并未达到真正的计算机辅助设计所能达到的工作效果。

此外，中国开发农业专家系统和农业模拟系统的时间也不长，专业化、自动化和智能化水平有待提高，许多园林植物特别是中国特有的珍稀园林植物资源的农业专家系统和农业模拟系统尚有待于开发和完善，而中国园林绿化产业中的电子商务更是刚刚起步，发展前景广阔。

随着社会的进步及技术的发展，推动计算机技术的普及和应用，以实现园林绿化资源共享，将农业专家系统和农业模拟系统与数据库、农业管理信息系统、决策支持系统和3S等有效结合，把生产经营管理、市场经济和宏观决策相互有机配合，达到园林绿化信息技术的综合应用，将使其成为一种方便、快速的手段，大大减少材料消耗和重复劳动，缩短设计周期，提高市场竞争力，从而促进园林绿化产业的进一步繁荣和发展。

2. 计算机技术在园林景观中的应用

随着计算机3S等技术在园林设计中的不断应用，园林设计更加完善、美观。随着人们环保意识的加强和对生态的关注，计算机技术与园林设计的结合也更加紧密，尤其是计算机辅助园林设计为越来越多的园林设计工作者所重视。

1）园林设计与计算机技术的关系

（1）园林设计思想与设计理念

园林不仅是一种艺术作品，还是一种文化信息载体。园林学是一门协调人类经济、社会发展和自然环境关系的科学与艺术，它融生物科学、工程技术、美学理论于一体，综合自然美和人工美，协调人与自然的关系，产生着巨大的环境效益、社会效益和经济效益。因此，这就要求园林设计师综合素质高，必须具备良好的专业素质和扎实的理论知识，并能不断地学习和吸取现代自然科学、社会科学和经济科学的新观点和新方法，把握其发展趋势及规律。

（2）计算机技术对园林设计的影响

园林景观的优美在于设计者的空间意识、审美观念、人生情趣及艺术修养等。设计思想和设计理念是包含了精神上、心灵上深层次的文化审美信息，这是计算机所无法完成和代替的，但计算机绘制的园林表现图能帮助设计者更好地表达设计思想和设计理念、检验和修改设计。计算机不仅能够直接提高表现图的质量，它在充分表达设计理念的同时也一定程度地改变着设计师的设计手法，即间接地提高了设计本身的质量。

园林工作者根据实际工作要求，通过实地考察并融入自己的设计思想和设计理念，经过深思熟虑，在头脑中有了初步的轮廓，计算机能够帮助完善设计方案，可以根据效果图来判断方案的可行性。计算机辅助设计应该从任务书、基地调查和分析、方案设计、详细设计、施工图制作等阶段，与园林设计的过程紧密结合。设计师利用计算机软件进行辅助园林设计，可以先把基础资料输入计算机，让计算机参与分析、计算、设计的过程，并能够实时进行三维效果预视或三维虚拟，与实景环境合成，一边观察、感受效果，一边设计和修改创作，设计过程结束时设计图纸也就相应地输出，包括各种设计必要的设计图、工程图、效果图等，甚至是三维动画漫游的效果。园林设计最终形成的方案应该全面而丰富，平面图、立面图、剖面图、效果图、文字说明和模拟动画图像乃至特色的背景音乐、精彩的解说，把它们组合在一起，达到视听一体的效果，这样带给人们的是强劲的园林艺术氛围和身临其境的艺术场景感受。如图1-4所示为某地园林的部分规划。

图1-4　某地园林规划

2）计算机辅助制图与手工制图的对比

（1）计算机制图需要以手工制图为基础

手工制图是园林设计的基础，作为园林设计师，制图基本功应该是非常硬的。手工制图比较追求整体气氛的和谐，强调园林意境及创作者的主观感受。只有以熟练的手工表现图为基础，对图中的素描概念、色彩概念、透视关系、尺度概念、环境气氛有良好的认识，计算机制图才有可能创作出高质量的作品。

（2）计算机制图弥补了手工制图的不足

计算机制图是使用图形软件进行绘图的一种方法和技术，能够让设计师摆脱繁重的手工制图。计算机制图可以解决很多问题，例如：一种树的图例可能要重复画几十次或成百上千次，如果用手工来完成，工作量非常大，在CAD中将树形制成图块，用INSERT命令将其插入，就变得轻而易举，大大提高了制图的效率和速度，并且计算机制图还克服了手工制图难于修改、不易保存及交流困难的缺陷。

3）CAD技术在园林规划设计中的应用

目前，在设计行业中，CAD技术已经成为设计者必不可少的工具，因为CAD技术不仅方便快捷，而且可以将图纸设计、图形绘制以及工程预算形成一个相互关联的整体。设计人员借助计算机 CAD 的力量，不仅可以降低自身的劳动强度、制图损耗，还能更好地校对图纸的方案，而且方便修改。设计人员在完成一项工程时，可以将其中对设计有用的图样以块的形式存入图库中，当需要时，便可以从图库中直接采用，加快了设计人员的工作效率。设计人员在绘图时有计算机进行辅助就可以随时与建筑师以及相应的结构工程师进行沟通，相互配合，不断协调。

设计人员在使用 CAD 进行设计的时候，可以模拟生成地面的模型以及建筑的框架，然后在三维动画的软件中进行材质、光源的供应，最后通过照相机对人的正常视点进行模拟，形成一连串的轨迹，达到一种全方位观察的效果，使人如身临其境。设计人员在设计的时候，可以及时发现自己的错误并且及时改正，完善自己的设计效果，让自己的设计变得更加完美。

在园林规划设计中不乏有其他的信息技术的产物，比如 Photoshop、CAD 以及 3DSMAX 等。在传统的园林设计中，手工制图不仅浪费设计人员的大量时间，并且时间一久，还会发生图纸褶皱、霉变等不可预测估的问题。但是计算机设计并不会出现上述的情况，它可以很科学地对设计图纸进行保存，不仅方便观看，而且可以进行多次备份，安全性很高。

网络上关于园林设计的资源十分丰富，其内容十分广泛，包括城市绿化、园林绿化以及市场上关于这些设计的动态等。因此，设计人员便可以充分利用这一点，根据 CAD 的上网功能得到大量丰富的资源，而且最好的一点，便是设计人员还可以将自己所整理出来或者搜集到的共享到网络上。由此可以看出，CAD 的网络功能对于园林设计起着很大的推动作用。在第一时间内接收到关于园林设计的信息已经成为可能，与国外设计人员的交流也正在逐步完善。

4）CAD 技术应用于园林规划设计中存在的问题

因为我国大多数的园林都具有一种古典美，它不仅是一门关于空间的艺术，并且还是一门关于时间的艺术。我国园林的特点也就造就了曲直蜿蜒的道路要求，但是 CAD 技术中的线条无论是曲直还是粗细都太过于整齐，没有人工作图的韵美，这也就让设计人员利用 CAD 设计的图纸缺乏生动性。在我国，设计人员大多设计的是平面的园林规划，然后利用其他的软件转化为三维模型，该模式不仅浪费了设计人员的时间，并且还大大浪费了设计人员的精力、财力，更有甚者是不同软件之间对于两维以及三维之间的转换性较差，真实的效果与实际的场景相差较大。

5）制约 CAD 技术在园林规划中应用技巧的因素

CAD 技术在园林规划中相对其他技术的发展可谓是十分缓慢，主要原因就是园林艺术的复杂性。因为我国园林的大多数植物都是群植、丛植以及孤植相互交叉，以此来丰富空间。前面已经提到 CAD 处理曲线的能力比较薄弱，但是根据一些设计人员的工作经验，想要解决上述问题，可以利用 CAD 中的栅格控制命令，然后利用 PLINE 绘出类似曲线的折线，最后再利用 PEDIT 将折线变成曲线；利用 SKETCH 时，设计人员在进行绘画之前要将记录增量保持，这样就可以做出很好的效果。

但是，在园林规划设计中，要涉及的因素很多，不仅有面积方面的问题，并且信息量较大，因此对于设备的要求就比较高。根据一些设计人员的实际经验，在进行园林规划时，最好选用配制比较高、内存比较大的主机，工作起来比较得心应手。选用比较低或者比较高的配置，不仅会使得工作效率变低，而且会让设计者承受比较高的费用。同时，设计人员在进行园林规划设计时，经常需要对一些资料进行扫描，因此扫描仪是必不可少的。

对于比较简单的地形，设计人员可以利用各控制点的相对坐标来生成。但是对于比较复杂的地形，设计人员先要用扫描仪输入，然后进行矢量化处理，转成 CAD 相应的文件格式之后再在 CAD 中打开。设计人员在对效果图进行绘制的时候，一般分为建模、渲染以及后期处理 3 个阶段。在园林的效果图中会有很多的植物图像，但是关于植物的建模是非常困难的，因此设计人员在建模阶段，只需确定所要绘制植物的位置以及高度即可，至于植物的一些细节留在后面的阶段处理就可以了。

随着信息技术的迅速发展，园林设计的工作效率也得到了提高。设计人员为了更加准确地表现出设计园林的意图，园林规划已经进入了全新的时代。当前，园林规划利用 CAD 技术已经是大势所趋，所以园林的设计人员应该大胆地去尝试、应用，并且将 CAD 的功能特点掌握熟悉，将这门技术变成具有自己特征的东西。随着科技的迅速发展，各种相应的软件也层出不穷，并且这些软件都有大量的快捷命令，如果设计人员能够将这些命令熟悉掌握，便可以快速提高工作效率。

设计人员使用 CAD 作图，并不代表要将手工绘图完全放弃掉。因为手工绘图不仅考验的是设计人员的空间观念，并且包含着设计人员自己的设计思想，这些东西对于初学者来说是非常重要的，坚决不可以放弃。大量的事实证明，只有具有坚实手工绘图功底的设计人员，才能有自己独特的设计风格，而不是软件表现出来的无感情、生硬的味道。另外，现在的园林设计所需的软硬件都需要进一步发展，尤其是设计人员要开发一些具有独立知识产权的、有一定综合分析能力的、十分符合我国国情以及最重要的是能够对植物图片进行三维处理的软件，这些软件对于今后我国园林设计具有非常大的作用。

6）计算机技术在园林景观设计中运用的内容

随着 21 世纪计算机技术的飞速发展和广泛应用，越来越多的领域依靠计算机技术使得自己的产品更加精良、专业更加优秀。也正是伴着科技的飞速发展所带来的环境污染，让越来越多的人意识到保护好生态环境的重要性，因而越来越多的园林景观设计进入到人们的视线，大到公园的园林景观规划，小到居住小区的园林景观设计。如何使得计算机技术让园林景观设计变得更加方便、更加优秀？主要从以下几个方面进行分析。

（1）运用计算机技术辅助手工设计

以往的园林设计图大都是依靠设计师的一支笔来完成的，而计算机技术的使用可以在很大程度上弥补手工设计图在色彩、立体感等方面的不足，使修改起来更加方便，不易流失。而且设计师可以根据自己的设计理念以及设计思想，运用计算机强大的绘图、编辑功能辅助自己的景观设计。这主要是设计初期的应用。

（2）方便园林景观设计师之间的沟通

园林景观设计在计算机中的设计图纸可以方便地保存，不但不易流失而且方便传送。在只有手稿的年代，一次设计方案的交流可能需要邮局甚至是需要设计者亲自去跑一趟，无形间浪费了很多宝贵的时间在园林景观的设计过程中，计算机技术的应用，使得设计方案的传送更加方便快捷，只需几分钟甚至是几秒钟一个设计方案就可以到达另一名需求者的手中。而且设计师不用见面便可直接在电脑中视频交流和沟通，极大地节约了园林设计师的宝贵时间。这主要是在设计的过程当中的应用。

（3）设计效果展示图更加生动形象

在园林景观设计汇报方案时，园林景观设计师可以借助计算机的多媒体技术进行演示，譬如可以运用 PPT 软件使得演讲的过程更加方便；Photoshop 后期的处理软件可以让一些画面更加的真实动人；渲染软件的运用可以让园林景观设计图更加具有感染力；建筑模版软件的运用使得景观设计图更有立体感，画面感觉更加的真实生动，同时在演讲的过程中可以配置合适的背景音乐辅助讲解。这是在设计完成的最后阶段的应用。

三、计算机在建筑工程中的应用

1. 计算机在建筑工程中的具体表现内容

1）工程建设的实时监控软件

计算机对工程的实施情况进行管理控制起到了重大的作用，对建筑工程建设的实时监控主要是通过计算机互联网感应器来传递信息，对工程的施工过程进行全程的监控。实时监控主要体现在设备的自动化运行、施工过程的视频监控、施工现场的温度控制、对施工过程的视频管理、对工程现场的勘测等方面。利用计算机的实时监控可以有效地控制施工的进度以及施工的质量，对施工现场出现的突发事故可以及时处理，保证施工顺利进行。

2）计算机对施工技术的控制

在建筑工程建设中，利用计算机对施工技术进行控制是提高施工质量的有效途径之一。在施工过程中利用计算机对施工设备进行自动化控制，对各项施工技术进行有效的控制管理，努力实现施工过程的自动化；利用计算机软件对工程的整体测量数据以及工程设备的运行数据进行分析，并总结结论为施工建设提供数据上的支持。利用计算机对这些施工技术进行控制，大大减少了施工的成本，在保证工程整体质量的基础上加快了工程的进度，优化了施工方案，从整体上提高了施工企业的经济效益。

2. 计算机技术在建筑工程中的应用现状

虽然计算机在建筑工程中起到了巨大的作用，可是在实际过程中计算机的应用还缺乏一定的推动力，需要不断推动上述计算机技术在建筑工程建设中的应用，促进计算机技术在建筑工程建设中的长远发展。

1）计算机信息图表化技术的应用

计算机信息图表化就是指通过人们的感知能力和对颜色、动作的识别能力把计算机传递的信息通过图表的形式表现出来，使信息更直观、更易理解。它可以将静态信息表现为动态图像，也可以将抽象的信息表现为直观的图像，使人们对计算机所呈现出来的信息能有更深刻的理解，而不仅仅是局限在概念化的技术水平上。随着科学技术的不断进步，计算机信息图表化在工程建设中发挥着巨大的作用。在工程建设中，可以通过对工程数据的分析，然后通过形象的图表表现出来，这就形成了具体的施工图。由于工程建设需要收集的数据量比较大，而且难以理解，所以利用计算机对数据进行分析并制成工程图，这样更易于理解而且大大节省了工程数据的分析时间，使工程进度以及工程质量都可以得到保障。

2）计算机模拟技术的应用

计算机模拟技术就是把工程施工过程运用计算机软件，通过模拟设备把施工过程直观地呈现出来，可以分析出在虚拟的施工过程中存在的问题，针对问题制订相应的解决方案，避免在实际施工过程中出现相同的问题。计算机模拟技术也可以把建筑物的三维立体平面图直观地表现出来，使技术人员可以对建筑物进行更细致的分析，也可以使购买者通过计算机模拟技术对建筑物有更深层的了解，使购买者感觉就像在真实的建筑物中一样。计算机模拟技术大大提高了工程建设的可塑性，提升了对工程建设的控制力度以及对施工过程突发事件的预测能力。

3）计算机 GPS 定位测量技术在工程勘测中的应用

计算机 GPS 定位测量技术就是通过卫星定位系统对测量目标进行定位监控，然后通过监控设备将数据传递到计算机上，最后利用计算机对测量数据进行分析总结的一项技术。GPS 定位测量技术具有精确度高、时间短、没有空间和时间的限制等特点，这样就大大提高了工程测绘的准确性以及工作效率，减少了人力资源的投入，避免了在工程测绘中由于环境因素的复杂而发生的安全事故。GPS 定位测量技术为工程建设提供了可靠的数据支持，保证了工程的进度和质量，减少了测量的成本，大大提高了施工企业的经济效益。

3. 计算机技术在建筑工程中推广的方法

1）推进建筑工程的计算机信息化管理

①加强对建筑工程建设人员的计算机技术培训，使工程建设人员具有计算机使用意识。部分工程建设人员不擅长使用计算机，对计算机有一定的抵触心理，所以建筑行业的有关部门应该积极宣传计算机技术，消除工程建设人员对计算机的抵触心理，加强其计算机软件的使用能力，使工程建设人员有专业的计算机使用技能。

②加强计算机信息化管理的宣传，使工程管理人员意识到计算机信息化管理对于工程建设的重要性，开展信息化管理的教育活动，同时也应该开发更多的信息化管理软件，使计算机信息化管理适应建筑工程建设的快速发展。

2）推进施工企业内部信息交流平台的建设

利用计算机技术可以建立一个企业内部的信息交流平台，使企业可以与员工进行双向的沟通。企业管理层可以将工程建设的具体计划通过信息交流平台传递给员工，使员工对工程的建设有进一步的了解。员工也可以通过计算机信息交流平台发表自己对工程建设计划的意见与看法，管理人员可以合理地采纳员工的意见对工程建设计划作适当地调整，这样有效保障了企业的利益，也使员工充分发挥了自己的权利和义务，同时为工程建设制订了一个合理可靠的建设计划。

3）研发各种工程应用软件

计算机技术应该顺应时代的发展，研发更多的工程应用软件，使工程建设实现自动化建设，利用互联网对工程建设的各环节实施网络监控。在工程建设时可以利用计算机网络系统进行网上材料购买、网上施工设备购买、召开网上招标投标会议等一系列网上活动，为工程建设提供更便捷的方法，节省大量的施工时间，对工程建设成本进行合理的控制，实现工程建设的信息化管理与科学化管理。

4）加强计算机控制软件的研发

在工程建设中，施工质量、施工进度以及施工成本是施工过程中最重要的控制内容，所以应该加强对这三方面应用软件的研发，提高计算机对工程建设的控制力度。

在施工质量方面，应该研发相应的质量控制软件对施工的整体质量进行合理有效的控制，为整个施工过程提供安全可靠的质量保障。

在施工进度方面，应该研发计算机紧急控制系统，对工程中出现的突发事件进行紧急控制，并分析出现事故的原因，针对事故原因计算机可以给出相应的解决措施，这样就有效地保证了施工的进度，减少了突发事故对施工进度的影响。

在施工成本方面，应该研发工程预算软件，对工程成本进行合理的预算，在保证施工质量以及施工进度的前提下实现成本最优化，提高企业的整体经济效益。

第二章 计算机软件技术在建设工程中的应用

◄◄◄ 第一节 计算机在建筑设计中的应用 ►►►

一、计算机辅助设计的应用现状

1. 建筑 CAD 技术应用特征

建筑 CAD 系统是由中国建筑科学研究院 CAD 工程部开发研究、国内应用最广泛的一套计算机辅助设计系统。随着多媒体技术的不断发展，建筑 CAD 技术将使图纸不再是设计院的主要产品介质，取而代之的是多媒体磁盘或光碟，图纸将退为辅助产品。这种崭新的表现形式将使建筑设计在使用功能、空间造型、比例尺度、交通绿化、光影色彩、材料设备乃至城市天际线等方面表现得更直观、更清晰、更具有真实感。

以计算机为主体的信息载体和表现形式的变化导致了信息量的大量增加，设计的深度和直观性更强，设计师与业主和施工单位的信息交流更方便、更透彻；信息载体和表现形式的变化使信息量可随设计的需要任意增加，这是以纸为主要载体的建筑设计很难做到的；以强大功能、高速度和大储存量为依托的计算机多媒体技术与建筑设计技术有效地结合在一起，使得建筑设计产品能更快更好地生成、编辑、制作、修改、传送和展现。设计师应用计算机键盘、鼠标、数字化仪器后，过去几天的工作量，现在几个小时便可完成，方案设计变成了简单、直观的计算机操作；技术日趋成熟的计算机建筑画的出现，受到了建筑师和业主的欢迎；在丰富的工程设计专业数据库和软件支持下，多方案的比较、多因素的综合分析并非难事，更充分的创作思维、更详尽的施工设计、更全面的优化设计都将成为可能。

建筑 CAD 技术的应用给建筑设计带来了巨大的变化，同时也使建筑设计对技术设备的依赖性更强，信息的加工、处理、储存、检索和再利用将成为建筑设计单位重要的经常性工作。

2. CAD 软件在建筑工程设计中的应用优势

1) 劳动强度降低，图面清洁

手工绘图时，设计人员手里常常拿着几支不同粗细的墨笔，并且丁字尺、三角板、曲线板等工具还得不停地更换，一旦画错，修改非常费事，而且修修补补也使图面显得脏乱。而 CAD 软件拥有统一的线型库和字体库，能保证图面整洁统一，其所提供的 UNDO 功能还可以返回到画错之前的那一步，使设计师不必担心画错。可见，CAD 软件使绘图工作真正做到了方便、整洁、轻松。

2）设计工作的高效及设计成果的重复利用

CAD之所以高效，是因为其具备"COPY"的功能。一些相近、相似的工程设计，只需对图纸进行简单的修改或者直接套用就能使用，而设计师只需按几下键盘、鼠标就可以完成。CAD软件还可以将建筑施工图直接转成设备底图，使水暖、电气专业的设计师不必在描绘设备底图上耗费时间，而且现在流行的CAD软件大多能够提供丰富的分类图库和通用详图，设计师需要时可以直接调入，重复的工作越多，这种优势越明显。

3）精度提高

建筑设计的精度一般标注到毫米，结构计算的精度要求也不是很高，施工时的精度要求则更低。但对于一些特型或规模大、结构复杂的建筑，不运用CAD软件，设计计算将会非常困难，尤其是在日照分析、室内声场分析、灯光照度分析等方面，CAD的计算精度和速度更是手工计算所无法比拟的。

4）资料保管方便

CAD软件制作的图形、图像文件可以直接存储在软盘、硬盘上，或是直接刻录成光盘，资料的保管、调用极为方便。还可以将以前的图纸通过扫描仪、数字化仪输入电脑，可避免资料因受潮、虫蛀以及破坏性查阅而造成的不必要的损失。

5）CAD在建筑效果图上的优势

建筑效果图也是CAD在建筑设计上最为荣耀的。CAD制作的建筑效果图，其透视关系、光影关系、建筑材料的质感都可以真实再现，再以真实的树木、人、天空、汽车等图片为配景，或是融合现场环境照片，则更有表现力。CAD制作效果图的优势还在于只要建筑的三维模型搭建完成，就可以任意指定透视角度和模型材质，快速生成多张效果图而无须从头做起，这一点是传统的手绘效果图所无法比拟的。这一切都使设计师受益匪浅，在向建设单位推荐自己的设计成果时也更有说服力。

6）设计理念的改变

CAD的智能化将部分取代设计师的设计工作，而CAD对设计的标准化、产业化起着巨大的推动作用。随着信息技术、网络技术的发展，跨地区合作设计、异地招标投标、设计评审等新事物也将普及。在第一时间接收科技信息，与世界同步，通过网络让足不出户的工作成为现实。

3. 计算机辅助建筑设计（CAD）软件的发展历程

20世纪60年代以来，计算机辅助建筑设计（CAD）技术经历了三个发展阶段。

1）二维通用绘图软件

20世纪60年代末至70年代初，还没有专门用于建筑设计的CAD软件。当时的CAD软件的基本特征只是通用的图形处理能力，而且主要是二维图形绘制、标注尺寸和符号等功能，可用于通过图形表达设计意图的各个行业。

2）二维建筑绘图软件

进入20世纪70年代，计算机硬件性能和计算机图形学有了很大的发展。建筑设计人员与软件开发人员密切配合，促使专业化的CAD软件诞生，这可以称为第一代CAD软件。美国的通用绘图软件CAD在建筑设计领域一直得到广泛的应用。这一代软件系统已具备CAD支撑系统的所有功能，但这一代CAD系统是一个分离的数据结构与多个数据库的集合，其辅助设计功能基本限于详细设计阶段的绘图、造型和简单的分析工作。

3）三维建筑模型软件

从 20 世纪 80 年代中期至 20 世纪 90 年代，在 CAD 辅助绘图被人们承认和接受后，实现了向更高层次的飞跃，诞生了第二代 CAD 软件——三维建筑模型软件。三维建筑模型软件的研制思路是让建筑师在计算机上借助于三维模型进行设计构思，把三维的建筑设计方案与二维的成图过程串联起来工作，以三维模型为核心控制全局，充分发挥计算机的特点和优势，进行工程设计。

4. CAD 在建筑设计中的应用现状

随着 CAD 基础理论和应用技术的不断发展，设计人员对 CAD 系统的功能要求也越来越高。他们希望能从根本上减少大量简单繁琐的工作，使其能集中精力于那些富有创造性的高层次思维活动中。由于三维 CAD 系统具有可视化好、形象直观、设计效率高，以及能为工程各个应用环节提供完整的设计、工艺、制造信息等优势，它取代传统的纯二维 CAD 系统是历史发展的必然。但是，由于经济实力、技术水平和习惯定势等因素的影响，二维图纸不仅不会在短期内消亡，反而还会作为工程语言的载体长期存在并不断发展。

据统计，目前我国机械行业的 CAD 应用状态基本呈三角形结构，占据三角形底部的是已得到广泛应用的、基于 PC 平台的二维 CAD 系统，如 Autodesk 公司的 CAD 系列、国内华正的 CAXA 电子图版、高华的 GH—CAD、凯思的 PICAD 等均拥有大量用户群。高居三角形顶端的是少量基于 UNIX 工作站的纯三维 CAD 系统，如 Pro/E、SDRC/I－DEAS、Euclid、Catia 等高端产品主要被一些大中型企业所采用，但由于受价格、系统开放性、软件本地化特性和用户素质要求高等因素的限制，在多数企业中，并未发挥出应有的作用。

5. CAD 在建筑设计中的应用前景展望

1）虚拟现实技术的应用

在建筑设计的过程中，建筑师的设计过程是一个以用户的使用、感受为核心的空间思维过程，存在着一定的不可知性，一旦投入施工，将是不可逆的执行过程。将虚拟现实技术应用于建筑设计中，建筑师仿佛置身于待建的场地中，可以帮助建筑师更好地验证设计的正确性和可行性。同时可以让业主或使用者进入这个虚拟的真实环境中，充分感受建筑物内部功能布局和外部环境设计，使业主、使用者获得真实的建筑体验，进而做出客观、理性的评价。

2）智能化技术的应用

现有的人工智能技术同真正实现人类思维活动的模拟还存在一定的差距。因此，将智能化技术融合在建筑 CAD 技术中，来表达和模拟人类设计的思维模型，以适应创造性设计的要求，这将是建筑 CAD 技术发展的一个重要课题。

设计一般包括两类工作：一类为数值计算，包括计算、分析等，主要依靠建立设计对象的数学模型并进行数值处理；另一类为符号推理，属于创造性活动，必须依靠思考与推理，它包括方案设计、评价、决策等，这类工作主要依靠建立设计对象的知识模型并进行处理。在实际的建筑设计工作中，第二类工作有着举足轻重的地位。

3）集成化技术的应用

建筑设计集成化是以网络技术为支撑、CAD 技术为基础、工程信息管理为核心、工程项目管理为主线，使设计和管理实现一体化。集成化技术包括 3 个方面，即设计数据集成化、设计过程集成化、设计管理集成化。它具有以下特点：

①建设项目的所有信息统一存储于基于网络环境的数据库中，能保证信息的唯一性；

②在数据库中很容易实现对各种文件进行送审追踪，因而可以有效减少因为各种错误造成的投资浪费；

③任何文件都可以在线公开和共享，建设项目每一个环节产生的信息都能够直接作为下一个环节的工作基础，可以做到无缝连接。

4）协同设计技术的应用

设计过程是一个典型的群体工作，应从以下两个方面来理解协同设计的思想。

（1）技术层面

一项建筑工程的设计通常需要建筑、结构、设备等多种专业的协同工作才能完成。建筑CAD需要及时以并行、协同的方式进行各专业间数据的实时交换和双向传输，设计小组成员之间可展开充分讨论，协调设计的方法、手段和步骤，最终得到符合要求的设计结构的设计方法。

（2）人员层面

建筑CAD涉及的人员包括设计者、用户、开发商及施工方等。工程的设计既是设计者与其他设计者的交流，也是与用户、开发商和施工方的交流，因此具有协同工作的需求。CAD网络协同设计的核心是并行一体化设计，强调设计及其相关过程同时交叉进行，这要求CAD软件能很好地解决以下几方面的问题：

①协同设计中的各种冲突；

②群体成员间多媒体信息传输，主要是实时数据交换问题；

③异构环境中的数据传输与工具集成；

④设计群体中个体间的交互技术等。

二、计算机在结构工程设计中的应用

1. 计算机在结构设计中的应用

1）设计方式

结构工程师目前主流的设计方式是利用有限元结构分析软件（程序）进行结构建模计算和结构整体空间受力和变形分析，然后利用2D绘图工具来绘制传统的2D施工图文档。

基于计算机技术的结构设计方式是：工程师将物理模型发送到结构分析软件，分析程序进行分析计算，随后返回设计信息，并动态更新物理模型和施工图文档。计算机技术就结构设计本身而言，其基本理念就是要达到结构计算分析和施工图文档两者相互统一，或者说实现两者间的无缝连接。

2）搭建计算机模型

建筑师搭建计算机模型时，关注的是模型空间表达的真实性和外观视觉上的效果，以及物理模型能否自动生成2D施工图文档。与建筑专业相关的计算分析，比如日照分析和建筑能耗分析，对模型数据库的要求也往往仅限于模型的几何外观和空间尺寸，以及材料的物理特性。

结构工程师搭建计算机模型时，除了关心物理模型能否自动生成2D施工图文档外，同时也关心物理模型能否自动转化为可以被第三方结构分析软件认可的结构分析模型。毕竟结构的安全性分析计算是结构设计的首要环节和重要问题。由于结构分析模型中包括了大量的结构分析所要求的各种信息，如：材料的力学特性、单元截面特性、荷载、荷载组合、支座条件等等，所以结构工程师的计算机模型就会因繁多的参数而异常复杂。

3）计算机在结构设计中的可视化研究

建筑信息模型以三维模型为基础，用来表示真实的建筑构件。对于传统计算机辅助绘图软件一般采用 CAD 技术，使用无抽象表达的几何图形来表示构件，难以表达更多的信息。在设计及初步设计阶段，建立三维实体模型，可以快速直观地观察建筑构造，推敲建筑体量，剖析功能布局等。在大型、复杂的结构体系设计过程中运用可视化技术，可对结构模型进行漫游动态演示，考察结构选型的建筑适配性及构件尺度在建筑空间中的表现效果，并以此来选择结构的最优方案。

4）BIM 在结构参数化设计中的研究

在整个结构信息模型中，模型和全套设计文档存储在同一个数据库中，所有内容都是参数化的、相互关联的。作为 BIM 最重要的特点之一，此关联性可以实现高质量、一致、可靠的信息输出，有助于形成面向设计、分析和建档的数字化工作流程。

5）基于计算机 BIM 的结构基础部分的实现

依据基础结构施工图纸，创建独立基础和双柱普通独立基础的混凝土部分，在创建前需提前设置混凝土的属性，包括强度名称、编号设置、位置、截面、等级、现浇或者预制等。

2. 在计算机的新软件应用推广过程中需要注意的问题

①结合自身情况，合理设定现阶段计算机的应用范围，再逐步寻求拓展计算机增值设计服务。不要刚开始接触应用计算机，便想要求大求全，试图将 Revit 用于各个专业，完美地实现三维协同设计及相关应用。

②计算机启动的实验项目不宜选择难度过大的项目，导致计算机推进较为艰苦、困难重重，使整个团队失去信心。

③Revit 产品的本地化还不完美，对初学者在实现本地化施工图出图尚存一定难度，需要有对 Revit 全面了解的专业人士针对各个设计院的出图标准和各种相关应用进行定制和教授针对不同类型项目的应用方法，使得推广应用事半功倍。

④计算机的应用推广是个长期的、不断发展的过程，需要事先考虑计算机团队结构、人员梯次、如何实现逐步推广等问题，从而实现有计划、有步骤地逐步推广。一个合理实用的计算机实施规划很有必要，其中人才的问题最为关键，千军易得，一将难求。计算机团队的负责人也就是计算机经理的选择和培养至关重要。由于项目团队负责人对 BIM 理解及应用过程没有正确的判断和深刻的认识，无法得出恰当的执行方案，容易出现决策上的失误，直接导致公司决策层及项目团队设计人员对计算机的误解。在计算机团队的人员挑选上，也需要寻找学习热情高昂，有自我学习思考能力的设计师。此外，值得注意的是，计算机的出现将使得计算机制图员这样的角色有一席之地。因为 Revit 三维设计的平立剖面图及大样详图与模型之间的相互关联，直观有效地避免了一些低级设计错误的出现，也能更快捷地实现建筑师与制图员之间的交流沟通。

⑤Revit 是三维的参数化设计，创建的是建筑信息模型，这与传统的二维设计有着本质的区别。工具的特点决定了针对不同类型的建筑项目，不同的设计阶段，不同的设计需求，需要不同的应用方法。

三、计算机在给水排水工程设计中的应用

1. 给水排水工程 CAD 技术的发展走向

当今信息时代的 CAD 技术已得到突飞猛进的发展，给水排水工程 CAD 技术也随着社会科学技术的发展有了一些进步，现阶段给水排水工程 CAD 技术已有了 4 个方面的特点或发展走向。

①智能化。CAD 技术用得最多的是二维、三维的几何形体建模与绘图，各种机械零部件的设计、电路设计、建筑结构设计、力学分析等。缺点是不能选择和分析工程中的一些具体方面，比如它在给水和污水处理的构筑物形式，以及在工艺流程方面就不能被充分运用。

目前被运用的只是一种固定死板的程序，它只能按设定好的程序来计算，不能对现场工作人员的经验、习惯和一些具体状况作出科学计算和处理。经过技术人员的研究，一种更能理解现场工作人员意图、更为智能化程序的开发和应用被提上了日程，这种程序被称为智能 CAD。它能将现场人员的经验和相关知识进行归纳总结而产生规律性的东西，继而建立起档案库，再经推理和分辨机能，输入程序后形成相当于专家给出的专业意见，且能被人们所掌握和运用。开发和应用这种智能 CAD 系统，才是在市政工程规划和实施管理更能起作用的前沿方向和课题。

②信息化。网络时代最伟大的技术就是互联网技术，离开网络支持将会寸步难行，因此必须用好网络技术。将网络技术运用到计算机辅助设计中，是 CAD 技术的一个意义非凡的贡献。以前要想做好设计工作，只能通过人工方法，要手工做繁重的绘图、收集资料、测算数据等工作，如碰到一个相当大的工程，既要了解现场情况，收集相当多的历史资料，又要向专家咨询问题，更为艰难的是设计图纸时需要和同事们讨论，还须得到上级的审核，可以说是费时费力。当网络技术介入后，有了网络辅助设计就可轻松地从事工程规划和实施管理工作。目前一些单位已建立起内部局域网，成员间可实现网络资源共享、信息传递，还可进行工程管理、网上咨询、图纸及文档管理等等工作。

③集成化。由于给水排水工程涉及范围广泛，需要多部门之间的协作和配合。如果离开了供电、道路、通信和煤气等部门，就会产生交叉和不协调，会形成各自为政的局面。要想解决这一问题，须处理好各个部门之间的协调，须做好 CAD 软件的集成化，这样才能统一规划、统一设计和统一管理，因此集成化也是工程 CAD 软件不可回避的走向。

④专业化。各行各业都有着自己内在的规律，由于一些给水排水工程 CAD 软件专业图库是各自设计编写的，有着自己内在的要求，且各个单位还用着自己内部的局域网，行业规范和标准没有能够跟上，专业化程度还不够完善，因此政府相关部门应该出台电子化专业标准，这样才能实现 CAD 软件专业图库能够互相兼容和相互调用的目标。

相对于以前的传统设计和管理方法，目前在给水排水方面，CAD 技术已有一些进步，但是离更好适应现代化城市发展的要求，离更大提高城市建设水平的目标，还有不少差距。只有在给水排水工程规划与实施管理中加大开发和应用 CAD 技术，才能更快地增强我们的设计和管理工作效率，才能更好地提高我们的工作质量，从而才能将我们的城市管理得更好，建设得更加现代化。

2. CAD 软件技术在给水排水设计中的应用

目前建筑 CAD 技术的应用状况是整个行业大规模生产的局面已经形成，工程技术人员

只有对 CAD 技术进行更深入开发、更广泛使用的要求和不断地为之努力，才能适应社会的发展要求。CAD 技术在工程应用中共被分为计算机图形、工程数据库、标准件库和 CAD 数据交换 4 部分。这 4 部分内容表现为既相对独立又相辅相成，缺一不可。建筑给水排水工程设计中 CAD 技术的应用开发也应当参照这 4 部分进行。

1）软件设计中计算图形一体化

在设计师设计给水排水工程的时候，CAD 软件不能够同时兼容数据与图形是一种需要打破的技术制约。如若不能将所需图形按照要求精确地计算出比例与具体数据，必定会阻碍设计者的设计进度。在 CAD 软件中应用计算与绘图一体的技术，将数据与设计图形同框，不仅可以减少设计者人工计算的耗时，还可以有效避免叠加输入数据造成不可估量的损失，进而避免重蹈覆辙降低设计效率。

现阶段的给水排水工程 CAD 软件增添了数据自动提取功能，在设计者将图形计入 CAD 软件的同时进行精确的标记与计算。在广泛运用这种应用之前必须按照先行开发 CAD 与高级语言计算程序的过程进行，只有在软件编程中提前设定好高级语言计算程序才能准确无误地读取出给水排水工程的数据。CAD 顾名思义是指一种自动与高级语言程序成立关系的设计图形软件，设计师可以使用这种软件将图形绘制出来然后通过计算机与高级语言程序进行融合。采用这种技术应用可以有效地分担给水排水工程因设计范围广泛造成的多种数据交叉无法同时显示的困难，不仅可以同时处理图形与数据，还可以储备曾用方案与数据，具有方便操作与提高设计效率的优势。

2）CAD 建筑工程数据库的建立

简言之，数据库是数据的集合。通常所说的 AC－CESS、DBASE、FOXBASE 等是指数据库管理系统。它们提供按一定方式操作数据库的方法，比如查询、报表等等。同时，因操作的原因，它们要求数据按特定的方式组合。工程数据库是工程数据的集合，按数据组合方式的不同，其操作方法也许可以借助已有管理系统，也许需要另外开发，但工程数据库及其操作方法的建立在设计中是非常必要的。

建筑给水排水工程设计中，在一项设计提交纸面（或计算机）之前，需要工种间进行大量的配合。比如各专业间的互提资料过程，像泵井、水池位置这样的资料已有较简单的方法完成。而提地下室的混凝土水池预留防水套管位置就并非如此简单，要整理许多资料，且整理过程中有可能出错。使用一种各专业都能操作的工程数据库，整理资料的工作交给计算机完成，由数据库再形成条件图，简单快捷，不必要的错误很少。再如，施工图中的管道综合，情况可能更复杂，数据量也非常大，没有一种合理的数据集合方式和操作方法就不能完成这种工作，也就不能保证以更高的质量和更快的速度提交设计文件。

并非只在专业间配合时才需要数据库。虽然交付给施工单位的设计最终产品是图纸，但图纸中不可能表达一项设计的详尽信息，部分信息因图纸表达方式的原因而不能表达出来，这些设计人员自己掌握的信息在工程施工过程中才会一一表达。给水排水工程中大量的信息需要高质量的记忆、组织和管理，这也是数据库的作用之一。另外，在二维的纸面上表示三维信息，工程中最常用的方法主要有两种：平、立、剖面结合或平面与轴侧图结合。无论哪种方法，单独的每幅图形表达的都是一个事物的不同方面。在不同图形的相互参考、调用过程中，工程数据库是一种桥梁和纽带，利用结构良好的工程数据库，可以实现不同图形间的相互转化，带来的是速度的提高。此外，目前多数软件产品中嵌入的规范查询功能停留在浏览规范条文的水平上，逐条浏览条文及其说明，最方便的方式是查书，而计算机不具备明显的优势。利用数据库的管理手段，比如对某种设计方法直接查询各种设计规范的相关内容，这种方式是计算机的优势而且是设计人员的直接需要。

建立工程数据库，必然提到一种新技术：视算一体化。目前，国内的软件公司、高校研制的部分软件已经开始使用类似的方法。这里需要注意的是视算一体化不是绘图和计算的简单集成。工程设计中计算的作用主要在于获得正确的结果或核实结果是否正确，即计算是针对结果的。对设计人来说实际工程中的设计结果是可以明确表达的图形部分和不能明确表达的数据部分，也就是说如果只在绘图软件中提供一些公式以辅助计算，这不是视算一体化，真正的视算一体化应当是针对工程数据库的，其中的计算可以认为是对已有图形数据的提取和补充，并在此基础上形成新的图形数据的方式。

3）CAD 设备资料库的使用

在建筑给水排水工程设计中，标准件主要是材料和设备。材料由图纸中的图例表示，而设备则牵扯到选型、计算和布置等较多方面。目前的软件产品一般提供了较完备的材料库，有的甚至提供能自行扩充维护的材料库，但设备资料相对较少。虽然一些软件将水泵等常见设备编入设备库，但是它们具有先天的缺点：不能提供完整的相关资料和及时的更新。其实，建筑给水排水工程中有些设备的使用比较复杂，比如热交换、中水处理、游泳池等等，其本身的信息量就决定了它们应当有专门的软件提供支持。这部分软件的开发者最恰当的人选应当是生产设备的企业，基本内容应当包括设备的性能特点、使用说明、选型计算方法、支持辅助形成计算书以及能被 CAD 系统直接调用的文件。在支持多任务的操作平台上同时使用 CAD 软件和设备选型软件，完成计算选型的设备被直接调入 CAD 软件进行布置，这是使用设备资料库比较理想的方式。

虽然设备资料库是 CAD 的必要组成部分，也是今后需要完善的部分，然而国内大多数中小型企业在意识和技术条件上还不具备开发能力。但相信随着建筑给水排水计算机应用标准、规范的不断完善，使用设备资料库必将成为工程技术人员常用而且是有效的方法。

3. CAD 软件在给水排水工程中的应用前景

1）CAD 与 GIS 的集成

因为时间原因，我国必须对老旧排水系统进行改造与建设。但由于各种原因无法对多数地下排水布局与使用材料取得了解，在这种情况下贸然进行整改必定造成不良后果，因而严重阻碍工程的实施并给给水排水工程管理者带来严重困扰。

GIS 技术主要的应用功能便是管理、输入与空间分析，其中值得一提的是它具备 CAD 所没有的二维矢量拓扑关系与网络分析功能。在近年来，给水排水工程的改造中不断将 CAD 与 GIS 结合，将数据分析与图形设计融为一体，二者相辅相成，充分发挥其优点，共同帮助给水排水工程不断进步。

2）将 CAD 与给水排水概预算一体化

在历史文化中，设计者在设计给水排水工程时一般按照先进行图形设计再将所得数据人工输入工程预算系统进而取得对工程的完整分析。这种方式不仅耗费人力物力更阻碍了设计进程的进步。目前，大多给水排水工程将 CAD 与概预算结合于一体，将理想主义的设计添加至经济预算的范围内，有效抑制了设计的不现实化并与社会经济发展紧密结合，进而提高了社会经济水平。

4. BIM 在建筑给水排水中的应用

1）可视化设计

传统设计模式下，土建专业向给水排水专业提供资料时主要基于传统 CAD 平台，使用平、立、剖等三维视图的方式表达和展现，水工专业设计人员有个"平面到立体"阅读和还原的过程，同时还需要整合结构梁高和位置的信息，因此在遇到项目复杂、工期紧的情况时，在信息传递的过程中很容易造成三维信息割裂与失真，造成差错。而 BIM 的"所见即所得"具有先天的直观性和实时性，保证了传递过程中信息的完整与统一。

不同于土建专业按楼层划分的设计模式，给水排水设计是基于各自独立的系统（例如排水系统、自动喷水灭火系统等），各系统的组成部分位于多个楼层，局部的修改（例如水平管管位的调整）常常会影响到多个楼层平面。传统设计模式以楼层划分平面，割裂各个系统内部的联系，细小的修改需要打开多个图纸，而 BIM 从全局上进行绘制，保证了对系统的理解及把控，并且修改起来极其便利。

2）协同设计

传统设计模式下，CAD 只是个绘图工具，无法加载太多的附加信息，于是给水排水设计在绘图之外需要向结构专业提取荷载资料、向电气专业提取用电负荷资料。

BIM 模式下，所有信息都在模型中汇总（例如水泵的电量、质量、尺寸），跨专业可以直接读取，甚至水工专业的水泵电量修改后，电气专业负荷计算可以实时更新。所有专业围绕着一个统一的模型，一方面简化了工作模式，另一方面也强化了协同的有效性和联动性。另外，目前各大设计院采用的基于 CAD 平台的网络协同设计，采用的是互相引用参照的方式，在重新加载图纸之前，别的设计人员作的修改并不能实时反映，并且由于引用的图纸其实是一个大的块，其中各个图元的信息无法直接读出，影响信息的传递。而 BIM 模式下，由于是在同一个模型中工作，给水排水系统设计人员可以实时观察到消防系统设计人员的修改，以及其他专业设计人员的修改，给协同设计带来了质的飞跃。

3）管道综合

BIM 模式可以将管道综合后的净空高度直观反映出来，以满足建筑专业的需要。在 BIM 模式下，三维直观的管道系统反映的是管道真实的空间状态。设计师既可以在绘图过程中直观观察到模型中的碰撞冲突，又可在绘图后期利用软件本身的碰撞检测功能或者第三方软件来进行硬碰撞（物理意义上的碰撞）或软碰撞（安装、检修、使用空间校核）的检测。通过 BIM 三维管道设备模型，发现并检测出设计冲突，然后反馈给给水排水设计人员，及时进行调整和修改。

4）参数化设计

在 Revit 模型中，所有的图纸、二维视图和三维视图以及明细表都是基于相同建筑模型数据库的信息表现形式。Revit 参数化修改引擎可自动协调在任何位置（模型视图、图纸、明细表、剖面和平面中）进行的修改，并且可以在任何时候、任何地方对设计作任意修改，真正实现了"一处修改、处处更新"。例如在给水排水设计后期，平面布置的调改，造成消火栓、喷头以及其他消防设备数量的变化，在材料表中可以实时更新，从而极大地提高了设计质量和设计效率。

参数化不仅体现在模型中表达形式的高度统一，更重要的是将辅助计算引入 BIM 设计。例如：以往给水排水设计人员在水力计算时习惯于自己在 Excel 或其他软件中编制公式，制作计算表等进行辅助设计。而 BIM 设计过程可以直接从模型上读取设备和卫生器具信息，设定好管道的摩阻等水力特性参数后，即可以自动修改管径。

5）材料表统计

以往编制材料表时一般依靠给水排水设计人员根据 CAD 文件进行测量和统计，这样费时费力而且容易出错，如果图纸修改，重新统计是件非常繁琐的事。BIM 本身就是一个信息库，可以提供实时可靠的材料表清单。通过 BIM 获得的材料表可以用于前期成本估算、方案比选、工程预决算。

6）安装模拟

设计的目的就是为了指导施工，施工过程中一些复杂的、管线较多的吊顶区域，各分包常常是互不相让，互相挤占空间。这一方面造成了不必要的浪费，另一方也耽误工期。将时间维度引入三维设计，通过制定准确的四维安装进度表，可以实现对施工项目的预先可视化，可以合理安排安装进度，更加全面地评估与验证设计是否合理、各专业是否协调，可以简化设计与安装的工作流程，帮助减少浪费、提高效率，同时显著减少设计变更。

由于 BIM 设计与二维绘图思维习惯的不同，在普及时也会遇到一定的困难，需要避免新的建模与设计方法在普及期损失效率。由于开发者自身的局限性，尽管 BIM 软件还有着诸多不完善的地方，但随着建筑行业信息化进程的加快，BIM 设计代表了当今设计工作的发展方向，必将随着应用推广而不断完善和成熟，相信 BIM 在给水排水设计人员中的普及必将势在必行。

四、计算机在电气工程设计中的应用

1. 线路设计系统的设计

信息时代的到来，为电气系统智能化提供了可能，同时也对电气设计系统提出了挑战。从电气设计系统具有的特征来看，供电设计部门所从事的工作主要包括线路设计、继电保护设计及管理辅助系统开发设计等等。如何开发建立区域部门局域网，对所有操作设计及具体实践实施进行监测操控及远程操作，是现代电气设计系统所面临的主要任务，而这也是实现电气设计系统智能化的前提工作。

电力是保障人们生活和工作的必备物品，电力能够保证人类文明的进步，促进经济发展，当今社会处于一个电力需求量比较大的时代，随着社会的发展，电将成为很多生产活动的必需品。对于电气设计系统来说，如何为人们提供安全可靠的电力是供电公司应该考虑的问题，而科技的发展为电气设计系统提出了新的挑战，淘汰落后的电气设计系统方法已是大势所趋，电力设计系统要进行设备维护与系统升级，才能满足人们的需要。在这种背景下，计算机技术能够很好地帮助供电设计部门从 4 个方面进行电气设计系统升级，促进电气设计系统智能化发展，以适应当今社会的需求。

电力设计系统的线路设计并不是想象中的那么简单，而线路设计会对整个供电系统是否能够正常工作产生重要影响，线路设计系统是有效进行线路设计的手段。同时，线路设计系统是电气设计系统的一个重要内容，也是设计人员工作内容的一部分，如果缺少了这部分工作，电气设计系统工作就不算完整。为了保证电气设计系统的平稳运行，线路设计系统需要综合考虑各方面的因素，克服各种困难，保证线路设计的最优化。设计人员可以通过该系统生成信息比较齐备的设计图纸，主要是由设计人员把相关的信息输入到线路设计系统当中来完成的，比如设计所需要的工程材料、工程路况信息等，这些都是进行线路设计的必备工作。线路设计系统在设计人员完成图纸设计以后，可以自动生成数据，并且由于影响线路设计的因素可能会出现变动，线路设计系统可以为设计人员提供线路设计的实际情况，以便及时调整线路设计方案。

当线路设计人员采用线路设计系统完成线路设计任务以后，整个工程的信息都保存在设计图纸上，只要一张设计图纸即可掌握工程的大部分信息，在使用的时候可通过软件调取设计图纸获得自己所需要的信息。线路设计系统实现的主要功能有 4 个，即各类报表的生成与打印预览功能、实时查询功能、实时帮助功能和电力通道实时查询功能。线路设计系统要具备各类报表的生成与打印预览功能，当工作人员将信息输入系统之后，线路设计系统可以自动统计材料与生成结果，并完成材料表的生成工作。线路设计系统要具备实时查询功能，设计人员可以在系统设计的过程中随时查看设计所用的材料情况，可以有效保证系统上的表格数据及时、准确，为电气系统设计奠定基础。

同时，当设计人员有针对性地选择某种材料后，软件可以用较为突出的表现方式为设计人员直观地呈现出材料所在位置，建立表格与图形之间的连接关系，方便设计人员对图纸进行审核、校对和修改。线路设计系统可以为用户使用软件解疑答惑，通过设置相关的功能键来达到这一目的，即线路设计系统应当具备实时帮助功能。另外，线路设计系统应该具备的功能是电力通道实时查询功能，针对电力通道等问题为设计人员提供便利，比如设计人员遇到电缆需要横穿马路时，就需要知道该处的导管信息，避免为施工带来困扰，此时实时查询功能就会发挥作用，提供相关信息。

2. 继电保护设计系统

把计算机应用到继电保护设计系统当中，就为继电保护系统增添了一些新的功能，可以充分发挥继电保护系统在变电二次设计中的作用，促进电气设计系统整体效能的提升。继电保护系统设计计算机的应用贯穿于原理图绘制的始终。在进行绘图设计之前，设计人员可以不用从原始的点线绘图操作开始，直接选择符合自己设计需要的器件；在设计过程中，计算机系统能够自动将所选器件插入图纸，然后根据设计人员的操作自动连接画线；在设计完成后，系统不仅可以自动统计相关数据，设计人员还可以根据实际需要通过双向联编对设计进行修改。继电保护系统储存着各种器件的信息，这些器件是其执行的硬件设施，随着市场上器件信息的不断更新换代，有必要对器件进行设备升级，计算机就记载着这些器件的更新信息。

变电二次设计的大体内容是原理设计、平面图设计和后台接线设计，在设计的时候设计程序比较繁琐且工作量大，而在人们的变电二次设计实践中发现，如果按照原理设计，其设计图可以自动生成平面图和后台接线图。因此，变电二次设计除了要具备信息管理功能之外，还要具备原理图辅助设计功能、原理图自动生成平面图功能与原理图自动生成后台接线图功能。信息库管理功能要求设计人员关注市场上器件变化的最新动态，及时更新信息库内的器件信息，通过对信息进行输入、查询、删除、添加等方式管理信息库。

当设计人员使用原理图辅助设计功能时，设计人员可以省去画线、画弧等步骤，精简了设计人员的工作流程，设计人员只要选择器件及其型号，软件就可以从符号库中提取符号插入到图纸当中，点取所需的器件符号管脚时，软件就能画上连接线。此外，当原理图设计完成后，软件可以对使用材料的全部信息进行汇总并生成表格，方便设计人员的查看。原理图自动生成平面图功能的使用首先需要设计人员确定平面的大小尺寸，系统再按照自身设计的程式严格进行排列，自动生成平面布置图。原理图自动生成后台接线功能首先要对原理图中的接线情况有一个大概的了解，然后在生成后台接线图的同时将管脚连接以表格形式绘制到图纸当中。

3. 计算机辅助软件在绘图中的应用

计算机辅助软件可以分为专门用于电气系统设计的软件和辅助性软件，两者都在电气系统设计中发挥着重要作用。总结电气系统设计软件的发展历史看，专门用于电气系统设计的软件主要有 CAD、BPA 和 EES，其中 EES 软件具有操作简单、容易学、动态计算及管理的优点，可以保证图形及其型号的一致性以及无差异性。目前辅助软件中的代表是 Telec 软件，此款软件主要适用于建筑工程方面的电气设计，与其他软件不同的是，此款软件可以进行避雷针计算和配电绘图，有利于保证电气系统设计的完整性。此外，CAD 制图软件因其操作简单、对外开放性高、图形格式转换方便、支持多种硬件设备与操作平台、功能多样的特点被广泛应用到电气系统设计当中，CAD 制图软件在电气系统设计中发挥着不容忽视的作用。

CAD 制图软件能够通过接口连接计算机，使平面上的东西在计算机上显示出来，为系统设计分析问题提供了一个切实可行的解决办法，让程序运行的结构以图形的方式显现出来，不仅便利了设计人员查看系统设计结果，还降低了工作人员的工作强度，减轻了工作人员的工作负担。CAD 制图软件包含硬件和软件两大组成部分，硬件系统包含图形存储、显示、输入输出设备以及相关的信息传送运输平台，软件系统主要是系统软件和应用软件。随着科学技术的发展，CAD、BPA 和 EES 制图软件将会进一步发展，其各种绘图功能会日趋成熟，对于未来的电气系统设计将大大提高其工作效率与质量，促进现代电气设计系统逐渐完善。

4. 设计部门管理系统

设计部门管理系统软件包括设计主管 MIS 系统、人员管理系统、系统维护和对外查询接口，这四个内容完善了电气设计部门管理系统的内容，使电气系统设计更加科学化、规范化和合理化。

①设计部门管理系统软件将系统设计与管理两者相结合，实现了对系统设计过程的全面检测与管理，使系统设计的目标最优化。

②设计主管 MIS 系统应该具备的功能有设计任务分配功能、主管备忘录功能、设计进程查询功能，能够帮助电气设计人员完成日常的管理工作，比如对档案资料的管理、收集发布任务以及查询与工程相关的信息，可以说设计主管 MIS 系统是电气设计系统的管理中心。

③设计人员管理系统完成的是对设计人员的管理工作，设计人员通过任务收发系统、图档管理和设计工程综合查询系统等进行发布任务、信息传送等管理工作，要求设计人员必须时刻关注计算机信息，当收到设计任务时，计算机可以提示设计人员，比如"任务接收"这一窗口。设计人员可以建立一个文件夹以作新工程设计之用，设计人员将设计所需的信息以及设计成果放进文件夹，利用扫描打印服务器与辅助设计系统完成图纸的扫描与设计工作，通过辅助设计系统输出图纸和材料清单，向相关部门递交设计成果进行审核，最后确定工程蓝图。

④系统维护能有效帮助电气系统设计维护人员完成日常维护工作，提高维护人员的工作

效率，节省设计和维护成本。系统维护的内容有设计文档管理、代码管理、权限管理和对外查询接口。

设计文档管理是指系统维护人员接收到一项完整的设计过程之后，将相关的信息保存刻录到光盘外部存储设备中。

代码管理是指系统维护人员对部门内部人员、材料等要素编制代码并进行维护。

权限管理是指系统维护人员根据设计人员的不同职位设计相应的操作权限。

对外查询接口是指为相关部门的主管提供可以查询工程信息的接口，使各主管能够了解到工程的最新动态，缩短了工程信息传送的时间，可以有效提高工程效率。

5. 电气设计系统中计算机应用的缺陷

在将计算机应用到电气设计系统的这四个方面后，极大地提高了设计人员的工作效率，保证了整个电气行业的顺利发展，为人们提供了安全可靠的电力，满足了社会发展的需求，同时在逐渐消除传统电气设计系统的弊端，为电气企业的管理理念注入新鲜血液，实现了电气行业的智能化、信息化。

但是，计算机在电气设计系统中的应用也带来了许多问题，比如人对计算机技术产生的依赖心理、软件的复杂性对设计人员的要求变高等。计算机在电气设计系统中的应用表明人们已经意识到计算机给自己的工作带来的价值，容易使人对计算机产生依赖心理，无论什么工作都想着依靠计算机去做。但是计算机毕竟不是万能的，许多由计算机设计出来的东西都需要进行人工检验，与此同时也会出现设计结构不符合设计人员的要求等情况，而且目前的计算机在电气设计系统中的应用还不成熟，有许多隐患存在，如果完全依靠计算机来代替自己原有的工作，这些隐患在短时期内很难被发现。只有将人力与计算机结合起来，才能完善电气设计系统。

绘图软件会随着计算机水平的日益提升而愈加复杂，于是对于电气设计系统的工作人员的要求会相应提高，不仅要求工作人员具备足够的理论知识，还要求操作人员增强自己的实践能力，能够熟练操作绘图软件，将理论知识充分应用到电气设计系统当中来，熟练地解决设计时遇到的问题。

计算机在电气设计系统当中的应用不止这几个方面，还有其他领域的内容有待相关人员去开发。面对电气设计系统愈加优良而用电可靠性仍然无法得到保障的情况，我国电气设计系统人员要具有忧患意识，不能只看到眼前的成果，要展望未来，预估一切可能发生的风险，做好规避风险的相应措施。

电气设计系统的工作人员要根据以往的工作经验，优化设计方案，充分发挥计算机在电气设计系统当中的作用，促进电气行业实现飞跃性发展，以带动我国国民经济发展。此外，电气系统设计人员要提高自己的专业素质，增强实践操作的能力，让自己的技能符合岗位要求，与社会需要的人才相匹配，在应用计算机技术进行电气系统设计时，不能过分依赖计算机技术，要结合自己的专业知识，适当使用计算机技术。

电气设计系统在完成及投入使用后，为整个电气行业的运行提供了巨大的帮助，其极大地提高了工作人员的工作效率，为电气企业缩短工作周期、节约投入成本提供了巨大的可能性。同时现代电气设计系统的引入，为电气行业实现信息化、智能化提供了可能，它也给电气企业的管理注入了一些新的理念，促进了电气行业的前进发展。

◀◀ 第二节　计算机在监理过程中的应用 ▶▶

一、信息管理中计算机应用的重要性

1. 信息管理中计算机的应用

工程建设监理是指针对工程项目建设，社会化、专业化的工程建设监理单位接受业主的委托和授权，根据国家批准的工程项目建设文件、有关工程建设的法律、法规和工程建设监理合同以及其他工程建设合同所进行的旨在实现项目投资目的的微观监理活动。建设监理的主要方法是控制，控制的基础是信息。信息管理是建设监理工作的一项重要内容，及时掌握准确、完整的信息可以使监理工程师耳聪目明，以便卓有成效地完成监理任务。随着国民经济的快速发展和工程建设规模的扩大，信息管理越来越重要，监理过程中产生的信息量也越来越大，运用计算机信息技术对工程项目进行管理已经成为提高工程建设监理水平和效率的重要手段。

随着我国建设监理工作的逐步规范化、科学化，计算机应用于监理行业就成为必然。近年来，我国建设监理事业发展较快，并且正逐步与国际接轨。其结果是大量的信息处理与监理总控制目标都要求在监理过程中采用标准化、规范化的方法进行，原来大量的个人判断、手工处理显然已不适应发展的要求，因而利用计算机辅助建设监理已成为一种快捷有效的手段，从而可以提高监理工作效率，提高监理业务水平。

应用计算机使管理业务规范化，按工程、施工单位、材料、设备、索赔原因、质量等进行统一编码，并利用这些具有规律性、通用性的编码进行核算、统计和编制报表。可将建设监理工作中使用规范化的表格输入计算机中，如：每周例会纪要、月报、季度总结等文件。这样，查询与调档十分方便。可定期报送业主，内容全面，使业主及时了解工程进度情况，增强业主对监理工作的信任。

2. 计算机和信息技术在工程项目监理工作中的重要性

工程项目监理是一个复杂的系统工程，对工程建设的过程实行动态管理、量化和科学的系统管理和控制，涉及的因素很多，需要快速处理大量数据，及时显示当前建设的实际现状（进度、质量、费用等）有无偏差，为监理工程师决策和指导下一步工作提供依据，这样庞大的工作量，只有依靠计算机和信息技术这个现代化工具和手段才能完成。

工程项目监理是一个复杂的过程，需要在项目的策划和实施过程中，对项目相关资源及各项工作流程和管理目标进行系统的整合，以实现项目管理效益的最大化，而这也必须依靠计算机和信息技术。

工程数据库和管理数据库是工程项目监理的基础，而这些数据的建立、维护、更新都需要依靠计算机和信息技术。

3. 主要监理信息的分类

1）在投资控制中计算机的应用

①将工程概算、预算、标底、合同总造价及报价明细表输入计算机，作为投资控制的依据。

②正确认定和计量工程量，核定月工程进度款，并及时将有关量的变更和工程款信息输入计算机。

③监理过程中投资控制任务均可由计算机实现。

④利用计算机对工程投资结构进行优化管理，并对资源投入进行优化分析。

⑤监理单位还可以利用计算机协助施工单位提高管理水平。

2）进度控制中的计算机应用

①利用计算机对工程的网络进行计算、调整和优化，特别是大中型工程，手工操作是无法比拟的。

②对已经通过监理工程师审查、确认的施工组织设计和进度计划，连同分部分项工程进度计划，一并用网络计划数据形式输入计算机，进行优化和分析，输出网络计划和进度计划，作为监理工程进度的依据，并监督施工单位按此计划落实月进度计划。

③施工单位将月进度计划执行情况上报监理公司，监理公司将此数据输入计算机进行分析和调整，输出下个月可行的进度计划。

3）质量控制方面的计算机应用

①利用计算机建立原材料、设备台账，系统地加以统计和分析，发现问题及时解决，并对原材料进行把关。

②应用计算机对分部分项工程质量进行评定。监理公司运用相关软件将分部分项工程质量评定数据输入计算机，其验评结果就会准确无误地自动输出，减少人为误差。

③可以利用计算机建立质量信息数据库，方便查阅和调用。

二、计算机在监理信息管理中的具体应用

1. 投资控制

在投资控制方面，可以利用软件包的投资控制模块或工程概预算等软件，完成监理过程中的费用统计计算、分类汇总、多功能查询、报表等工作的分析。具体包括：

①概算、预算、标底的调整；

②预算与概算的对比分析；

③标底与概算、预算的对比分析；

④合同价与概算、预算、标底的对比分析；

⑤实行投资与概算、预算、合同价的动态比较；

⑥项目决策与概算、预算、合同价的对比分析；

⑦项目投资数据查询等。

2. 进度控制

在进度控制方面，可以利用软件包的进度控制模块或专门的施工网络分析、编制等软件，将大量复杂的各工序数据输入，由软件完成关键工序（关键线路）的计算、网络图显示与打印等工作，通过对关键工序的高度重视，来实现缩短工期的目的。同时，通常在实施进度计划的过程中，需要根据实际情况的变化调整原有网络系统，而调整的时间又比较紧迫。因此，建立大型多级网络及对其进行调整的过程是离不开计算机帮助的。其中包括：

①编制单代号或双代号网络计划；

②编制多级网络；

③工程实际进度统计分析；

④实际进度与计划进度间动态比较；

⑤工程进度变化趋势预测；

⑥计划进度的调整；

⑦工程进度数据的查询等。

3. 质量控制

在质量控制方面，可以利用专门的软件对工程施工存在的质量问题及时地分析，为确定质量控制目标，制订质量管理计划提供依据。同时，便于及时反馈质量信息，为质量管理计划的实施和质量控制提供依据。具体内容有：

①项目建设的质量要求、质量标准；

②设计质量的鉴定记录、查询；

③材料、设备质量的验收记录、查询、统计；

④已完成工程质量的验收记录、查询、统计；

⑤项目实际质量与质量要求、质量标准的分析；

⑥安全事故处理记录、查询等。

4. 合同管理

在合同管理方面，可以利用软件包的合同管理模块或专门的软件对各类合同文件、法律条文、来往信函、会议纪要、变更等各种通知、电话记录等进行登记，提供完善的、多功能的、方便的查询手段，给出实施合同提示信息，实现合同的全面、及时、自动控制与管理。即在监理单位接受建设单位的委托后，按工程承包合同的要求，以及工程监理合同中建设单位的授权范围，监理工程师完成监理工作的合同管理任务。监理合同管理可分为：

①合同结构模式的提供和选用；

②合同文件、资料登录、修改、删除、查询、统计；

③合同执行情况的跟踪、处理，合同执行情况报表；

④涉外合同外汇折算；

⑤经济法规库（国内、国外）查询等。

工程建设监理的信息管理是由工程建设监理信息系统完成的。它是以计算机为手段，以系统思想为依据，收集、传递、处理、分析、存储建设监理各类数据，产生信息的一个信息系统。它的目标是实现信息的系统管理及提供必要的决策支持。一般包括管理信息系统与决策支持系统。

决策支持系统的核心是专家系统。决策支持系统是以计算机为基础，帮助决策者利用知识、信息和模型解决多样化和不确定性问题的人机交互式系统，主要完成借助知识库帮助、在数据库大量数据支持下，运用知识，特别是本专业有关各学科专家的经验来进行推理，提出监理各层次，特别是高层决策时所需的决策方案及参考意见，相当于给监理公司一个智能性极强的大脑。

管理信息系统主要完成数据的收集、处理、使用及存储、产生信息，提供给监理各层次、各部门、各阶段，发挥沟通作用。

三、计算机辅助现场监理工作的应用与不足

1. 计算机辅助现场监理工作

在"数字化工地"的背景下，许多企业在工地现场关键点设置了数码摄像探头，24 小

时监控施工过程，为及时发现问题以及事后总结过程提供了技术支持。而眼下，监理行业也提出了"数字化监理"，原理同前者一样，只不过是把现场情况传送到监理部的计算机屏幕上，监控者为监理人员。

建立高效、实用的数字化监理模式，并使之形成科学的专家系统是今后探索的重要问题。这个模式首先应以监理公司为节点。各监理公司根据各自项目规模、特点以及施工情况，配备相应的计算机、扫描仪、数码相机或数码摄像机、数码录音笔等，按照监理的"三控一管一协调"要求形成监理的管理信息，然后进行分类、筛选、存储。基本上可以分成四个内容。

1）现场监理控制的远程监控

通过预先设置在施工现场的质量、安全等关键点位上的摄像探头，把现场施工实况传送到监理部的计算机屏幕上，监理人员根据需要及时存储。若发现违规操作及时抓拍并粘贴于监理联系单、通知单上，发送给施工单位要求整改、纠正。特别是在工序或部位需要监理旁站时，可实现多工作面、多工序地监理同步旁站，同时节省人力，劳动强度也大大降低。监理人员在巡视、平行检查时可利用数码相机将重点部位、关键节点等施工情况拍照后接入计算机进行编码、配文字说明，形成档案资料与验收记录一并永久保存，在以后需要时可以一目了然，真实再现历史。另外，出现质量隐患时能做到用事实说话，有很强的说服力。当遇到重大问题时可将取得信息通过网络传递给公司，便于公司及时了解、掌握，果断处理。

2）计算机处理文档，实现无纸化管理

建设工程监理工作最终是通过文字和图表来反映的，而文字、图表编印又是日常工作处理的主要内容，从监理工作开始的招标投标文件、合同文件、会议纪要，到监理规划、监理细则、监理月报以及监理记录、监理发出的各种函件、通知单等，都可用计算机软件来处理。同时可以清楚明了地分类存放，便于管理和使用。而对于监理月报、汇报总结、演示演讲、专题纪要等所用到的提纲、图示图解可用幻灯软件来制作，形成图文并茂的监理档案。对于建设单位、施工单位传递来的纸质载体文件则及时形成电子监理档案，从而实现无纸化管理。

3）计算机辅助管理

充分利用计算机的计算、绘图和信息加工功能，能有效地进行辅助管理和监控，如编制工程预算和月度付款审核；排定和优化工程进度计划与投资计划，进行计划与实际对比监控；记录、跟踪质量监测信息，分析对照验收规范对工程质量进行动态管理；建立质量监测知识库或专家系统辅助监理人员按每道工序的质量控制要点进行监理工作。

4）信息资源共享和远程监控

因为每个建设工程监理涉及的信息多，因此必须由计算机来辅助管理，建立专门的信息管理系统来处理。对于建设法律、法规及规范、标准等信息作为共享资源，可自己开发建立，也可从第三方获得，如联入中国建设信息网。另外对于不同项目形成的监理档案可联入公司的主服务器，与公司内部其他项目联网实现计算机资源共享，而且公司领导也可通过因特网、宽带数据网随时查阅公司所监理各工程的基本概况。

在数字化网络技术日趋成熟的今天，建筑监理行业引进这项技术完全成为可能。而其优势也极其显著：一方面改变目前监理在工地的高负荷、高强度的"巡回式"管理模式，使得现场监理人员大部分精力不再用于现场巡视，而将多余的精力针对现场实际提前进行预控或对重要部位、关键工序进行严格把关。不但能提高工作效率，而且可相应减少人员配备数量。同时提高监理的工作效率、精度和实时性。以质量控制为例，一般都要等到错误或违规行为延续了一段时间后，才被发现，甚至还需要延迟另一段必要的时间，才能有效纠正。而运用数字化监理模式，则有可能在第一时间发现并制止质量问题。另外还有利于提高监理工作的规范化、标准化。在建筑工地运用数字化监理模式时，首先要求监理工作必须及时到位，所下发的函件必须符合规范、标准，且监理工作也必须在规定的程序下或标准下进行，因为记录的大量工程实体同步音像资料可随时再现工程历史情况，这必然要求质量、安全等问题必须按规范、标准去处理。另外，公司的远程监控对监理自身工作也起到很好的约束作用。

2. 当前监理软件在实际应用中的不足

1）软件应用投入不足

由于许多单位的领导和项目决策者对监理软件认识的局限性和财力的限制，目前我国在监理软件应用上的投入明显不足，包括购买软硬件的投资、人员培训的投资都无法满足需要，加之使用软件所产生效益的滞后性和间接性，更加重了这一趋势。

2）缺乏先进适用的监理软件

单纯依靠购买国外的商品化软件，不仅费用昂贵，而且由于应用环境的差异，许多国外的优秀软件无法充分发挥其功能。而国内自行开发的一些商品化软件和专业系统，却由于在管理理论支持、开发团队构成方面的一些原因，无法满足大型工程项目目标控制的需要。可以说，目前国内性能先进并适合现有工程应用环境的监理软件并不多见。

3）缺乏良好的数据环境

在实际工程应用中，原本用来进行工程数据处理的软件却往往得不到有效的数据支持。数据的缺乏、基层数据管理的混乱、项目参与各方数据传递过程的延迟等都是制约工程软件充分发挥其功能的因素。

4）现有监理软件使用者的素质缺陷

目前我国工程监理人员普遍缺乏使用软件所必需的计算机和外语基础，同时对工程监理的基本方法和理论也缺乏深刻的理解，这也影响了监理软件在实践中的应用和推广。

工程监理信息系统的成功实施，不仅应具备一套先进适用的工程监理软件和性能可靠的硬件平台，更为重要的是应建立一整套与先进的计算机工作手段相适应的、科学合理的工程监理组织体系。因此，解决困扰我国工程监理信息系统应用的深层次的问题，必须改进监理软件的系统，同时建立完善的工程监理的软件、硬件、组织软件和教育软件体系。

◀◀ 第三节　计算机在工程审计过程中的应用 ▶▶

一、计算机在建设工程审计系统中的发展历程

1. 在审计中应用计算机技术方法的背景

为规范和完善建筑市场，提高投资利用率，加强工程审计工作是非常必要的，而审计工作现代化又是提高其效率和质量的重要前提之一。随着计算机技术的飞速发展，工程设计、办公自动化、自动控制、会计电算化等方面都在一定程度上实现了计算机辅助设计和管理。

由于工程审计要核查、落实建筑工程的工程量、投资等方面的问题，工作量大并且繁琐，因此实现计算机辅助管理是很有必要的。

计算机技术方法在审计中的应用是计算机技术与数据处理电算化发展的结果，它与传统的手工审计并没有实质的区别，其审计的目的与职能并没有改变。它们之间虽有着很多的不同，但传统审计技术和方法中的相当一部分仍然可利用，两者并不是不可兼容的。在审计中应用计算机技术方法有两方面的原因。

1）外在因素

计算机技术在管理信息系统中的应用，尤其是在信息管理和业务管理系统中的广泛应用，使得传统审计无从下手。随着计算机技术在各行业中的应用以及企业信息系统的建立与完善，信息系统在数据处理流程、处理方式、内部控制及组织结构等方面发生了巨大变化，这些变化使得传统审计的审计手段、审计技术方法无法完全揭露新环境下存在的问题，审计面临着失去资格的巨大风险，在这种形势下，也就迫切要求有一种新技术应用于审计中，这种技术方法就是计算机技术方法。与此同时，信息技术的发展，电子政务、电子商务的出现，也使计算机技术方法在审计工作中的成功运用成为可能。

2）内在需求

审计自身的发展越来越体现出传统审计方法的不足，也促进了计算机技术方法在审计中的应用。随着我国经济的快速发展和审计监督力度的加强，审计范围不断地扩大：从原来的财政财务审计发展到效益审计，从账项基础审计发展到制度基础审计、风险基础审计，从事后审计发展到事中、事前审计等。面对如此发展形势，传统审计方法显示出其效率低、审计范围狭小等缺点，越来越不能及时完成审计任务，达到审计目标。在审计管理方面，审计质量控制体系的建立，要求审计机关将审计管理工作前移，使其贯穿于审计工作的全过程。

2. 在审计中计算机技术方法应用的现状

在审计信息化建设的过程中，一些地方审计机关借鉴外地审计信息化建设成功经验，加强了小型审计辅助软件的开发利用，如行业性法规库的开发利用、法规电子手册、审计应用模板等等。法律法规库的建设为审计行为提供了法律依据，特别是法律法规库的建设更是有针对性和必要性的。

计算机技术方法在审计中的各个方面的应用如下。

1）在办公方面的应用

Office 软件是现代办公中常用的一款软件，它简单易学、功能强大，包括 Word、Excel、Access、PowerPoint 等，它可以有效地提高工作质量和效率。

另外对计算机办公辅助系统的应用，为实现无纸化办公打下了良好的基础。审计建设项目台账软件、人事管理软件和建设工程档案管理软件的应用，配合计算机与服务器端的连接，就可实现相应的管理功能，实现审计管理系统的相互交流，提高了专业管理人员的工作效率。计算机提供了强大的管理功能，如：档案管理软件可以实现对审计档案、文书档案、案卷档案、文件档案、音像档案和工程档案的管理和统计。利用计算机技术开发的数据备份与恢复功能，更保证了数据的安全性和完整性。

2）在审计计划项目建立、公文流转方面的应用

利用计算机技术开发的审计管理系统，是一个功能强大的审计管理工作平台，它本身部署在系统专用网上，实现了与互联网的物理隔离，所以保证了它的安全性，同时将功能模块

化，使得结构清晰，更易掌握。它的强大功能已融入工程审计之中，特别在计划项目管理和建筑工程资料流转方面更是显示出其方便与高效，可轻松实现计划项目的建立与维护、资料流转、资料签发与入库、项目管理与查询，同时严格的权限控制也保证了资料的安全、责任的明确。

3）在数据采集转换和数据分析方面的应用

现场审计实施系统（AO）在审计中发挥了巨大作用，它提供了大量的转化模板，可轻松实现对财务数据和业务数据的采集转换。同时数据库技术也在采集转换方面发挥了作用，利用各种数据库如 SQL Server、Access、Excel、Dbase、Oracle 的导入导出功能与备份功能，对数据格式进行转化以满足审计人员的审计需求，也可以通过用户自定义的数据源实现数据的采集，用户利用操作系统中的数据源（ODBC），通过数据源管理器建立用户数据源后，即可利用 AO 的数据采集功能连接到用户自定义的数据源，实现数据的导入采集。

4）在审计数据、信息交互方面的应用

远程访问技术的成熟以及计算机硬、软件的发展，使得远程连接服务器、实现数据交互成为可能。审计管理系统和现场审计实施系统（AO）就实现了远程连接访问功能，在外的审计组通过电话拨号或电子政务网连接到服务器，实现远程访问，并对现场审计实施系统进行相关设置（远程服务器地址、端口号的设置），从而实现异地系统间的交互，可以将审计文档、审计底稿等打包上传，这样审计机关领导就可以随时了解审计组的情况，进行宏观的把握，同时可以对审计组工作作出指示，为审计组的工作指明了方向。此外，通过系统交互还可以实现对审计项目的三级复核。

在现实的审计工作中，一些审计人员往往存在一个误区，认为现场审计系统只能在有电子数据的审计项目中运用，他们忽略了现场审计系统的一个重要功能，那就是审计管理的功能。现场审计系统提供了一系列规范化的审计作业模板，从建立计划项目到出具审计报告，现场审计系统按照《审计法》和有关审计准则规定的审计程序，确立了一个完整的审计管理流程。

二、建筑工程审计系统

1. 审计系统分析

建筑工程审计系统主要功能是对已建工程进行审查和监督，它需要全面了解和掌握国家和地方的有关政策、法规以及已建工程的施工第一手资料。根据上述资料，建筑工程审计系统可对已建工程的工程量、投资、工期等指标进行审核。此外，系统还可建立已建工程数据库，通过建立数学模型，对待审计工程进行评估。系统所需基本数据如下。

1）基础数据

基础数据主要包括国家、地方和企业内部定额，材料等常用数据代码、费率等有关规定以及其他相关数据。

2）待审计工程数据

待审计工程数据主要包括根据建筑施工图纸分解的工程量、施工过程中实际发生的人工、机械、材料、物资、补充定额等数据信息。

3）已建工程数据

已建工程数据主要包括已建工程的建筑面积、结构形式、总用工、总投资、各分项工程的工程量，各种材料用量及其他技术经济指标。

2. 审计系统设计

建筑工程审计系统要完成的主要功能应包括：待审计工程的投资决算、待审计工程与其他类似工程的比较分析、定额管理、数据代码管理、已建工程数据库管理、模型库管理。具体内容如下。

1）待审计工程的投资决算

根据待审计工程的数据，即工程量、实际采用的施工方案以及施工过程中发生的人工、机械、材料用量等基本数据，利用有关定额、取费标准及其他国家和地方相关法规，核算待审计工程的投资情况，并输出投资决算结果。

2）待审计工程与其他类似工程的比较分析

根据投资决算结果，该系统可以选用类似工程进行对比分析，通过选用数学模型进行科学评价。根据评价结果可对待审计工程进行分类，从而对待审计工程进行比较全面的评估。

3）定额管理

待审计工程投资决算的主要依据是国家、地方及企业内部定额，根据这些定额、取费标准及施工单位实际采用的施工方案，以及实际采用的人工、机械台班、材料等用量来计算工程投资。因此，系统必须始终拥有有效的定额。定额管理模块主要功能就是对定额数据库进行维护，包括对定额的输入、删除和修改。

4）数据代码管理

为管理方便，对待审计工程、取费标准、材料、人工、机械等进行编码，这可使计算机使用过程简便。

5）已建工程数据库管理

已建工程数据库主要存储建筑面积、结构形式、总用工、总投资、各分项工程的工程量、各种材料用量及其他技术经济指标。其主要目的是积累资料，为以后工程审计提供参考，利用该数据库可对待审计工程进行评估分类。该模块的主要功能就是对已建工程基本数据进行维护，主要包括对数据的浏览、查询、输入、删除和修改。

6）模型库管理

除了对待审计工程进行工程决算以外，建筑工程审计系统还能对其进行科学评估和分类。而评估与分类所采用的数学模型是由模型库提供的，模型库管理模块的主要功能就是对数学模型进行维护，所采用的数学模型包括模糊综合评判、层次分析法、模糊聚类分析等。

系统主要功能结构如图2-1所示：

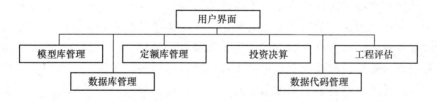

图2-1　系统主要功能结构

3. 审计系统实现

系统实现的主要指导思想是采用用户友好的操作系统和编程语言，充分利用先进的计算机技术实现满足系统功能要求的维护方便、用户友好的建筑工程审计系统。

目前在设计、施工单位，计算机利用程度有了很大提高，尤其是设计单位基本上甩掉了图板，全部用计算机进行建筑、结构的设计、绘图，并能进行工程预算；施工企业也利用计算机进行财务管理、生产管理。因此，充分利用设计、施工单位的基本数据，实现数据共享，是十分必要和现实的。为了实现数据共享，应充分利用互联网技术，建立或接入因特网或企业内部网，建立共享的数据库，通过数据发布，设置适当的用户权限。审计部门通过因特网或企业内部网就可访问共享数据库，从而节省了时间、资源和资金，提高了工作效率和工作质量。系统软件开发采用先进计算机操作平台，高级编程语言，就建筑工程审计系统进行了较为详细的分析和设计，对系统基本结构、功能构成等方面进行了剖析，指出了为提高工作效率和工作质量，应充分采用现代先进的计算机技术和因特网技术实现数据信息共享，从而使审计工作现代化更上一层楼。

三、计算机在建筑工程审计中的应用

1. 计算机在建筑工程审计中的应用

计算机审计从性质上区分有审计办公和审计实施两大类。

审计办公是办公自动化的一种，它是运用计算机系统模仿审计工作中的文档运转，是计算机审计的初级层面如审计项目的清单汇总、审计文档在计算机系统中的流转等。审计实施是运用审计辅助软件进行工程辅助审计，以及在财务等审计中借助计算机技术判断、发现、确认违法违规问题是计算机审计的高级层面，如审计格式和计算公式的固化、计算机辅助审计等。将计算机审计应用于内部审计工作中不仅是技术方法的问题，也是审计工作的方式、程序、管理的问题，这将对审计人员的思维方式和自身素质带来一定的影响。

（1）审计项目的清单汇总

这是计算机在审计工作中的最初级的应用，主要使用在没有成形的 IT 支撑系统的时期，每年需将全年完成审计的工程项目由审计人员在电子表格或数据库文件中录入，包括编号、名称、单位、日期、金额、审计情况、关联项目等很多字段内容。当时每年平均有几千个项目，虽然审计人员要花费较多的时间和精力在项目情况记录上，但相对于之前的书面记录而言，仍然有着保存方便、查询快捷、修改轻松、汇总准确等优点。在一定程度上减少了审计人员的工作量，也为计算机的进一步应用打下了基础。

（2）审计文档在计算机系统中的流转

这是指被审部门提交审计的文档、审计人员审计的结果、被审单位反馈的意见、公司领导审批的意见等都在特定的计算机系统中通过局域网进行传递。这种文档流转方式，一是避免了书面资料的来回传递，节约了工作时间，省去了传递资料的来回奔波。二是大大减少了审计人员的重复录入，项目审计的许多信息，如编号、名称、施工单位、验收日期、项目经理、结算和初审金额等，都是在系统中的上一环节自动引入，无需手工填写。三是加强了文档流转的管控，通过计算各节点相关角色对文档的处理时间可以督促相关人员在要求时限内完成文档处理，掌握好审计历时。

（3）审计格式和计算公式的固化

在较早的审计工作中虽然审计流程已在 IT 系统中实现，但用于审计的结算文件、竣工图纸是作为附件上传到系统中的，由于施工单位的技术力量、人员素质、管理水平都不尽相同，使送审的结算文件和竣工图的表单格式、制作标准有所不同。结算表中使用到的可由施工单位修改的定额内容、计算公式都可能因各种原因造成差错，最终影响结算的费用。为确保审计的准确性，必须由审计人员列电子表中的各项定额内容，包括编号、名称、单位、定额值、单价、计算公式等进行细致的核对。在项目数量较多的情况下，耗费的审计时间和精力相当可观。

计算机审计的一个重要方面是在 IT 支撑系统中固化结算、审计表单的格式和计算公式、省略定额内容和计算方法的核对工作，提高审计效率。竣工图的规范方面也有类似的问题，只有在一个平台上、相同的制图规范要求下（如资源管理系统中的 GIS 图纸）才能比较快速、方便地核对工程项目的工程量和材料用量。

（4）计算机辅助审计

计算机辅助审计是计算机审计的高级应用。计算机辅助审计是指审计人员应用特定的审计软件，通过对竣工图、竣工资料的自动识别，得出审定的工作量、材料用量，并生成确定的审定金额。审计软件还能将审定表单与结算表单相比较，得出审计意见，说明审核的主要方面。当然，审计软件的审定结果还只是预审，需要由审计人员进行审核，对发现的异常情况进行干预和确认。审计人员必要时需反馈意见到软件管理员处，提出发现的问题，建议解决的办法，以使审计软件更能满足工程审计的需求。

计算机辅助审计的前提是显而易见的，即竣工图、竣工资料的统一和规范，以及预算表的标准化。计算机辅助审计的效果首先是审计人员可以从图纸和结算表的核对中解放出来，把有限的时间和精力更多地投入到现场审核、事中参与、审计分析中去。其次是促进了竣工结算资料的规范化，因为不合乎要求的竣工图和结算表并不能放到审计软件中使用。再次是减少了审计中的差错率，直接提高了审计质量。虽然目前还未能全部使用计算机辅助审计，但它仍将是非常值得探索的一项工作。

2. IT 支撑系统在工程审计中的应用

IT 支撑系统的应用，一是可以依靠信息网络技术，对分散的信息实行统一管理和使用；二是可以依靠有效的网络，分层次地形成信息共享。审计资料的获取、审计文档的审批、审计数据的共享和审计成果的运用等都能在 IT 支撑系统中方便有效地展开。

一般内部工程审计中使用到的内部 IT 支撑系统主要包括：工程项目管理系统（计划建设管理系统）、物资管理系统、财务信息管理系统、资源管理系统、办公自动化系统等。

1）审计资料的获取

审计资料的获取是 IT 支撑系统的最初级应用，主要指在系统中能浏览、下载工程审计时所需要的一些文档、计算表、图纸、签证单、领料单等。如在工程项目管理系统中，当审计人员接收到工程管理部门传送的初审报告时，就能在系统中查看到项目预算表、设计图纸、工程变更单、竣工文件、竣工图纸、费用结算表、材料核销表等文件，直接用于工程审计。

在 IT 支撑系统中获取审计资料的特点。

①可以让审计人员快速地查询、方便地下载这些资料。

②可以保证相关审计资料的完整性和规范性，它是依靠在系统中设定各节点所需上传的资料的类型、数量、格式要求来实现的。

③可以保证这些审计资料的真实性和前后一致性，因为系统中已经上传的各项资料只有系统管理员才有权修改或删除，其他人员只能查阅和下载。

2）审计文档的审批

运用 IT 支撑系统，原来需要书面审批的各项审计文档如今已可以通过系统中的电子审批来实现，根据内控管理制度的确认，电子审批和书面审批是具备同等效力的。如工程项目管理系统中，从初审报告开始，将由工程项目经理、维护接收部门、采购管理部门、审计人员审批签字；经过审计报告，又由复审人员、施工单位、工程项目经理在系统中反馈意见；到最后起草审计决定，须经过审计室主任、公司分管领导和公司领导的签批。

在 IT 支撑系统中进行审计文档的审批有以下优势：

①审批速度较快，不论是同办公楼内还是不同的县（市），都可以在几分钟至几小时内完成审批。

②审批的过程在系统中留痕，可以看到审批的真实时间，对那些特殊的项目可以提醒或督促未完成审批的人员抓紧处理，以控制审计历时。

③可以通过账号和密码在任何地点、任何时间完成审批，突破了地域和时间的限制，工作上带来了更多的方便。

3）审计数据的共享

审计数据的共享是 IT 支撑系统在审计工作中的高级应用。审计工作中的信息建设非常重要，它可以让审计人员使用 IT 支撑系统来获得自己想要的各类信息和数据。在 IT 支撑系统中收集和提供的数据主要有：审计中用到的基础资料、审计得到的审定结果、审计中形成的审计方法和有效经验。

（1）审计中用到的基础资料

主要是指审计部门和上级部门关于审计流程、审计制度、审计规范的最新发文，完整、准确、实时的结算定额内容，所用材料的价格信息，施工和设计入围单位的名单和协议单价，对特定性质的项目的审计要求等。这些都是审计人员用以开展工程审计的最基础的资料，但每个人所掌握的资料可能只是一个子集或过去式，需要在审计过程中不断地收集、更新和积累。而 IT 系统中这些资料有专人进行管理，可以保证其完整性和及时性，也减少了审计人员自行准备的工作量。如工程项目管理系统中就有定时发布的最新结算定额、材料信息价格、特定项目的审计要求等，而"内审之窗"也有省公司审计发文、领导要求等文档供学习、参考。

（2）审计中得到的审定结果

经过一段时间的工程审计，可以汇总到各项工程的审定后的结果数据，再对其进行分类比较，则针对不同性质的项目（如迁移、维护、抢修、室内分布等）、不同单位施工的项目（如房屋建设、厂房建设、园林建设等）、不同部门管理的项目（如工程建设部门、维护安装部门、无线专业部门等）、不同时间跨度的项目，其被审计的主要条目是不尽相同、聚类分布的。

当审计人员通过 IT 系统了解到该类审计项目的历史经验数据后，就可以初步确定项目审计中需关注的重点，减少对项目没有影响或影响极小方面的审核，做到重点内容重点核对、重点项目重点审计。

（3）审计中形成的审计方法和有效经验

审计工作中好的审计方法可以较大地提高工作效率，有效的工作经验通过信息交流则能拓宽其他审计人员的工作思路。在 IT 系统中公布这些审计方法和工作经验，一方面能给审计人员较多的参考和应用，另一方面也能使施工单位的结算人员、管理部门的初审人员有明确的方向，减少因相同的原因被多次审核的情况。如审计中发现顶管项目费用结算时存在长度认定不一致的问题，顶管按地下弧线长度结算费用，但测量时以地面直线长度较为方便，因此会有一个长度折算。原来多数审计员对长度折算有个感性认识，认为一般情况下弧线长度会比直线长度长，但经过弧长公式的计算和 CAD 图形模拟测量，这个长度被缩减，现场抽查时也验证了这个结果。顶管弧长计算公式和 CAD 模拟图形在工程项目管理系统的电子论坛中发布后，不同区域的审计人员统一了审计方法，也让施工单位在结算编制时更客观、准确，减小了审计核减率。

四、在建筑工程审计中应用计算机的不足

1. 在工程审计中应用计算机技术方法存在的一些问题

1）应用计算机技术方法审计基础差的主要表现

（1）重硬件轻软件

大多数基层审计机关，硬件建设已能基本满足计算机审计要求，但对审计软件和信息安全软件投入意识不强。

（2）人才的缺乏

许多审计人员的计算机操作使用水平或建筑专业知识并不是很高，缺乏对计算机基础知识的了解和建筑工程系统的掌握，不具备独立操作计算机或使用计算机辅助审计软件的能力（主要是数据采集工作）。

（3）运用的表层化倾向明显

受制于一些固有的运用模式和传统经验，满足于表面的运用，缺乏总结与交流，缺乏深层次的功能开发。

2）缺乏利用计算机技术方法对信息系统进行审计的研究

信息系统审计对于大多数审计人员是个陌生的概念，在传统审计中，对纸质账目进行审计时，常常要加强内部控制制度的审计，避免假账真审的情况发生。目前，众多电算化会计软件的出现，使得审计风险加大，往往会出现假电子账，为了避免假账真审，必须利用计算机技术方法加强信息系统审计，然而现在接触信息系统审计的人员很少，更加缺少利用计算机技术方法对信息系统审计的要求和研究。

2. 在建设工程审计中计算机技术方法应用的发展趋势

计算机技术方法在工程审计中的应用使人们感受到了它所带来的优势，如提高了工作效率、降低了审计成本，扩张了审计范围，它的机动灵活性可以对审计内容进行全面、迅速、有效的分析。这些优势更坚定了在审计中应用计算机技术方法的信念，在这里简要介绍一下计算机技术方法在工程审计中应用的趋势。

1）利用计算机技术辅助工具进行工程审计的意义

利用计算机技术开发的辅助工具进行工程审计的过程，是一个重点项目的应用到全面应用的过程。利用计算机辅助工具进行审计依旧是现代审计的一种趋势，"金审工程"的建设，使审计力量得以加强，审计现代化水平得以提高，如何将这种投入变成效率，其实就是对计算机辅助软件的应用过程，特别是对现场审计实施系统和审计管理系统的应用，同时也是一个逐步推进的过程，从重点项目应用到全面应用的过程。

面对目前审计条件有限、人才缺乏的情况，要完成全面应用计算机技术进行审计是不大可能的，只有集中力量、加强投入对重点项目、典型项目进行审计，充分利用计算机辅助软件的功能，或根据需要自行开发审计软件进行审计。要善于总结计算机技术方法、审计经验和成果，体现计算机审计的优越性，同时加强计算机知识技能培训、计算机审计骨干积极带动其他审计成员推广计算机技术方法在审计中的应用。全面实现计算机技术在审计中的应用，这个过程需要一段时间，但是这种发展趋势是不会变的，是审计必经的一个阶段。

2）对工程软件系统进行审计的计算机技术方法的应用

目前，我们利用计算机技术进行审计主要还是对被审系统的电子数据的审计，然而现在大多数的商品化建筑工程软件都是企业自行编制的，采用的语言和数据库类型也是多种多样，这无疑给审计带来了巨大风险。这也要求在未来信息化情况下的审计，必须是全面的审计，要把电子数据、信息系统、系统内控作为一个整体，都是审计的重点，缺一不可，也只有这样，审计人员才能全面履行审计职责，降低审计的风险。

对于建筑工程审查系统要明确其功能是否恰当、完备，能否满足用户核算和管理的要求；数据流程、处理方法是否符合建筑工程相关制度、法规和财经纪律；是否建立了安全可靠的程序控制；是否充分保留了方便今后进行审计工作的审计线索；是否建立了用于保障系统安全运行的保密措施和管理制度等。

在这种情况下，要求审计人员对工程审计系统足够的了解，利用系统测试方法进行各种符合性测试和实质性测试，也可根据需要设计审计程序预置或嵌入到被审计单位工程系统中，根据测试结果和标准结果进行比较，以达到审计测试和鉴别出被审计单位工程系统特定的程序模块的准确性与完整性。特别是被审计单位根据需要对系统的程序有所修改时更应当进行符合性和实质性测试并对系统进行审计评价，评价系统功能上是否达到原定要求，尽早发现问题，提出改进意见。这些技术方法的应用必将是提高审计效率、降低审计风险的发展趋势。

3）网络技术等计算机技术在工程审计中应用的前景

基于互联网、电子工程建设网，借助现代信息技术，运用专门的方法，通过人机结合，对被审计工程单位的网络信息系统的开发过程及其本身的合规性、可靠性和有效性以及基于网络的信息的真实性、合法性进行远程审计。

计算机技术在审计中的应用，使审计事业面临着前所未有的发展契机，同时也对审计人员提出了更高的要求。审计机关要突出加强对审计人员计算机技术知识的培训力度，提高审计人员的综合素质，不断提高审计人员适应现代审计的能力。只有这样，计算机技术方法才能在审计中得到很好的运用，审计信息化建设也才能结出更加丰硕的成果。

第三章　计算机先进技术在建设工程中的应用

◀◀◀ 第一节　协同设计技术在建设工程中的应用 ▶▶▶

一、协同设计技术简介

1. 概念

协同设计是指为了完成某一设计目标，由两个或两个以上设计主体（或称专家），通过一定的信息交换和相互协同机制，分别以不同的设计任务共同完成这一设计目标。

协同设计是当下设计行业技术更新的一个重要方向，也是设计技术发展的必然趋势，其中有两个技术分支，一是主要适合于大型公建、复杂结构的三维 BIM 协同，二是主要适合普通建筑及住宅的二维 CAD 协同。通过协同设计建立统一的设计标准，包括图层、颜色、线型、打印样式等，在此基础上，所有设计专业及人员在一个统一的平台上进行设计，能够减少现行各专业之间（以及专业内部）由于沟通不畅或沟通不及时导致的错、漏、碰、缺，真正实现所有图纸信息元的单一性，实现一处修改其他部位自动修改，提升设计效率和设计质量。同时，协同设计也对设计项目的规范化管理起到重要作用，包括进度管理、设计文件统一管理、人员负荷管理、审批流程管理、自动批量打印、分类归档等。

2. 协同设计与传统 CAD 的不同

1）多主体性

是指设计活动由两个或两个以上设计专家参与，而这些设计专家通常是互相独立的，并且各自具有领域知识、经验和一定的问题求解能力。

2）协同性

一种协同各个设计专家完成共同设计目标的机构，这一机构包括各设计专家间的通信协议、冲突检测和仲裁机制。

3）共同性

多位设计专家要实现的设计目标是共同的，他们所在的设计环境和上、下文信息也是一致的。

4）灵活性

参与设计的专家数目可以动态地增加或减少，协同设计的体系结构也是灵活、可变的。

通过表 3-1 来对传统 CAD 系统和协同设计系统进行性比较详细的对比。

表 3-1　协同设计系统与单机 CAD 系统的比较

系统项目	单机 CAD 系统	协同设计系统
运行环境	单机	网络
系统结构	孤立系统	分布式系统
设计过程或进程	独立运行	设计过程或进程要有协调
交互或协同	否	是
设计数据	单机存储	对设计数据要进行协调
安全性	应注意存储安全	需要注意反问控制、存储安全和传输安全

3. 协同设计在建筑设计应用中的功能模块

1）协同工作系统

它包括协同系统管理和协同工作管理 2 个子模块。前者对整个系统进行有效管理，后者负责对协同设计过程进行管理，统筹安排开发中的各种活动和资源。

2）协同设计系统

它提供系统的设计功能。设计人员在数据库的支撑下，利用该模块进行协同设计（包括设计计算、结构设计和分析等）。

3）分布式数据管理

该模块对所有产品数据信息、系统资源和知识信息等进行组织与管理。

4）安全控制

该模块负责对进入系统的用户、协同过程中的数据访问和传输进行安全控制。

5）决策支持

它为协同设计提供决策支持工具（包括约束管理和群决策支持等）。

6）协同工具

该模块为协同设计提供通信工具（包括视频会议、文件传输和邮件发送等）。

在进行工程项目的设计时，必须要使用协同设计系统，对不同的方案进行选比，最终用决策的手段选择或制订出一个最优方案。方案确定后，要将总设计分成若干设计阶段，由不同的设计组完成，最终完成全部详细设计。那么，如何保证这些阶段的设计结果一致、不出现冲突、保证质量、让领导和用户满意都是十分重要的。如果有计算机支持的协同设计环境，在确定方案阶段和每一设计步骤中，有关人员都可随时通过协同系统进行磋商，及时发现问题、解决问题，避免了不必要的返工现象，且不用所有成员集中到一起进行商讨，从而提高了效率和质量。

首先，在一个群体工程中，通常包括不同专业的工作人员，例如设计人员、施工人员、维修人员、服务人员、领导和用户等等。当这些人一起交流和讨论问题时，就可能会碰到语言上的问题，对同一事物、同一概念，不同专业的人也往往使用不同的术语。其次，团体中还经常包含了多个国家的人员，他们之间的交流问题也会对工程高效率完成产生障碍。因此，协同工作中必须要制定统一的术语标准。所以，为了避免由于误解而造成的工程工作上的失误，必须要指定一套标准术语，这就是公用语言的范畴，它是计算机支持的协同工作能高效运行的前提条件。

在协同管理工作中，不同的群体之间通常需要进行交互，使用户可以很方便地进行沟通与协商。而在此过程中，交互界面是很重要的。交互的界面一般有两种：

一是隐式的：主要是文本形式，例如会议记录、便签等。

二是显式的：通过多媒体技术提供一些形象化的手段，如手势、声音和图像等等，用来直接支持人与人之间的交流和讨论问题。

通过交互的合理使用，可以使不同的群体很方便、灵活地加入到讨论之中，进行交互，同时也可很容易地从讨论中退出，中断交互操作，为协同工作提供设备上的支持。

二、协同设计技术在建设工程中的应用内容

1. 建筑协同设计

1）概述

建筑协同设计是 2008 年开始开发并广泛使用的一种基于 AutoCAD 的协作平台。利用协同设计技术，使建筑、结构、水暖电等专业在共同的协作平台上进行设计，从而达到上下部分专业图纸"上部分修改，下部分图纸自动修改"，在源头上减少错、漏、碰、缺，最终提升设计效率和设计质量。

2）协同设计应用的必要性

设计单位目前普遍存在的问题如下。

（1）设计信息在各阶段流失严重

从设计项目的招标投标开始一直到设计图档的交付，整个过程都存在着严重的信息流失，如业主或协作单位提交的数据都是直接提交给项目组的某个设计人员，而其他相关设计人员则需要间接获取数据，这种接力式的数据传递，很难保证数据的准确传达，也很容易造成漏报和缺失的情况。又如建筑方案转交给结构设计人员时，由于交流的不顺畅、文档管理的松散，常常会导致数据的流失和信息的误解。再如将电子图转化为纸张图交付给施工单位的过程中也必然会导致大量设计信息的流失，因为很多电子图中隐含的信息如参照、属性等无法在纸张图纸上表达。

总之，由于各阶段信息的流失，一方面严重影响了设计效率，另一方面也严重影响了设计质量甚至是施工质量，从而影响最终建筑产品的质量。

（2）设计项目的管理和控制力度不够

①由于设计过程中数据的分散性，以及缺乏必要的共享和查询机制，从而导致管理部门需要数据进行决策，但因无相应的集成应用系统而使大量数据来不及统计也无法精确统计，设计人员的安排和项目进度亦无法查询。没有对项目的跟踪就谈不上对项目的管理，没有数据的统计分析就谈不上跟踪，而没有对项目的管理就无法进行产品进度和质量的控制。

②由于缺乏有效的任务划分机制，不能充分调动项目组的人力资源，很多有经验的设计人员被繁琐的绘图工作羁绊，不能专心于自己擅长的设计工作，而一些初级阶段的设计人员被交付了复杂的任务，超出了他们的能力范围，使得设计工作停滞不前，甚至造成错误设计，危害巨大。

（3）设计人员协作效率低

目前大部分的设计仍然是个人单机设计，有的也仅仅是利用图档共享系统进行所谓的

"协同设计"，有很多商品化的产品也号称支持协同设计，而实际上是对协同的误解，协同一词被泛化，对人们产生错误的引导，以为买个"协同设计系统"就解决问题，等花费大量资金购入系统后发现，设计效率并没有得到提高，有些甚至使设计流程更加混乱，降低效率，从而使得很多设计单位对协同系统失去了信心。

真正的协同系统是主动或在少量的人为干预下调动资源（人员、计算机、软件系统、设计图纸和相关的文档图表等），通过多媒体协同工具和环境，使得人与人、人与机围绕设计目标协调有序地活动，加快设计速度，保证设计质量，提高设计效率，促进参与人思维创新和设计产品创新。

协同系统必须要符合 3R 原则，3R 原则强调在协作过程中，各参与协同工作的人员之间的信息交流必须有序，在正确的时间把正确的信息和资源交给合适的人，这个过程是在协同系统的调动下实现的，而不是靠管理人员人工地进行信息和资源的分发。

（4）档案管理和质量管理不顺畅

设计过程中产生大量重复性或相似性的电子图档，极易造成应用和管理上的混乱。档案是设计单位的巨大财富，属于商业机密，而有些设计单位缺乏相应的介入控制机制，档案很容易被拷贝，有些单位甚至借助第三方的服务器存储档案文件，虽然第三方具有严格的法律和技术手段保证档案的安全，但是一旦发生特殊情况，如关系国家利益的时候，光靠存在利益关系的企业保管，很难保证资料信息不被泄露。

工程勘察设计行业不少设计单位已经通过 ISO9001 质量体系认证，但实际的操作中却存在着质量体系管理和设计产品质量管理不协调的现象。设计项目多时就会出现手工填写或后补质量记录的情况，从而造成质量记录矛盾或质量记录不全。产生这些现象的一个技术原因是缺乏协同系统中工作流管理系统的支持，设计单位无法在日常事务中进行有效控制。

（5）组织管理模式不能发挥整体优势

特别是一些大型设计单位，组织机构庞大，下属子公司较多，本来具有整体性优势，但是由于组织管理模式不当，造成内部竞争和内耗，部门之间不愿共享资源，造成了资源的浪费，整体优势丧失。

3）协同设计应用的特点

从社会的角度看，建筑协同设计能够提高设计质量，提高社会工作效率，避免社会财富的损失。同时，协同的思想加强了社会对"建筑人环境"的理解。

从业主的角度看，建筑协同设计能够促进业主与建筑师的互动，提高决策的科学性，保证投资建设项目圆满完成，获得更大的经济利益和社会效益。

从建筑师的角度看，建筑协同设计能够避免建筑师在设计中走弯路，把更多的时间和精力关注到设计方案上，提高设计方案的竞争力；同时使得建筑师能够与业主（用户）、政府管理部门、施工和材料设备等单位快速进行信息的沟通和反馈，优质、高效地完成建设项目。

因此，进行建筑协同设计的研究是必要的，建筑协同设计的研究具有重大的理论和实践意义。

2. 计算机支持的协同设计

1）三维 BIM 协同设计技术

三维协同设计是以三维数字技术为基础，以三维 CAD 设计软件为载体，由不同专业人员组成的设计团队，为了实现或完成一个共同的设计目标或项目在一起开展工作，是一个知识共享和集成的过程，共同设计某一目标的专家们必须共享数据、信息和知识。

三维协同设计准确地说应该是三维模型设计的协同效应。三维模型为设计的可视化、精准性提供基础平台，而协同效应则带来高效率、高质量。三维协同设计的出现为工程设计（尤其是数字化建筑设计）带来了新的设计方法和手段，对实现建筑的智能化也提供了基础条件。

BIM 模型可以通过图形运算并考虑专业出图规则自动获得 2D 图纸，并可以提取出其他的文档，如工程量统计表等，还可以将模型用于建筑能耗分析、日照分析、结构分析、照明分析、声学分析、客流物流分析等诸多方面。由美国 Gensler 设计的 632 m 高的上海中心，采用了 BIM 技术，其特点是自方案初期就综合各工种协同创作，特别是建筑造型与结构方案选择的协调统一成为了设计的一大亮点。由于该结构高达 632 m，风荷载的影响是结构师要考虑的重要因素。因此在考虑建筑外部造型的同时，必须慎重优化结构体征，降低风荷载的作用。据估算，风荷载每降低 5%，造价将降低 1200 万美元，Gensler 利用 BentleyGC 参数化设计工具制作建筑表皮模型，保证功能及美观的同时也将该模型用于结构风洞试验及计算分析，最终优化的结果是将风荷载降低了 32%。这对于 2D 设计模式来说是不可想象的。

纯粹的 3D 设计，其效率要比 2D 设计低得多。地标性建筑可以不计成本、不计效率，但大众化的设计则不可取。可喜的是，为提高设计效率，主流 BIM 设计软件如 Autodesk Revit 系列、Bentley Building 系列，以及 Graphisoft 的 ArchiCAD 均取得了不俗的效果。这些基于 3D 技术的专业设计软件，用于普通设计的效率达到甚至超过了相同建筑的 2D 设计。

2）BIM 协同设计的不足

（1）机制不协调

BIM 应用不仅带来技术风险，还影响到设计工作流程。因此，设计师应用 BIM 软件不可避免地会在一段时间内影响到个人及部门利益，并且一般情况下设计师无法获得相关的利益补偿。因此，在没有切实的技术保障和配套管理机制的情况下，强制在单位或部门推广 BIM 是不太现实的。另外，由于目前的设计成果仍是以 2D 图纸表达的，BIM 技术在 2D 图纸成图方面仍存在着一定程序的细节不到位、表达不规范的现象。因此，一方面应完善 BIM 软件的 2D 图档功能，另一方面国家相关部门也应该结合技术进步，适当改变传统的设计交付方式及制图规范，甚至能做到以 3D BIM 模型作为设计成果载体。

（2）任务存在风险

我国普遍存在着项目设计周期短、工期紧张的情况，BIM 软件在初期应用过程中，不可避免地会存在技术障碍，这有可能导致无法按期完成设计任务。

（3）使用要求高、培训难度大

尽管主流 BIM 软件一再强调其易学易用性，实际上相对 2D 设计而言，BIM 软件培训难度还是比较大的，对于一部分设计人员来说熟练掌握 BIM 技术有一定难度。另外，复杂模型的创建甚至要求建筑师具备良好的数学功底及一定的编程能力，或有相关 CAD 程序工程师的配合，这无形中也提高了应用难度。

（4）BIM 技术支持不到位

BIM 软件供应商不可能对客户提供长期而充分的技术支持。通常情况下，最有效的技术支持是在良好的、成规模的应用环境中的客户之间的相互学习，而环境的培育需要时间和努力。各设计单位首先应建立自己的 BIM 技术中心，以确保本单位获得有效的技术支持。这种情况在一些实力较强的设计院所应率先实现，这也是有实力的设计公司及事务所的通用做法，在愈来愈强调分工协作的今天，BIM 技术中心将成为必不可少的保障部门。

（5）软件体系不健全

现阶段 BIM 软件存在一些弱点。本地化不够彻底，工种配合不够完善，细节不到位，特别是缺乏本土第三方软件的支持。软件的本地化工作，除原开发厂商结合地域特点增加自身功能特色之外，本土第三方软件产品也会在实际应用中发挥重要作用。2D 设计方面，在我国建筑、结构、设备各专业实际上均在大量使用国内研发的基于 AutoCAD 平台的第三方工具软件，这些产品大幅提高了设计效率，推广 BIM 应借鉴这些宝贵经验。

3）二维 CAD 协同设计技术

（1）二维 CAD 协同设计平台与 EEP 协同管理平台融合性差

一方面许多操作是冗余的。比如：项目人员、项目任务、提资料和收资料等等。在两个平台的设计人员要重复性操作，这显然会浪费时间和精力。另一方面项目计划和进度的安排目前却是在 EEP 协同管理平台中进行，而不能在二维 CAD 协同设计平台上直接进行。这样一来，设计人员有些操作需要在二维 CAD 协同设计平台进行，有些要在 EEP 协同管理平台进行，还有提资料等操作要两个平台同时进行。如此，会让项目负责人和设计人员手忙脚乱、顾此失彼，应该尽快完善两个平台的融合，让设计人员的所有操作都在二维 CAD 协同设计平台高效运行。

（2）缺少项目技术资料文献的参考

项目负责人在提交了相关资料后才能发布项目计划表，这样就能硬性要求项目负责人把必要的基础资料在项目开始的时候就上传到服务器，让所有参与的设计人员都能一目了然地查看到。

而目前的"项目共享资料"和"子项共享资料"栏目形同虚设，里面没有任何资料。项目设计人员在需要时，往往要到处寻求，这显然会耽误大量时间。从管理的角度来说，也不标准化。

（3）项目的非直接参与人

相关领导无法及时了解二维 CAD 协同设计平台中的项目进度。如果某领导不是该项目的参与人，在登录二维 CAD 协同设计平台后根本就无法看到他所想关心的项目。应该在协同管理平台上增加对二维 CAD 协同设计平台的查看和管理模块。为项目主管部门的负责人设置权限，让其能在协同管理平台发布项目的方案、业主相关资料、项目进度要求、项目进度变更等信息，让项目的各个参与人员能及时地了解到项目的最新情况和相关要求。

（4）无手动刷新操作键

造成二维 CAD 协同设计平台的读取速度太慢。目前，二维 CAD 协同设计平台是点击展开键即进行自动刷新操作，这个设置严重妨碍了该软件的操作速度。因为这样的刷新过于频繁，造成无论是否需要都要进行更新数据的读取。解决这个问题一方面应该设置"手动刷新键"，在需要的时候进行刷新，不需要的时候就不进行刷新。另一方面应该每天、每周和每月，设置一个"图纸和相关信息的数据库更新包"由设计人员根据需要手动下载安装更新包或者像 EEP 协同管理平台一样每天打开软件时自动更新。

三、CAD 协同设计在建筑工程中的应用

1. 协同设计技术带动建筑设计技术进步

现代建筑设计企业，为了实现自身的技术进步，在新技术、新设计和新产品的研究方面，为了缩短研发周期，保证设计质量，需采用现代信息技术和相应的管理方式，如 CAD、CSCW、CAX、ERP、虚拟仿真技术、网络技术和并行技术等，以提高企业综合竞争力。信息技术带动建筑技术进步主要体现在现有技术的技术性能提高和提供新的技术手段两方面。虽然信息技术能全面带动建筑设计技术的发展，但对建筑设计技术有深远影响的主要是新一代 CAD 技术、协同设计技术和虚拟仿真技术。

1）新一代 CAD 技术改变传统的设计手段

20 世纪末 CAD 技术成功完成了计算机绘图替代手工绘图，计算机计算替代人工计算的伟大历史任务，并且作为辅助设计的工具，无论在理论研究，还是在实际应用上，都取得了显著的成绩，1989 年被美国国家科学院评为当代（1964～1989 年）十项最杰出的工程技术成就之一。CAD 技术的发展和应用使传统的设计方法和生产模式发生了深刻变化，已成为衡量一个国家工业现代化水平的重要标准。

随着计算机运算速度、图形处理能力及图形学理论的发展，CAD 软件技术已经有了质的飞跃，CAD 技术正在从原来简单的辅助绘图向辅助设计的工具发展。新一代 CAD 技术在网络计算环境下，提高建筑设计技术水平，主要表现在以下几个方面：

（1）三维 CAD 技术改变了传统二维设计方法

三维 CAD 技术面向的对象建筑是以三维对象为基础，建立起参数化特征模型，它不仅包含有几何信息，还有设计参数等其他技术信息，具有可视化好、形象直观、设计效率高等优势。设计过程中的构件尺寸均可进行动态修改，设计完成后，由于这种三维实体模型上包含有丰富的设计参数信息，可以启动三维、二维关联功能，在二维设计图成品的过渡期内，可由三维模型直接自动生成设计和施工人员所习惯的二维工程图，如果二维工程图上有修改也可以返回三维同步修改调整。更为重要的是三维 CAD 模型上集成了大量的设计参数、材料和设备等信息，这就方便了其他专业设计的数据共享与集成。可以预见，未来建筑设计产品是集成多种不同数据信息的三维实体的电子文件。

在空间实体表达方法上，人类用二维视图表达三维物体是一项重要发明，它是工程设计产品表达的重要基础，多少年来设计人员一直沿用这种方法。因此，设计工作者一般要经过专门的培训和多年的设计实践，才能在二维的平面图阅读和感受三维的空间，但是这种能力需要长期的训练和实践才能获得，这就导致了设计高门槛，将许多具有创作才能的人才拒在设计队伍门外。建筑师在设计过程中，为了推敲空间尺度时，由于平面图纸难以完全表达三维空间，还需要制作三维工作模型来观察实际结果，体验实际空间关系，更不用说未经训练的业主和施工单位。因此，设计中的问题往往要在施工阶段才被发觉，施工中许多修改原因就是由于上述原因引起的。

三维 CAD 技术的发展应用，预示着设计工作从二维向三维的回归，设计过程将更加直接、直观、简便。这不仅极大地方便了设计工作者，降低了设计强度，而且能让更多与设计

相关的成员参与设计过程，这是设计工作者的福音。今后三维的空间和实体的建立、调整将十分的简单快捷，建筑设计人员可以将主要精力投入到设计构思和创作上，设计周期大大缩短。而 CAD 与 VR 技术的结合，则可以让建筑师克服上述在推敲建筑空间尺度、体验空间关系时所遇到的困境以及可能产生的问题。

（2）CAD 技术的标准化和开放性推动了专业化发展和专业横向联合

CAD 技术的开放性主要体现在系统的工作平台、用户接口、应用开发环境以及与其他系统的信息交换等方面。CAD 技术的开放性特点满足了建筑设计跨部门、跨专业、跨地区和跨系统的信息交流和信息共享，有利于技术和系统的广泛集成，避免了信息孤岛和资源的分隔。系统越开放，说明能够调用的资源越广，选择性或选择度越高；从被选用资源的单位来看则追求技术更专业，产品更精细，更具特色。这种良性互动，推动了设计技术向更高、更专业的方向发展，既丰富了市场专业资源，又加速了建筑设计的横向联合，加强了企业间的紧密度和关联度，使设计企业向集群化方向发展。

CAD 技术要集合不同 CAD 系统之长，必然涉及数据的相互交换。因此，制定一系列数据交换标准就显得十分重要。为了便于各系统之间或国际间的数据交流，信息化建设的建筑产品数据交换的标准要符合国际标准或通用的事实标准。这是保障系统数据通畅的重要环节。因此，世界各国纷纷投入巨资开展标准化的研究，力图在未来技术竞争中占据技术标准的制高点。

（3）CAD 技术集成化提高企业或关联企业整体竞争力

建筑设计是建筑设计企业最主要的生产任务。由于 CAD 技术是建筑设计企业广泛应用的辅助设计技术，建筑设计企业围绕设计生产开展经营技术、财务、人才资源和服务管理，设计生产和管理过程密不可分，成为有机的整体，企业的整个生产过程实质上是信息的采集、传递和加工处理的过程。企业将逐渐从单一的对 CAD 软件的需求发展成为对 CAD、CAPP、CAM、CAE、PDM、MIS/ERP 等技术集成软件的需求，从单一某个软件功能发展到企业级或企业间信息集成系统的整体功能和各个子系统的信息共享。

CAD 技术集成表现在企业技术进步和管理进步二个不同层面上：

①在技术层面 CAD 功能集成和各专业间的功能集成。

例如：用 CAD 技术，集成标准门窗插入模块，门窗分类，编号和统计的自动生成和关联。砖混结构 CAD 系统：按照指定的模型进行结构整体和构件计算，利用 CAD 为图形功能快速建模，输入各种荷载，完成计算和验算任务，按照制图标准、计算结果和规范构造要求，迅速生成施工图。

②CAD 技术与管理集成。

建筑设计的过程管理和质量控制是生产管理的重要环节。目前建筑设计企业原有生产管理向项目管理转型，项目管理包括经营管理、技术管理、成本控制和进度管理，创新设计能力（如 CAD）与现代企业管理能力（如 ERP、PDM）的集成成为企业信息化的重点。

③基于网络计算机环境实现异地、异构系统在企业间的集成。

现代工程建设环境的复杂多变性，专业的复杂性及新技术的不断应用，使工程建设的业主与参与各方之间、各设计单位与施工单位之间的内在相互关联性日趋加强，各方利益互动性日益明显，设计与施工的全面集成化要求日益增强，参与各方给的信息和通信网络的集成化趋势也日益显现。在美国 20 世纪 80 年代发展起来的 Partnering 项目管理模式是两个或两个以上的组织间为了共同获得特定的商业利益，充分利用各方资源而组建的一种新的商业合作模式。其基本要素就是建立共同的目标、共享的信息，避免争议，彼此合作从而使项目参与方均得成本最小化、资源效益最大化。这种模式依赖于有效的项目信息系统（简称 PIS）。项目信息系统（PIS）是以现代网络为平台，运用以 Internet 的 web 技术为核心的各种信息沟通技术以及基于文档的中央数据库，在工程项目参与方之间实现信息沟通、协同各方行为以及共享项目信息和知识的目的。

基于 Partnering 模式的信息模式的信息系统可以使共用它的用户在任何时间、任何地点均可获得所需要的信息，不受人、机构的限制，不会再出现信息传递延误的现象，系统可以在线提供各种形式的项目信息。

2）协同设计技术将使资源得以充分利用，工程设计质量大幅度提升

在工程设计领域，CSCW 技术的发展为传统的 CAD 技术赋予了新的设计理念与设计内容，正在改变着现有的设计模式。工程设计是多专业综合的成果，强调的是整体技术水平和相互协调配合。因此整个设计过程就是各专业之间反复协调的过程，最终技术成果不是各专业的简单叠加，而是互有取舍，有退有进，所以工程设计的协调工作过程中存在着大量繁杂的交互碰撞，是设计过程的重要环节，最终设计产品质量很大部分取决于协同工作的水平和质量。工程施工中出现的设计问题，多数是由于设计周期短、各专业间协调不充分造成的。目前工程项目规模越来越大，设计周期越来越紧，专业间协调、管线综合的难度也越来越大。由于设计阶段协调工作得不到应有保障，造成的返工和浪费惊人。有专家通过调查研究认为，75％的工程建设项目成本是在设计阶段确定的。因而，协同设计发展和运用不仅为提高设计质量提供技术手段，同时也为工程建设节约大量的宝贵资金。

蓬勃发展的 Internet 使得设计人员摆脱了空间的限制，网上设计环境使得设计团队逻辑上处于同一个工作环境中，不管他们物理上位于何处，总可以实时传递信息。良好的网上设计环境，使得设计团队中的各个成员都信息灵通，不管是企业管理者，或是项目负责人，或是专业负责人，还是普通设计人员，都可以最高效的手段获得其他成员的最新信息和向其他人提供自己的信息。协同设计是工程设计众多设计人员的协同工作，能在设计的每一个环节上克服距离、时间、异种计算机设备等因素，提供给他们访问共享环境接口，一个任务、多个用户，为完成一项共同的任务而组成用户群，形成的一种群组工作模式。其中包括专业协同、异地协同、合作协同。

动态设计工作方式是以动态性能满足预定要求为目标，建立系统模型，是动态修改、优化、再设计的过程，能更好地适应业主需要，并不断变化和不断逼近结果的设计。

优化设计是追求整个建设过程工期、质量、投资综合最优的设计。为适应竞争环境和产品技术发展的要求，采用优化设计能够达到缩短开发周期、节约开发成本和提高产品质量的目标。

为适应设计企业的全球化的需求，有些建筑设计企业购置集项目管理、网络化办公、信息交流及授权管理于一体的企业级的网络协同工作软件，引进了国外先进的三维协同设计软件平台，实现了协同和动态设计的基本功能。

（1）设计协同基础平台

企业在 CAD 设计网络应用方面，首先使用网络版 CAD 软件。在企业应用软件正版化建设中，与单机版软件相比，使用网络版软件不仅能节省企业投资，而且可以充分发挥购得

软件的利用效率，便于软件升级维护。根据企业协同设计、资源共享的要求，在网络建设初期，应建起企业内、外部网站，搭建企业电子邮件系统、FTP 服务系统以及数据库服务器等，开发出的应用平台既满足网络用户对协同设计、资源共享的初步要求，又能提高工作效率，节约成本。

①建立项目工作区。

信息共享的基础就是把分散到各工作站上的孤立信息和公共资源提供给网络用户使用。企业内进行项目设计时，在业务服务器上为该项目组开设了项目协同工作区，设计流程中为项目设计成员提供交流协作、信息掌握等协同设计应用。

②数据安全措施。

为使服务器系统可靠稳定，应建立完善的服务器备份和防病毒措施，同时服务器采用双机双控系统控制冗余，最大限度地保证应用系统平台的稳定可靠。在信息数据安全方面，应对项目协同区严格设立用户访问权限，有效防止任何未授权的访问，实现数据防伪、身份认证功能，保证设计流程管理与其他网络办公功能的正确运行。

③数据层集成措施。

设计项目各专业全面采用 CAD 技术，并且所有专业在网上一个协同工作区工作。信息共享和复用不仅在本专业发挥巨大作用，而且在专业之间也可得到充分的利用，为实施全过程项目管理提供基础。为保证协同区共享的数据信息顺利集成，在企业信息化建设初期应制订本企业的信息分类编码编制计划，并编制适合本企业协同设计系统要求的 CAD 制图标准。同时对在协同设计时图纸共用所涉及的图纸幅面及格式、绘图比例、字体、图线、图层等进行统一规范，编制的企业工程协同设计系统中的 CAD 绘图标准都应该做规定，这些是推动服务器项目区的协同工作顺利实施的保证。

（2）异地协同设计

异地项目组成员进行网上协同设计可采取以下几种方式：

①通过 FIP 服务器异地项目组进行网上协同设计。

对成员之间交流信息的公文、通知等文件，通过电子邮件方式完成传递。对异地间较大的电子文件传递和多人共享的相同资源，通过在 VIP 服务器上开设项目协同工作空间，提供上传、下载文件服务来实现。使用 FTP 服务器为异地项目组开设协同设计空间时，合法的远程客户端通过互联网登录 FTP 服务器实现对项目工作区读、写的操作。

②视频会议系统。

通过一些成熟的视频会议设备，如采用 Polycom 公司的 Viewstion 设备，构建不同办公场地间视频会议系统，使两地人员面对面地交流、讨论方案、传递项目的各种资源和信息，举行多人会议，面授工作计划，和同事谈一下合作规划，实现异地多媒体信息的实时传递，从而将办公室延伸到了外地，甚至国外，创造了一个异地召开会议的环境，并实施异地指挥和控制，提高了办公自动化水平，极大地提高了工作效率，使项目管理不受时、域的限制。视频会议系统配置实物投影仪，又实现了异地图纸交底。通过会议电视系统的工作模式，可以经常地、方便地组织远程培训和远程教育，更快地提高全公司的业务工作水平。

③Net Meeting 等异地协同软件。

可利用 Microsoft Net Meeting 等异地协同软件在 Internet/Intranet 上进行实时数据通信，为企业不同办公场地间提供了异地进行交谈、工作以及共享程序的全新方式。使用视频和 Net meeting 协作工具、共享电子白板写字、画线、作图、共享应用程序等可实现异地实时电子文档交互修改，进行异地实时技术研讨，多媒体异地协同工作。利用 Net meeting 视频会议系统，大大提高了企业单位的工作效率，设计人员有什么事情，不必再像以前那样出差奔波，可以更迅速地处理问题，做到省时、省钱。

④VPN 网络技术。

VPN 技术可以利用公共网络资源，建立安全可靠、经济便捷、高速传输通道。为满足异地使用企业总部服务器项目协同区，应建设 VPN 网络，建立总部与各地分支机构间由路由器到路由器的 VPN 连接，为远程用户之间实现安全快速的数据、图像传输和处理工作。在设 VPN 网络上展开的应用，除了邮件系统、企业内部数据共享、信息的发布、异地设计流程控制等，视频应用等一些网络协同应用也同时展开。VPN 网络使用后，将会使公司办公速度有很大程度的提高，可以做到及时发布信息，企业内部网络的连接，实现设计企业系统资源的整合，信息数据得以充分共享，IT 人员可以实现网络远程维护。而企业领导及出差人员无论在任何地方、任何时候，均可以通过网络手段阅读企业文件、异地办公处理相关事情，提高了工作效率，大大节约了办公成本。

（3）合作的协同

随着企业设计项目合作形式的多元化，目前，与设计合作伙伴、客户间的协同设计，除通过电子邮件形式与外界互通设计信息外，还开通了 FTP 服务器项目协同的工作空间，使合作伙伴、客户可以通过 Internet 网进入到工作区中，直接实现设计信息传递、共享资源的目的。企业 VPN 网络，如工程承包项目，将可通过 VPN 建立的广域网，使施工现场人员、合作伙伴与总部人员一样，可以方便地访问如电子邮件信息文档库及其他现场的信息等，总部人员也可访问现场存放各种会议纪要、施工工作周报、现场管理信息等内容的专用数据库，随时了解到现场情况，并且可实施异地指挥，对于减少现场管理人员、提高办事效率有积极的作用。

对于合作协同的信息安全管理，除在网络硬件的防火墙上加设多种过滤措施、报警功能外，服务器上通过确保信息仅可让授权获取的人士访问，确保本授权人只能在权限之内获取信息和相应的资产，避免设计的错误或由于操作失误而造成文档的删除和修改。临时用户通过时效和密码的周期管理，实现对用户安全性的控制。

（4）动态设计

利用 CAD 基础平台的外部引用功能进行动态设计，通过使用预制的模板或者建立的项目工作区动态设计外框，实时跟踪相关专业最新设计信息，保证工作一致性。在所有设计专业中推行 CAD 外部引用设计技术，更易于实施模块设计、交叉设计、多版次设计和复用设计，对于提高设计质量和缩短基建周期意义重大。

由于服务器中存有多个设计工作区，要达到顺利进行协同设计的目的，必须确保本项目引用区的正确定位。在开通项目工作区后，通过电子邮件通知项目团队成员，就能很方便地在本地工作站上映射为服务器上项目协同工作区，保证了外部引用区的正确定位。

（5）优化设计

归档区存储的设计电子文档是设计企业宝贵的信息资源，设计项目有相当比例的内容是重复的，存档的电子文件的再利用可缩短重复设计周期，使设计人员可以把精力放在研究新问题和技术创新上。优化设计依赖建立的知识库和标准图库、图档库。

设计人员通过使用档案管理系统，能方便查阅和调用重复使用的标准图、各专业标准图块、标准图例以及设计成果，可大大缩短设计周期、提高设计效率，实现企业信息建设、网络资源共享的目的。

另一方面是规划和实施建立材料库的标准化、采购过程信息化的工作。将工程建设的基础设计阶段、详细设计阶段、采购阶段到施工阶段的材料、设备等数据信息收集管理、分类，逐步建立企业级和项目级的材料数据库。

协同设计技术在工程设计领域应用，首先它能减轻各专业内和各专业之间的协调工作强度，保证协同的质量；其次能够帮助设计企业充分调用异地和外部资源，使资源得到有效的使用。

2. 协同设计技术改变了建筑设计业的生产管理方式

信息技术的发展还为建筑设计业提供了高效有序的生产管理方式，从整体来看大概有以下几类：

1）基于广域网的协同计算环境与电子文档管理系统

为了保证项目信息的及时沟通、实时交换和共享，异地协作的项目执行模式是必然要求。一个强壮的项目网络系统和一个基于项目网络的协同工作平台，也就是快速发展的新领域——协同计算环境。通过这样的平台，从事项目的各地人员一样可方便地共享各种资源和信息，从某种意义上说，也就是将办公室延伸到了全球，可实施异地指挥和控制，极大地提高了工作效率，使管理不受时域、地域的限制。

可以采用 FTP/E－MAIL、Web 技术、群件技术、视频系统以及专用系统来构建协同工作平台。将公司本部、分部、分包商、项目现场、业主、供货商、施工单位连成一体的网络系统的建立，有力地支持了工程数据库系统、三维模型设计、项目管理系统的广泛应用，为异地办公打下了良好的基础。

基于广域网的电子文档管理系统，已成为参与项目各方快速安全沟通信息的新模式，在项目执行中越来越重要。基于 Web 的技术，可以保证项目组全员能够访问最新的数据，能够跨越地理界限的限制有效地工作。

2）材料供应链管理与网上采购

工程投资的大部分都用于购置设备和材料，对工程材料实施有效的管理，是降低投资的重要方面。从材料供应链的角度，也就是从设计、采购和施工的每个环节对材料进行管理与控制，已成为项目管理的一个重点。为此，近年来，大型材料控制与采购管理软件的开发应用发展异常迅速。这些软件，是以物资流为基础，集设计、请购、采购、仓库管理和现场材料控制于一体的全过程集成化软件系统，涉及材料供应链的每个环节，应用效果良好。

另外，电子商务已越来越普及，网上采购，在线询价、报价减少了许多不必要的环节，提高了采购效率。大型材料控制与采购管理软件一般都具备电子商务的功能。

3. 协同设计推动了建筑 CAD 集成化技术的发展

中国加入 WTO 以后，建筑设计市场向国外的建筑设计企业全面开放，我们不仅要保住已有的建筑设计市场，而且要发展，还要走向世界。如果没有一个集成化 CAD 平台，继续沿用原有的 CAD 技术，其结果是无法提高我们的工作效率与设计产品的质量。工程设计人员也不满足于普通 CAD 技术以画线和标文字为基础的单纯绘图工具，迫切要求建筑 CAD 向智能化、参数化、集成化、一体化方向发展。

随着国际互联网技术的不断发展和普及，应用国际互联网技术进行 CAD 一体化工程设计的方式，在国内外已有许多工程设计企业采用。实现 CAD 一体化网络平台的特性与 Internet 网络环境结合，代替工程设计人员的一些烦琐的、重复性的工作，提高工程设计的技术含量和生产效率是现代建筑设计追求的目标。

解决建筑设计中 CAD 信息交换，是提高信息资源共享及安全的有效途径。

（1）CAD 信息交换对建筑设计的意义

由于面向对象的 CAD 软件基于建筑信息模型，当建筑师使用它进行设计时，将初期的设计信息存储到建筑信息模型中，其他各个专业工种通过模型可以获得相关信息，使其能在早期就加入决策过程来提高设计质量。

（2）实现信息共享面临的问题

基于建筑信息模型的 CAD 软件技术可以提高建筑设计效率、减少浪费、降低成本、提高建筑设计质量，也是国外各 CAD 软件商产品所支持的方向。建筑信息模型的成败关键是在不同软件之间的信息共享，各个软件上都有本公司内部定义的格式，这给数据在不同软件商的软件之间交换带来困难。

（3）解决信息交换与共享问题的出路在于标准

国际协同工作联盟 IAI 制定的国际标准工业基础类（IFC）是一个 ISO 标准的建筑信息模型格式，目的是在建筑行业和物业管理行业不同的工种之间实现数据的交换。它不但为主流三维面向对象 CAD 软件厂商所支持，多国政府也开始支持它。

（4）构建一个基于 IFC 标准的 CAD 信息共享与交换平台

IFC 标准是面向对象的三维建筑产品数据标准，短短的几年中，其在建筑规划、建筑设计、工程施工、电子政务等领域获得广泛应用。建筑设计企业在开发建筑 CAD 集成化应用平台时，已将 IFC 标准作为应用平台的组成部分，参与到中国建筑科学研究院从 PKPM 模型到 IFC 模型的数据交换系统开发与应用中。基于 IFC 标准开发的建筑软件结构设计转换系统，开发基于 IFC、XML 等国际标准的建筑 CAD 数据资源共享应用系统，为信息共享与数据整合构建了一个标准统一的、规范化的系统平台。

第二节　数字化技术在建筑工程中的应用

一、数字化技术的简介

1. 数字化技术定义

1）数字化

解释一：数字化就是将许多复杂多变的信息转变为可以度量的数字、数据，再以这些数字、数据建立起适当的数字化模型，把它们转变为一系列二进制代码，引入计算机内部，进行统一处理，这就是数字化的基本过程。

解释二：数字化将任何连续变化的输入线条或声音信号转化为一串分离的单元，在计算机中用 0 和 1 表示。通常用模数转换器执行这个转换。

2）数字化技术

数字化技术是指利用现代计算机技术，把各种信息资源的传统形式转换成计算机能够识别的二进制编码数字的技术。

　　数字化技术是计算机技术、多媒体技术以及互联网技术的基础，是实现信息数字化的技术手段。它将客观世界中的事物转换成计算机唯一能识别的机器语言，即二进制 0 和 1，从而实现后续一系列的加工处理等操作。

　　当今时代是信息化时代，而信息的数字化也越来越为研究人员所重视。早在 20 世纪 40 年代，香农证明了采样定理，即在一定条件下，用离散的序列可以完全代表一个连续函数。就实质而言，采样定理为数字化技术奠定了重要基础。

2. 数字技术的特点

　　数字技术的出现，从根本上改变了人们对信号与系统的认识。数字技术具有以下特点：

　　①引入二值形成的数字信号，利用电路的两个稳态来表示信息，对电路中各元器件的精度要求不高，便于实现，易于电路的集成化。

　　②数字信号便于计算机进行算法处理，容易实现过程控制及信息显示，数字技术与计算机密不可分，数字化产品就是把计算机嵌入产品中。计算机的最大特点是可编程性，同时具有极强的数据处理能力和良好的操作控制手段。

　　③由于采用二值电平逻辑，数字器件具有一定的容错能力，能有效抑制噪声和各种干扰信号的影响，比模拟器件的可靠性高。数字电路采用集成芯片，减少了连线，缩小了电路板的面积，有效地降低了器件损耗，提高了系统的可靠性。由于采用了二值信息形式，在数字信息传输过程中可以利用纠错编码技术，实现信息的无差错传输和存储。

　　④数字系统的精度可以通过增加二进制的位数和方法得到提高。模拟信号在传输过程中容易受到噪声的干扰，其系统的精度往往做不高，而数字系统只需增加量化的比特数，减少量化噪声，就能得到满意的精度。

　　⑤数字技术提高了资源的利用率。采用优良的数字调制技术，可以使频道的频带利用率达到每 Hz 带宽传送几个 bps 的码率。数字信息压缩技术可以在不失真或少失真的情况下，降低数据传输率，减少占用信道带宽，减少占用存储介质空间。

　　⑥数字系统部件的通用性强、可扩展性好。以微处理器为代表，只需配套不同软件，就可以完成不同的功能。有利于硬件的标准化，实现一机多用，拓宽系统的功能和使用效率。各种不同的信息数字化以后构成比特流，可以一起传输和处理，从而实现多媒体技术。

　　由于数字技术的上述特征，决定了数字化产品与传统的模拟式产品有很大不同，数字产品的特点是：小型化、高可靠性、高性价比、多功能、智能化、操作方便快捷。

3. 数字信号与模拟信号的对比

　　1）优点

　　①数字信号与模拟信号相比，前者是加工信号。加工信号对于有杂波和易产生失真的外部环境及电路条件来说，具有较好的稳定性。可以说，数字信号适用于易产生杂波和波形失真的录像机及远距离传送使用。数字信号传送具有稳定性好、可靠性高的优点。根据上述的优点，还不能断言数字信号是与杂波无关的信号。

　　数字信号本身与模拟信号相比，确实受外部杂波的影响较小，但是它对被变换成数字信号的模拟信号本身的杂波却无法识别。因此，将模拟信号变换成数字信号所使用的模/数（A/D）变换器是无法辨别图像信号和杂波的。

　　②数字信号需要使用集成电路（IC）和大规模集成电路（ISI），而且计算机易于处理数字信号。数字信号还适用于数字特技和图像处理。

③数字信号处理电路简单。它没有模拟电路里的各种调整，因而电路工作稳定，技术人员能够从日常的调整工作中解放出来。

④数字信号易于进行压缩。这一点对于数字化摄像机来说，是主要的优点。

2）缺点

①数字化处理会造成图像质量、声音质量的损伤。换句话说，经过模拟→数字→模拟的处理，多少会使图像质量、声音质量有所降低。严格地说，从数字信号恢复到模拟信号，将其与原来的模拟信号相比，不可避免地会受到损伤。

②模拟信号数字化以后的信息量会爆炸性地膨胀。为了将带宽为（f）的模拟信号数字化，必须使用约为（$2f+\alpha$）的频率进行取样，而且图像信号必须使用 8 比特（比特就是单位脉冲信号）量化。具体地说，如果图像信号的带宽是 5 MHz，至少需要取样 $13\times10^{6}\sim14\times10^{6}$（13 M 至 14 M 次），而且需要使用 8 比特来表示数字化的信号。因此，数字信号的总数约为每秒 1 亿比特（100 M 比特）。且不说这是一个天文数字，就其容量而言，对集成电路来说，也是难于处理的。因此，这个问题已经不是数字化本身的问题了。不过，为了提高数字化图像质量，还需要进一步增加信息量。这就是数字化技术需要解决的难题，同时也是数字信号的基本问题。

二、数字技术在建筑工程中的应用

1. 数字与建筑工程的结合

1）数字工地

"数字工地"是数字化工地管理信息系统的简称，该系统通过运用现代化信息采集、传输、处理技术和自动化控制技术，对施工技术、工程质量、安全生产、文明施工等管理进行动态的、实时的监控，在此基础上对各个管理对象的信息进行数字化处理和存档，以此促进工作效率和管理水平的提高。

同时，通过计算机、网络等先进技术平台，实现远程监控管理，真正实现建设主管部门、业主、设计、监理对工程施工全方位、全过程、全天候和多视点、多角度、多层面的实时监控，使各部门管理者对工程建设中出现的各种问题做到"第一时间发现，第一时间处置，第一时间解决"，数字化施工技术就是在这一前提下发展起来的。

2）数字化施工

目前中国的城市工程建设呈现出火热的态势，同时给建设工程的安全与质量监管工作带来了严峻的压力和挑战。过去工程施工技术比较单一，主要是人工操作，工作效率极低，同时人为操作引起的误差可能会给工程带来安全隐患，造成工程事故。为了杜绝工程事故的发生、更好地保证施工质量安全，许多工程引进了数字化施工技术。

数字化施工技术是对建筑工程建造过程中的各个环节进行统一建模，形成一个可运行的虚拟建造环境，以软件技术为支撑，借助于高性能的硬件，在计算机网络上，生成数字化产品，实现规划设计、性能分析、施工方案决策和质量检验、管理。它是数字化形式的广义建造系统，是对实际施工过程的动态模拟。数字化施工可大幅度提高施工效率和保证工程质量，减少或杜绝工程事故，有效控制成本，实现施工管理现代化。

2. 数字化施工技术在工程中的应用

数字化施工技术目前的应用主要体现于建筑空间信息技术、建筑设备数字化监管技术和数字化施工监控技术等内容。本文主要对这 3 种施工技术在工程中的应用进行阐述。

1）建筑空间信息技术

建筑空间信息技术包括对施工场地的地形、地貌、建筑物、施工项目等一切空间的信息进行集中统一分析。空间信息技术主要包括遥感技术、地理信息系统和全球定位系统。其中，地理信息系统在工程施工管理中作用尤其突出。

地理信息系统可以对信息进行空间分析和可视化表达，这些功能适用于工程地质勘探、工程项目选址分析、工程项目风险评价、施工平面规划等工程建设领域。丰富的查询功能也是地理信息系统的一大显著特点，地理信息系统提供图形查询、文字查询、事件查询和过程查询，利用这些功能不但可以获得与空间坐标相关的各项实体信息，还可以获得动态的过程信息，如施工过程信息等。目前该技术广泛应用于水利、水电工程的施工过程中，如施工导流截流、施工管理、施工场地总布置等。

2）建筑设备数字化监管技术

建筑设备监控系统是智能建筑中的一个重要系统，是将建筑有关暖通空调、给水排水、照明、运输等设备集中监视、控制和管理的综合性系统。建筑设备监控系统是以计算机局域网为通信基础、以计算机技术为核心的计算机控制系统，它具有分散控制和集中管理的功能。

在建筑设备数字化监管技术中，建立机电设备管理系统，对机电设备进行综合管理、调度、监视、操作和控制，达到节能的目的。数字化监管技术相对人员管理能够更好地管理建筑设备。

3）数字化施工监控技术

数字化施工监控是利用现代科技优化监控手段，实现实时、全过程、不间断安全监管，将该技术应用到施工现场管理是必要的。

数字化施工监控广泛应用于建筑工程中，在建筑施工中，主要对混凝土的输送、浇筑、养护，模板安装，钢筋安装及绑扎，施工人员安全帽、安全带佩戴，建筑物的安全网设置，外脚手架及落地竹脚手架的架设，缆风绳固定及使用，吊篮安装及使用，吊盘进料口和楼层卸料平台防护，塔吊和卷扬机安装及操作以及楼梯口、电梯口、井口防护，预留洞口、坑井口防护，阳台、楼板、屋面等临边防护和作业面临边防护等部位进行施工监控，以保证施工质量安全。

为了加强建筑工地的安全文明施工管理，数字化施工监控系统有针对性地设置工地文明施工的重点监控，主要对工地围挡、建筑材料堆放、工地临时用房、防火、防盗、施工标牌设置等内容进行监控，目的是加强安全管理工作。

3. 数字化施工技术在工程中的发展趋势

建筑空间信息与可视化、建筑设备监管数字化和数字化施工监控技术在建筑工程中已经得到广泛的应用，随着信息管理技术的发展，建筑系统仿真计算、虚拟现实、多智能体施工技术也渐渐引入建筑工程中，这将是数字化施工技术未来的发展趋势。

1）建筑系统仿真计算

系统仿真技术是以相似性原理、系统工程方法、信息技术及应用领域相关专业技术为基础，以计算机等设备为工具，利用系统模型对真实的或设想的系统进行动态研究的一门多学科的综合技术。

国外从 20 世纪 70 年代开始将仿真技术应用到工程施工过程，以循环网络仿真软件为代表的一系列软件已广泛应用在隧洞施工、土石方开挖、桥梁施工、管道施工等工程施工领域。

中国的仿真技术相对国外而言起步较晚，应用范围不广。目前，相关科研单位在隧道施工、水利水电施工、港口工艺方案设计和土方运输等方面进行了仿真研究。将建筑系统仿真计算广泛应用到建筑工程中，是数字化施工技术的未来发展趋势。

2）虚拟现实

虚拟现实是采用以计算机技术为核心的现代高新科技生成逼真的集视觉、听觉、触觉与嗅觉于一体的特定范围的模拟环境。

虚拟现实首先在军事、航天等高科技领域及娱乐漫游等方面获得成功的应用，目前在建筑工程领域也得到应用。如利用虚拟现实的可视化特性，检验施工组织设计方案的可行性，或者通过实时交互修改参数来对不同施工方案进行比较；又如利用广联达图形算量软件建模快速计算出工程量等应用。

可见，该技术在工程建设领域中也得到了广泛应用。拓展该技术的广度和深度是目前的重要任务，如 BIM 技术的研发。建筑虚拟现实技术的发展是数字施工技术发展的必然趋势。

3）多智能体施工

随着国民经济的不断发展和新技术、新材料、新工艺的不断出现，工程建设项目的规模不断扩大、形式日益复杂，工程建设过程涉及的单位和个人也越来越多，因而对建设工程管理的统筹性、协调性、时效性提出的要求就越来越高。对于建筑工程这样一个复杂的系统，应用多智能体技术保证工程建设任务的顺利进行是必要的。

智能体是指为了实现自己的设计目标或任务而独立自主地运行，能适应自身所处的环境，并能不断地从环境中获取知识以提高自身能力，具有学习和推理功能的智能实体。多智能体系统是由多个可计算的智能体组成的集合，其中每个智能体都是一个物理的或抽象的实体，能作用于自身和环境，并与其他智能体通信。多智能体技术是人工智能技术的一次质的飞跃。多智能体技术具有自主性、分布性、协调性，并具有自我组织能力、学习能力和推理能力。采用多智能体系统解决实际应用问题，具有很强的可靠性。

总的来说，目前多智能体技术在建设工程领域的应用和研究有限，有待进一步拓展其应用的深度和广度。随着人们对房屋功能要求的多样化，智能建筑是工程领域未来的发展趋势，多智能体施工也将是数字化施工技术的必然发展趋势。

4. 数字化施工技术在工程中的注意事项

①对于数字化施工监控技术，当工程位于偏远山区时，要注意监控设备安装位置。安装位置要确保信号良好，使监控对象的数据输入输出连续，同时建设单位要做好"电通"，保证电源连续供给，对监控部位进行实时、全过程的监管，另外工作人员要定时对监控设备进行检查、维修、更新以确保监控设备的正常使用。

②对于建筑空间信息技术，在应用时要确保数据的准确性。对信息进行空间分析与可视化之前输入的数据要准确，确保后期信息分析处理正确。

③对于建筑系统仿真技术，在应用时要注意实际建筑与仿真建筑的差异。通过建筑系统仿真计算出的工程量，考虑实际与模拟形成的差异，才是最终需要的工程量。

④对于建筑虚拟现实技术，在应用时要确保虚拟现实软件为正版。很多人在工程中使用

相关盗版软件，这可能导致数据不准确。

⑤对于建筑多智能体施工技术，在应用时要注意多个智能体施工的协调和统一。

总的来说，数字化施工技术的发展本身是一个漫长而复杂的过程，它需要各种相关知识、技术的共同提高，硬件环境与软件环境并重。

在硬件环境方面，要在工程施工区内布置高速宽带互联网，大量的现场跟踪摄像设备，可随时接入网络、具备无线上网功能的电子计算机和数码设备等，每个现场的施工人员需配备先进的数字设备。

同时，施工现场应配备多台跟踪摄像与监测设备，在施工中结合系统仿真计算，实现数字化施工；在软件环境方面，要组建高效精干的数字化施工管理机构，做好施工前的数据资料收集准备工作，强化施工过程中的管理与控制。数字化施工管理是工程管理现代化的需要，也是数字化时代的必然趋势。

三、数字工厂

"参数（parameter）"最初来源于数学名词，用来描述晶体的生成逻辑。作为一种对三维形体的定量描述方法，在经历了高迪时代的重力模拟模型和弗雷奥托的性能化建筑研究后，1977年，路易吉·莫雷蒂在《建筑和城市规划的数学研究》中，首次提出了"参数化建筑学"的概念。进入计算机时代，这种定量的描述方式转化成了可识别的算法语言。CAD、CAM及BIM工具的发展使这些算法语言成为一系列计算及分析工具，促进了我们对性能化及环境影响的研究，进而生成了一套定量的设计方法。随着机械加工、工业建造手段的飞速发展（从手工、机械到数控机器，从传统材料到新三维成型技术下的多维材料再到复合材料），参数化建筑学的设计方法，逐渐发展为CAD和CAM辅助的完整的设计建造系统。

在算法、设计方法、设计工具的革新中，数字建造、数字工厂的概念被提出，并投入实践，成为一种新的建筑产业化方式。节能、可持续发展和品质等综合性能是建筑产业化的目标，而数字建造继承了几何逻辑、形式语法、文脉、结构性能等优秀设计要素，将其转换为算法中的公式数理逻辑与环境参数，与材料性能相结合，为发展新的结构模式、环境响应方式和建筑革新提供了创造性契机，使我们能够在传统的形态生成设计范式的基础上探索新的建筑可能性。在设计实践的过程中，数字建造形成了一套"算法、设计、参数、设定、建造、逻辑工具选取与定制、工业化建造"的完整逻辑以满足产业化要求。抽象的算法、设计"机器"与具体的材料、加工"机器"相互结合，古老传承的设计逻辑、文化积淀与先进的数据模拟、材料分析相互交织，共同构成了数字建造的产业化的未来。

1. 数字建造的主要概念

从前数字时代的高迪自然主义设计中隐含的缜密逻辑和科学的设计方法，到组织系统时代"性能/表现"的逻辑代码，逻辑性都是数字建造的重要要素。简洁的数学逻辑，结合机器人、新材料的数字建造工艺，在减少人力投入的同时，能够集约化生产，降低能源和材料的消耗，实现精确、高效、高性能的数字建造。

从适当的逻辑出发，数字化建造可以整合建筑工业的上下游环节（从性能化建构为导向的设计，到新工艺制造的手段，再到最后施工建造的产业化结果），需要建筑师站在一个更长远与持续的角度来看待设计问题，实现建筑的全生命周期管理。

从材料特性出发进行形式设计，从形式逻辑发展匹配适合的建造手段，以建造为目的进行设计及施工的产业化方式，建筑师能够充分发挥材料特性，设计合理的形式，进行高效的管理，从而使数字建造具有良好性能的同时富有形式感，从根源上避免了无必要的奇形怪状与矫揉造作。

新工艺、性能化建构与产业化是数字建造的三大主要构成。数字建造作为一种设计方法，在理论层面，它是传统建构方法的继承和发展；在操作层面，它充分利用计算机来实现设计与建造的紧密结合。它不再从形态或材料或施工这样的单一要素出发，然后进行线性的推演过程，而是从一开始就将这些要素作为参数，影响设计的方方面面。它是一种基于形式、材料、性能，却又高于它们，产生效果的崇尚建造并且能够创新建造的新模式。

这一创新建造模式精确、高效、高性能的特点，是该模式得以产业化的基本要素。建筑产业化的概念并不应该简单地等同于预装配式混凝土（PC）。诚然，PC 工厂引入数字化设计与管理可以大大节省人力资源、简化生产、提高生产效率。但是，如果简单地等同，建筑业也许就会有如 19 世纪雨果所言"印刷术将毁掉建筑"一般的结果。基于数字建造的建筑产业化，实际上整合了建筑业的整个产业链条，运用数字技术使信息传递更为有效和畅通，"算法—材料—施工—建造"的闭合产业链也能更高效、环保地使用材料，同时最大化地利用材料与建造工艺本身，为建筑设计创作带来了更多的可能性。

2. 数字建造的产业化方式

实现对产品全生命周期的设计、制造、装配、质量控制和检测等各个阶段的功能，对生产进行规划、管理、诊断和优化，对材料进行开发、选择、适配和优化，从而实现工厂的高效率、低成本、高质量。而高效、快速、柔性，正是数字建造为产业化带来的最大变化。

1）性能化建构

在建筑实践的过程中，建筑结构及周边环境是限制建筑师设计实现的两大重要因素。而对设计施工全过程统筹管理的数字化建造，可以通过对性能参数进行置入，实现结构性能化建构与环境响应性建构。

一方面，建筑师通过对结构性能（结构稳定性、材料特点、跨度关系、抗震性能等）特性进行分析，在设计中通过模拟、运算和优化，找到空间形态与结构合理关系，最终通过数字化建造技术加以实现的过程是结构性能化设计的主要内容。通过计算机插件、遗传算法优化运算器等结构性能模拟及优化计算的相关数字工具的开发，我们可以发掘结构原型的特性和潜在性能。因此，建筑师能够在同一个结构模型中对建筑的材料性能、生产条件以及建造逻辑进行模拟、分析与优化。

而另一方面，声场、光线、气流及人流动线等组成了建成环境中的主要环境要素，它们在影响建筑性能的同时，还作为空间的线索引导人们进行社会交流活动。环境响应性设计通过运用 Vasari、Diva、Ecotect、STAR－CCM＋等软件将这些因素量化转译为可被提取的参数指标。在算法逻辑的系统中，这些参数可以参与运算，从而与建筑的形态产生关系，进而影响设计的最终结果。

结构性能化与环境响应性的实现，建立了建筑师和工程师之间的一种创新合作方式，在数字建造的产业化中，为建筑及其全生命周期性能的产业链提供了一条连接纽带。可以预见的是，性能参数的置入一定会为数字建造产业化的思维方式和实践方式的革新提供源源不断的动力。

　　2）传统产业升级

　　传统材料的建造，代表了一种经过时间积淀的设计与建造方法，具有因地制宜的地域性特征。这些传统材料结合数字建造方法与建造工具形成了"数字建构"的概念，并逐渐发展为一种以地域为基础的在地建造的数字化地域主义模式。这种结合了地域的环境适应性与文脉的模式，通过对传统材料性能的量化研究和对传统建造工艺的数字化演绎，使传统产业可以被升级发展为一种基于性能的设计方法与数字化新工艺。

　　（1）数字砖构

　　数字建造对砖、石的产业升级基于单元砖体均匀分布的材料特性，通过改变砖体间的连接方式和空间发展方向，突破了长久以来因其本身的形态刚性及结构受压特性所产生的空间结构极限。

　　采用砖体的形式进行生形并对墙体的结构性能进行优化，通过遗传算法对产生结果进行迭代筛选，使得砖这种古老材料在本质意象和传统做法中寻找结构性能上的更多可能性。机械臂的空间精准定位使得这种预设走向实际建造，保证了由于空间和条件的局限而选定的分段搭建，在多段墙体连接后能够形成一段稳定、连续且具有强烈视觉冲击力的砖墙序列。与此同时，机械臂工作站的综合性流水线工作模式，大大提高了现场施工的效率和准确度，保证了数字砖墙结构性能的完整度。

　　（2）数字制陶

　　陶土打印是数字建造对传统材料建造方式的又一挑战。设计师通过数字模拟技术，在机械臂运动的逻辑、技能和机制上将制陶工艺进行扩展，以框架和规则定义建造的特性，直接与陶土的性能关联在了一起。

　　在打印过程中，陶土的透气性、水合程度、塑性能力与打印工具的挤出速度、机械臂自身运动的速度、加速度甚至加工空间的温度和湿度都息息相关。只有通过对各参数严格的控制和模拟，并根据设计的形态和建造的过程不断地协调各参数间的作用，才能得到优化的结果。建筑师通过在数字设计过程中将材料的性能以参数形式传递到建造工具，融入到构造逻辑中，使工具和材料共同反应，拓展了数字建造的深度和广度。

　　（3）数字木构

　　木材作为历史最悠久的建筑材料之一，展现出了极大的建筑需求可能性。近期，凭借计算设计的创新，数字建造已经在材料科技上迅速提升了木头作为应用材料的范围，可通过数字化的预制技术以及机械臂的精准组装来探索复杂的几何木结构形式。

　　无论是曲面还是杆件，支撑整个结构的永远是杆件的骨架本身，两种表现方式均结合Millipede对线性杆件的快速分析和优化功能对结构骨架进行的优化。在曲面的原型中，充分利用了木材可以轻微弯折的弹性特质，结合机器人的精确加工，使一个连续曲面细分为一系列可以被精确制造的平面与骨架，从而使整个曲面能够被精确地表达。而杆件项目则抽取传统木构建筑中"檐椽"元素为原型，以《清式营造则例》中记录的比例为标准，结合由三根杆件组成的互承结构，采用单元叠加方式，发展出一套新的结构体系。七层单元遵循同一结构逻辑，但杆件截面尺寸、交接位置、倾斜角度的差异需要进行精确加工，而机器人能够很好地应对这一需求，使其结构意图得以完美呈现。

　　（4）数字钢板弯折

　　借助Millipede对金属板主应力向量场绘制应力线，对其加工路径进行定义。视觉上轻薄的板材结构并非我们想象的那样普通。在薄于 1 mm 的材料内，板材施力点的不同会导致截然不同的结构表现。针对板材的结构性能进行拓扑计算和优化，能使其在不同的折角位置产生相应的形体变形，从而获得不同的结构表现。经过数次试验获取合适的结构表现图，随后机器将按照这些力学走向进行板材敲击，一张完全不具备承重性能的薄铝板在经过机器敲击后达到了在给定条件下的最佳结构性能。

（5）数字管材弯折

用机器人协同技术可弯折金属管并组装成为一个 3 m 高的室外展厅。320 根铝管通过集群算法生成不同的空间结构，并通过参数标识系统准确地在设计整体中确定自己的位置，智能化协同的机器人数字建造保证了复杂结构能在短时间内实现。更进一步，对于建筑钢结构施工中常用的更加坚硬的钢管，采用 Bi－Arc 的方法生成空间曲线，对空间自由曲线进行圆弧线拆分模拟，使其生产制造更加方便，可以适应建筑产业化的批量生产。

3）新材料表皮

新材料具有增量打印、减量铣削与铸模加工的多加工方式兼容性，从而可以完成连续的复杂造型。这种基于数字建造与新材料的"一体性"建造方式，可以使作为社会活动线索的造型材料于空间中流动，从而引导人们在空间内的行为与视线流动。这种"一体性"的线索可能将成为空间的主要要素来推动设计的发展。

（1）GRP

玻璃增强热固性塑料（GRP）是一种复合材料，经常用于装修装饰的造型部分。其基体是树脂，起粘结作用，增强体是玻璃纤维，起增强作用，如玻璃纤维、碳纤维、Kevlar 纤维 B 等。

（2）GRG

玻璃纤维加强石膏板（GRG）是一种特殊改良纤维石膏装饰材料，造型的随意性使其成为要求个性化的建筑师的首选，其独特的材料构成方式足以抵御外部环境造成的破损、变形和开裂，具有良好的防潮性能和声学性能。

（3）GRC

玻璃纤维增强水泥（GRC）是一种以耐碱玻璃纤维为增强材料、水泥砂浆为基体材料的纤维水泥复合材料，更是一种设计师可以通过造型、纹理、质感与色彩表达想象力的材料。

3. 数字化工厂的展望

数字工厂作为数字建造的物质载体，承托了性能化设计通过材料进行加工建造的实现过程。通过机械臂、数控机床、数控模具实现了精确加工的数字工厂，使其可以完成复杂逻辑形体的加工，从而形成一种以性能化、材料性质为出发点的精确制造的高效率、高品质建造模式。

一个好的建造模式的发展离不开对于技术的尊重。数字建造作为前沿的建筑设计与建造技术，更需要对工具包专利的保护与分享。"定制 C2B"时代的到来使数字建造更具竞争力。数字建造专门化将人从重复性的工作中解放了出来，其能够更加迅速而廉价地响应市场的需求，高效地满足个性化要求。

多工种、多专家参与的数字建造因为互联网的介入，在分布上呈现出多元化的特质。基于信息平台的全产业沟通，将使数字化建造成为"互联网＋建筑产业化"的一个典型示范案例。在最后进入数字工厂生产之前，所有的设计工作均可以通过数字模型、模拟及虚拟建造等工序在互联网协同工作平台上进行。人从地理限制中解放出来，全球的材料供应商、生产商、设计师都可以在一个虚拟的平台上共享技术与设计，同时设计的甲方也可以积极地参与到设计的过程中，使设计能够更好地满足使用需求。数字建筑如图 3-1 所示。

图 3-1　数字建筑

在数字建造的大背景下，建筑师可以从设计最初开始控制整个项目的设计至施工的全过程。因为最小化了建造过程中对人工及人为经验的依赖，某些情况下，甚至可以实现设计生产的即时反馈。而材料、力学、热工等工程师也可以在设计之初就加入到产业链条中，与设计师对设计进行探讨、调整，从而在保证设计完成度的同时最大限度地优化设计的物理性能，再交付数字工厂生产。与此同时，基于数字建造的施工将避免节点、碰撞等常见的施工问题，因为这些在设计之初就已经被考虑及解决了。设计与生产一体化的数字建造产业化将提高生产效率及节能环保需求。

建筑产业化作为自文艺复兴和包豪斯运动后的一次建筑设计产业革新，需要数字建造作为其强有力的加速器。"逻辑—设计—建造"的古老建筑学逻辑，被重新诠释为数字建造的"算法—形式—建构"。随着近年来 BIM 标准化建设、PC 预制工厂发展，数字建造也逐渐从前沿的研究课题走向实际的建造工程。但是作为一个完整的设计系统，数字建造在如今的工程应用中还为数不多，需要更多的专业人士投入来推动其发展。诚然，数字建造并不是现代工程的全能建造，传统建造方式的经验和技术积累远超过数字建造，如今的数字建造可能需要通过特殊的复杂造型才能体现其精确性、优越性，但随着技术的发展、算法的进步，也许有一天数字建造会变得便宜、便捷，或是变成社会需要的模块化生产，那时我们如今的尝试将变得有意义。数字建造，绝不是像现在表现出的那样先有奇奇怪怪的形式，再由人文情怀来人性化。

◀◀ 第三节 虚拟现实技术在建筑工程中的应用 ▶▶

一、虚拟现实技术在建筑工程中的应用背景

1. 虚拟现实技术

虚拟现实（英文名为 Virtual Reality），简称 VR 技术。这一名词是由美国 VPL 公司创建人拉尼尔在 20 世纪 80 年代初提出的，也称灵境技术或人工环境。作为一项尖端科技，虚拟现实集成了计算机图形技术、计算机仿真技术、人工智能、传感技术、显示技术、网络并行处理等技术的最新发展成果，是一种由计算机生成的高技术模拟系统，它最早源于美国军方的作战模拟系统，90 年代初逐渐为各界所关注并且在商业领域得到了进一步的发展。这种技术的特点在于计算机产生一种人为虚拟的环境，这种虚拟的环境是通过计算机图形构成的三维数字模型，并编制到计算机中去生成一个以视觉感受为主，也包括听觉、触觉的综合可感知的人工环境，从而使得在视觉上产生一种沉浸于这个环境的感觉，可以直接观察、操作、触摸、检测周围环境及事物的内在变化，并能与之发生"交互"作用，使人和计算机能够很好地"融为一体"，给人一种"身临其境"的感觉。

1）以虚拟现实（VR）等为核心的现代计算机技术在建筑业的应用

虚拟现实技术起源于美国，是包括图形/图像处理、人体器官位置跟踪、音响处理、交互传感、网络通信及建模技术在内的综合性极强的高新信息技术，"它为人机交互对话提供了更直接、真实的三维界面，并能在多维信息空间上创建一个虚拟信息环境，使用户具有身临其境的沉浸感"。

虚拟现实技术在军事、工程建设等领域得到了广泛的应用，我国 863 高新技术计划将 VR 技术列为关键技术进行研究，此后 VR 技术在我国得以发展。以下是建筑业应用 VR 技术取得的一些成果：

Graphisoft 公司开发了以"虚拟建筑"为核心的 ArchiCAD 软件，对设计项目的三维计算机模型可视、可编辑、可定义。利用虚拟现实建模技术和面向对象的 CAD 技术开发了集成虚拟计划工具——虚拟建设环境（VCE），该工具可以经济而逼真地模拟主要施工过程，并可检验各种行动方案。

二滩电站的展示部分采用了虚拟现实技术，用户可以轻松浏览二滩环境及大坝的任意一个部位，国内在对施工过程中结构的仿真和可视化计算方面取得了一些成果，可以模拟各种施工过程。上海正大广场工程是我国首次将虚拟现实技术应用于建筑工程的项目。

技术层面的虚拟建设可以在下列方面得到应用：

（1）规划设计阶段

采用计算机信息通信、计算机图形学、图像处理、人机界面、计算机模拟仿真、虚拟现实等多种技术，可以逼真地展现建成后的项目是否与周围环境匹配，以优化规划方案；建立三维虚拟场景，使建筑、结构、设备设计协同进行；通过改变视点和光源设计、修改材质等，方便设计师和顾客沟通和评价处于设计阶段的各种方案；借助于 VR 浏览器虚拟巡游建筑物各组成部分，从而提高设计效果和设计质量；检验建筑设计的可施工性等。

（2）施工阶段

通过虚拟仿真在施工前对施工全过程或关键过程进行模拟施工，以验证施工方案的可行性或优化施工方案；对重要结构进行计算机模拟试验以分析影响项目的安全因素，达到控制质量和施工安全的目的；可视化施工计划进度和实际形象进度等。这些应用都将大大提高建设项目的实施效果和管理效率。

2）虚拟企业

"虚拟企业"一词由肯尼斯·普瑞斯等人于1991年在向美国国会提交的一份报告中首先提出。"虚拟企业"可以视为一些相互独立的业务过程或企业等多个伙伴组成的暂时性联盟，每一个伙伴各自在诸如设计、制造、销售等领域为联盟贡献出自己的核心能力，并相互联合起来实现技能共享和成本分担，以把握快速变化的市场机遇。自此以后，关于虚拟企业的理论研究成为管理科学中一个研究前沿和热点，并已经在实际中得到广泛应用。

虚拟建设的概念由虚拟企业引申而来，是虚拟企业理论在工程项目管理中的具体应用。美国发明者协会于1996年首先提出了虚拟建设的概念。

国内外在这一方面的研究成果如下：

①欧美发达国家近年来的研究主要集中在如何增强建设项目全寿命周期中各组织间的沟通和合作问题上，即研究如何利用3DCAD、4DCAD、VR等计算机技术将建设项目管理的各项职能进行集成。主要研究项目有：OSCON项目、ATLAS项目、SPACE项目、CAV-ALCADE项目、WISPER项目、OSMOS项目、DIVERCITY项目等，不少项目已有成果报道。

②目前国内的研究成果有：从虚拟企业理论出发研究了虚拟建设模式的思想、组织、方法和手段。研究的主要创新点是：虚拟建设模式的思想；虚拟建设模式的组织设计原则；虚拟建设模式的组织模型、组建步骤及协调中心的组织和任务；虚拟建设模式信息系统（PIS/NT）的概念和功能。通过虚拟组织在建筑业中的应用，总结出虚拟组织必须具备的特点，然后提出了将虚拟组织应用于建筑业的可行性及挑战性，最后提出虚拟建设的组织模式、特点及对建筑业所带来的意义。在虚拟建设新型的工程项目管理组织模式中，通过分析虚拟建设产生的背景，提出了虚拟建设的概念和内涵，并概述了虚拟建设实施过程中信息分类的方法等。

2. 虚拟建设的内涵

1）狭义的虚拟建设

从狭义上理解，虚拟建设是指在计算机技术和信息技术的基础上，利用VR、Auto-CAD、3DSMAX等软件，系统仿真技术，三维建模理论以及用LOD算法优化虚拟系统，对建筑物或项目事先进行模拟建设，进行各种虚拟环境条件下的分析，以提前发现可能出现的问题，提前采取预防措施，来达到优化设计、节约工期、减少浪费、降低造价的目的，或者应用Java Script语言扩展虚拟世界的动态行为，提前为顾客提供一个可以观看、可以感觉、可以视听的虚拟环境。

从这个角度可以看出，虚拟建设的第一层含义是在虚拟的环境下对项目进行建设，并尽早地发现可能出现的问题，不断地修改方案直到建设项目的整个过程符合建设者和顾客的要求。这有助于项目管理者对实际建设过程有一个事先的了解，并对建设过程中容易出现问题的地方加强管理，以最终达到节约工期和造价的目的。微观虚拟建设的第二层含义是虚拟现实在建设领域的应用。在建筑和规划学科领域，使用虚拟现实演示单体建筑、居住小区乃至整个城市空间，可以让人以不同的俯仰角度去审视或欣赏其外部空间的动感形象及其平面布局特点，感受整个小区建成以后的环境（包括交通、绿化、音乐以及小区的周边环境）。它所产生的融合性，要比模型或效果图更形象、完整和生动。

2）广义的虚拟建设

从广义上讲虚拟建设指的是一种组织管理模式，承包商为适应市场变化和顾客需求，基于计算机和网络技术的发展，敏锐地发现市场目标，在互联网上寻找合作伙伴，利用彼此的优势资源结成联盟，共同完成项目，以达到占领市场实现双赢或多赢的目的。随着建设项目的不断优化，建设水平的不断提高，顾客对项目的要求也越来越高，不仅需要建筑企业及时有效地完成项目的本身建设，还要求建设企业参与项目的前期策划，以更好地对项目进行管理和监控，同时，还要求企业参与项目的后期运营和维护。从企业内部的角度来看，现在国内的建筑企业往往只在某一方面（比如说土建或安装）拥有比较强的优势，但在其他方面（比如说设计、物业管理和商业运营）却缺乏经验或能力技术达不到要求的标准。对于大型的综合性比较强的或技术要求比较高的项目，单个企业很难独立、有效地完成，这就要求各企业将各自的优势资源联合起来，共同开发项目。

广义虚拟建设有以下几个特点：

①一个虚拟项目管理组织，要以有效完成项目为目标。

②需要建筑管理知识和计算机信息技术的有机结合。

③参与单位通过基于网络的项目管理软件联系在一起，最大程度地实现信息共享及数据交换。

④需要以先进的项目管理知识作为支撑。

⑤联盟伙伴之间实行资源、利益共享，费用、风险共担，相互合作，相互信任，自由平等。

3）虚拟建设的要点

①工程项目是虚拟建设的对象和载体，项目建设通过一系列相互关联的过程来实现，这些过程组合在一起形成一条产品供应链；同时，项目建设过程也是一个价值增值过程，因此也形成一条价值链，链上的每一环对应着实现价值增值的一项或数项能力。价值链上的圆圈即表示工程项目建设过程中环环相扣的过程，同时也表示实施项目所需的设计、施工等能力。

②由于科技进步、社会分工细化、市场竞争加剧等原因，绝大多数企业不具备项目建设所需的全部专业能力，即只是上述供应链中的一环或几环（如我国就鲜有具备设计施工能力的企业），如果没有供应链中上、下游企业的协作（分包商可以看作是总包商的协作单位），根本无法完成工程项目建设的全部任务。而从市场需求看，顾客对企业能力提出了越来越高的要求，越来越多的顾客要求企业能提供形成建筑产品的全过程服务。

因此，为了满足顾客需求，这些企业唯有跨越组织界限，在具有不同核心能力的企业间开展合作，以"虚拟组织"形式来整合和利用外部资源，从而扩展自己满足顾客需求的能力，进行组织管理层面的虚拟建设。核心企业可称为头脑企业，是智力、知识密集型企业，其技术先进、管理科学，在供应链中占据核心位置；伙伴企业可称为躯干企业，处于供应链中的其他位置，但能以自己的专业特长为项目实施全过程贡献力量，是供应链中不可缺少的环节。

③虚拟建设的成员可以组成项目联营体，也可以形成总分包关系，基于合同契约进行合作。为了取得组织管理的成功，应综合运用各种现代管理技术：如战略联盟、并行工程、企业流程再造、优化方法、供应链管理、电子商务等，并利用可视化、VR 等 IT 技术对建设项目管理的各项职能进行集成，以增强建设项目全寿命周期中各组织间的沟通和合作，达到高效进行项目管理的目的。

④对于具体工程项目的实施，应借助于计算机技术进行计算机辅助设计、建模，设计方案优化，可视化设计、施工效果，施工过程模拟，施工方案可实施性检验等，即要进行技术层面的虚拟建设。这一层面的虚拟建设建立在现代各项科学技术基础之上，如：计算机模拟仿真技术，CAD 技术，VR 技术，网络技术，数据库技术，多媒体技术，各种现代设计、施工技术，以及各种集成技术等。

3. 虚拟现实的特点与重要意义

虚拟现实是发展到一定水平上的计算机技术与思维科学相结合的产物，它的出现为人类认识世界开辟了一条新途径。虚拟现实的最大特点是：用户可以用自然方式与虚拟环境进行交互操作，改变了过去人类除了亲身经历，就只能间接了解环境的模式，从而有效地扩展了自己的认知手段和领域。另外，虚拟现实不仅仅是一个演示媒体，而且还是一个设计工具，它以视觉形式产生一个适人化的多维信息空间，为我们创建和体验虚拟世界提供了有利的支持。虚拟现实的特征包含以下四点：

1）多感知性

指除一般计算机所具有的视觉感知外，还有听觉感知、触觉感知、运动感知，甚至还包括味觉、嗅觉感知等。理想的虚拟现实应该具有一切人所具有的感知功能。

2）存在感

指用户感到作为主角存在于模拟环境中的真实程度。理想的模拟环境应该达到使用户难辨真假的程度。

3）交互性

指用户对模拟环境内物体的可操作程度和从环境得到反馈的程度。

4）自主性

指虚拟环境中的物体依据现实世界物理运动定律动作的程度。

由于虚拟现实技术的实时三维空间表现能力、人机交互式的操作环境以及给人带来的身临其境的感受，它在军事和航天领域的模拟和训练中起到了举足轻重的作用。近年来，随着计算机硬件、软件技术的发展以及人们越来越清晰地认识到它的重要作用，虚拟技术在各行各业都得到了不同程度的发展，并且越来越显示出广阔的应用前景。虚拟战场、虚拟城市、甚至"数字地球"，无一不是虚拟现实技术的应用。虚拟现实技术将使众多传统行业和产业发生革命性的改变。

4. 虚拟现实系统的组成

一般的虚拟现实系统主要由专业图形处理计算机、应用软件系统、输入设备和演示设备等组成。虚拟现实技术的特征之一就是人机之间的交互性。为了实现人机之间的充分交换信息，必须设计特殊输入工具和演示设备，以识别人的各种输入命令，且提供相应的反馈信息，实现真正的仿真效果。不同的项目可以根据实际的应用有选择地使用这些工具，主要包括：头盔式显示器、跟踪器、传感手套、屏幕式、房式立体显示系统、三维立体声音生成装置。

1）关键技术

虚拟现实是多种技术的综合，包括实时三维计算机图形技术，广角（宽视野）立体显示技术，对观察者头、眼和手的跟踪技术，以及触觉与视觉反馈、立体声、网络传输、语音输入输出技术等。下面对这些技术分别加以说明。

（1）实时三维计算机图形

相比较而言，利用计算机模型产生图形图像并不是太难的事情。如果有足够准确的模型，又有足够的时间，我们就可以生成不同光照条件下各种物体的精确图像，但是这里的关键是实时。例如在飞行模拟系统中，图像的刷新相当重要，同时对图像质量的要求也很高，再加上非常复杂的虚拟环境，问题就变得相当困难。

（2）显示

在虚拟现实中，人在看周围的世界时，由于两只眼睛的位置不同，得到的图像也略有不同，这些图像在脑子里融合起来，就形成了一个关于周围世界的整体景象，这个景象中包括了距离远近的信息。当然，距离信息也可以通过其他方法获得，例如眼睛焦距的远近、物体大小的比较等。

在 VR 系统中，双目立体视觉起了很大作用。用户的两只眼睛看到的不同图像是分别产生的，显示在不同的显示器上。有的系统采用单个显示器，但用户带上特殊的眼镜后，一只眼睛只能看到奇数帧图像；另一只眼睛只能看到偶数帧图像，奇、偶帧之间的不同也就使视差产生了立体感。

①用户（头、眼）的跟踪。

在人造环境中，每个物体相对于系统的坐标系都有一个位置与姿态，用户也是如此。用户看到的景象是由用户的位置和头（眼）的方向来确定的。

②跟踪头部运动的虚拟现实头套。

在传统的计算机图形技术中，视场的改变是通过鼠标或键盘来实现的，用户的视觉系统和运动感知系统是分离的，而利用头部跟踪来改变图像的视角，用户的视觉系统和运动感知系统之间就可以联系起来，感觉会更逼真。另一个优点是，用户不仅可以通过双目立体视觉去认识环境，而且可以通过头部的运动去观察环境。

在用户与计算机的交互中，键盘和鼠标是目前最常用的工具，但对于三维空间来说，它们都不太适合。在三维空间中因为有六个自由度，我们很难找出比较直观的办法把鼠标的平面运动映射成三维空间的任意运动。现在，已经有一些设备可以提供六个自由度，如 3 Space 数字化仪和 Space Ball 空间球等。另外一些性能比较优异的设备是数据手套和数据衣。

（3）声音

人能够很好地判定声源的方向。在水平方向上，我们靠声音的相位差及强度的差别来确定声音的方向，因为声音到达两只耳朵的时间或距离有所不同。常见的立体声效果就是靠左、右耳听到在不同位置录制的不同声音来实现的，所以会有一种方向感。现实生活里，当头部转动时，听到声音的方向就会改变。但目前在 VR 系统中，声音的方向与用户头部的运动无关。

（4）感觉反馈

在一个 VR 系统中，用户可以看到一个虚拟的杯子。你可以设法去抓住它，但是你的手没有真正接触杯子的感觉，并有可能穿过虚拟杯子的"表面"，而这在现实生活中是不可能的。解决这一问题的常用装置是在手套内层安装一些可以振动的触点来模拟触觉。

（5）语音

在 VR 系统中，语音的输入、输出也很重要。这就要求虚拟环境能听懂人的语言，并能与人实时交互。而让计算机识别人的语音是相当困难的，因为语音信号和自然语言信号有其"多边性"和复杂性。例如，连续语音中词与词之间没有明显的停顿，同一词、同一字的发音受前后词、字的影响，不仅不同人说同一词会有所不同，就是同一人的发音也会受到心理、生理和环境的影响而有所不同。

使用人的自然语言作为计算机输入目前有两个问题，首先是效率问题，为便于计算机理解，输入的语音可能会相当啰嗦。其次是正确性问题，计算机理解语音的方法是对比匹配，而没有人的智能。

2）技术特点

虚拟现实 VR 艺术是伴随着"虚拟现实时代"的来临应运而生的一种新兴而独立的艺术门类，在《虚拟现实艺术：形而上的终极再创造》一文中，关于 VR 艺术有如下的定义："以虚拟现实（VR）、增强现实（AR）等人工智能技术作为媒介手段加以运用的艺术形式，我们称之为虚拟现实艺术，简称 VR 艺术。该艺术形式的主要特点是超文本性和交互性。"

作为现代科技前沿的综合体现，VR 艺术是通过人机界面对复杂数据进行可视化操作与交互的一种新的艺术语言形式，它吸引艺术家的重要之处，在于艺术思维与科技工具的密切交融和二者深层渗透所产生的全新的认知体验。与传统视窗操作下的新媒体艺术相比，交互性和扩展的人机对话，是 VR 艺术呈现其独特优势的关键所在。从整体意义上说，VR 艺术是以新型人机对话为基础的交互性的艺术形式，其最大的优势在于建构作品与参与者的对话，是通过对话揭示意义生成的过程。

艺术家通过对 VR、AR 等技术的应用，可以采用更为自然的人机交互手段控制作品的形式，塑造出更具沉浸感的艺术环境和现实情况下不能实现的梦想，并赋予创造的过程以新的含义。如具有 VR 性质的交互装置系统可以设置观众穿越多重感官的交互通道以及穿越装置的过程，艺术家可以借助软件和硬件的顺畅配合来促进参与者与作品之间的沟通与反馈，创造良好的参与性和可操控性；也可以通过视频界面进行动作捕捉，储存访问者的行为片段，以保持参与者的意识增强性为基础，同步放映增强效果和重新塑造处理过的影像；通过增强现实、混合现实等形式，将数字世界和真实世界结合在一起，观众可以通过自身动作来控制投影的文本，如数据手套可以提供力的反馈，可移动的场景、360 度旋转的球体空间不仅增强了作品的沉浸感，而且可以使观众进入作品的内部，操纵它、观察它的过程，甚至赋予了观众参与再创造的机会。

5. 虚拟现实技术的分类

1）桌面级的虚拟现实

桌面虚拟现实利用个人计算机和低级工作站进行仿真，计算机的屏幕用来作为用户观察虚拟境界的一个窗口，各种外部设备一般用来驾驭虚拟境界，并且有助于操纵在虚拟情景中的各种物体。这些外部设备包括鼠标、追踪球、力矩球等。它要求参与者使用位置跟踪器和另一个手控输入设备，如鼠标、追踪球等，坐在监视器前，通过计算机屏幕观察 360 度范围内的虚拟境界，并操纵其中的物体，但这时参与者并没有完全投入，因为它仍然会受到周围现实环境的干扰。桌面级的虚拟现实最大特点是缺乏完全投入的功能，但是成本也相对低一些，因而，应用面比较广。常见桌面虚拟现实技术有：

基于静态图像的虚拟现实技术：这种技术不采用传统的利用计算机生成图像的方式，而采用连续拍摄的图像和视频，在计算机中拼接以建立的实景化虚拟空间，这使得高度复杂和高度逼真的虚拟场景能够以很小的计算代价得到，从而使得虚拟现实技术可能在 PC 平台上实现。

VRML（虚拟现实造型语言）：它是一种在 Internet 网上应用极具前景的技术，它采用描述性的文本语言描述基本的三维物体的造型，通过一定的控制，将这些基本的三维造型组合成虚拟场景，当浏览器浏览这些文本所描述的信息时，在本地进行解释执行，生成虚拟的三维场景。VRML 的最大特点在于利用文本描述三维空间，大大减少了在 Internet 网上传输的数据量，从而使得需要大量数据的虚拟现实得以在 Internet 网上实现。

桌面 CAD 系统：利用 OpenGL、DirectDraw 等桌面三维图形绘制技术对虚拟世界进行建模，通过计算机的显示器进行观察，并有能自由地控制的视点和视角。这种技术在某种意义上来说也是一种虚拟现实技术，它通过计算机计算来生成三维模型，模型的复杂度和真实感受桌面计算机计算能力的限制。

2) 投入的虚拟现实

高级虚拟现实系统提供完全投入的功能，使用户有一种置身于虚拟境界之中的感觉。它利用头盔式显示器或其他设备，把参与者的视觉、听觉和其他感觉封闭起来，提供一个新的、虚拟的感觉空间，并利用位置跟踪器、数据手套、其他手控输入设备、声音等使得参与者产生一种身在虚拟环境中，并能全心投入和沉浸其中的感觉。常见的沉浸式系统有：

(1) 基于头盔式显示器的系统

在这种系统中，参与虚拟体验者要戴上一个头盔式显示器，视、听觉与外界隔绝，根据应用的不同，系统将提供能随头部转动而随之产生的立体视觉、三维空间。通过语音识别、数据手套、数据服装等先进的接口设备，从而使参与者以自然的方式与虚拟世界进行交互，如同现实世界一样。这是目前沉浸度最高的一种虚拟现实系统。

(2) 投影式虚拟现实系统

它可以让参与者从一个屏幕上看到他本身在虚拟境界中的形象，为此，使用电视技术中的"键控"技术，参与者站在某一纯色背景下，架在参与者前面的摄像机捕捉参与者的形象，并通过连接电缆，将图像数据传送给后台处理的计算机，计算机将参与者的形象与纯色背景分开，换成一个虚拟空间，与计算机相连的视频投影仪将参与者的形象和虚拟境界本身一起投射到参与者观看的屏幕上，这样，参与者就可以看到他自己在虚拟空间中的活动情况。参与者还可以与虚拟空间进行实时的交互，计算机可识别参与者的动作，并根据用户的动作改变虚拟空间，比如来回拍一个虚拟的球或走动等，这可使得参与者感觉就像是在真实空间中一样。

(3) 远程存在系统

远程存在系统是一种虚拟现实与机器人控制技术相结合的系统，当某处的参与者操纵一个虚拟现实系统时，其结果却在另一个地方发生，参与者通过立体显示器获得深度感，显示器与远地的摄像机相连；通过运动跟踪与反馈装置跟踪操作员的运动，反馈远地的运动过程（如阻尼、碰撞等），并把动作传送到远地完成。

3）增强现实性的虚拟现实

增强现实性的虚拟现实不仅是利用虚拟现实技术来模拟现实世界、仿真现实世界，而且要利用它来增强参与者对真实环境的感受，也就是增强现实中无法感知或不方便感知的感受。这种类型虚拟现实典型的实例是战机飞行员的平视显示器，它可以将仪表读数和武器瞄准数据投射到安装在飞行员面前的穿透式屏幕上，它可以使飞行员不必低头读座舱中仪表的数据，从而可集中精力盯着敌人的飞机和导航偏差。

4）分布式虚拟现实

如果多个用户通过计算机网络连接在一起，同时参加一个虚拟空间，共同体验虚拟经历，那虚拟现实则提升到了一个更高的境界，这就是分布式虚拟现实系统。目前最典型的分布式虚拟现实系统是作战仿真互联网和 SIMNET，作战仿真互联网（DSI）是目前最大的VR 项目之一。该项目是由美国国防部推动的一项标准，目的是使各种不同的仿真器可以在巨型网络上互联，它是美国国防高级研究计划局 1980 年提出的 SIMNET 计划的产物。SIMNET 由坦克仿真器（Cab 类型）通过网络连接而成，用于部队的联合训练。通过 SIM-NET，位于德国的仿真器可以和位于美国的仿真器一样运行在同一个虚拟世界，参与同一场作战演习。

二、虚拟现实技术应用于建筑设计领域的探索

1. 建筑设计的内容和原则

建筑设计是指建筑物在建造之前，设计者按照建设任务，把施工过程和使用过程中所存在的或可能发生的问题，事先作好全面的设想，拟定好解决这些问题的办法、方案，用图纸表达出来，作为备料、施工组织工作和各工种在制作、建造工作中互相配合协作的共同依据。而建筑设计则是将该设计过程放入模型中，实现建筑设计的优化过程。并最终使落成的建筑物充分满足使用者和社会所期望的各种要求。下面就建筑设计的基本内容、建筑设计的基本原则做一一阐述。

1）基本内容

一个优秀的建筑设计作品要求满足建筑空间环境的组合设计和建筑空间环境的构造设计两个方面。要达到空间环境的组合设计和构造设计，在建筑设计交流中，设计师们需要为同伴创设有效的现实情境，让对方有充分的沉浸感和临场感，在设计作品时不仅在功能、要求上创造良好的空间环境以满足人们生产生活文化等各种活动的需要，而且应在内外形势上，创造良好的建筑形象以满足人们的审美要求。最终达到让学习交流更有效的目的。

2）建筑设计的基本原则

将抽象的问题具体化、形象化，从而让使用者更好地理解设计的意图、增强交流沟通、调动使用者的积极性和主动性，从而使建筑设计更有效，使使用者更易建构新知识。

2. 信息时代建筑设计中存在的问题与思考

建筑设计是一门比较成熟的科学，一直以来被不断地完善和发展，在传统的建筑设计中，建筑设计都是以铅笔、尺子、图板、工作模型等来开展的，设计人员通过手绘草图、电脑绘图（二维或三维）或向使用者展示建筑模型，来传达基本的建筑设计构思思想。这种方法虽然方便、快捷，但是过多的依赖于二维图形层面，而针对二维形体的推敲就显得相当不足。若要进一步推敲建筑形体及细部的做法，则需要借助更有效的情境创设工具，让使用者

身临其境地去感受、去体会建筑空间感及灯光、阴影的效果。在此的过程中，设计者需要进一步加强情境创设的力度，而就传统的模式，却无法满足建筑设计的需要。主要表现在如下几方面。

1）缺乏全方位的思考，眼界较窄、缺乏整合思维能力

这种不足首先体现在：对建筑文化及背景方面知识不够重视，即便涉猎了一些也不擅于与设计实践相结合，不能对同类型的建筑特色进行归纳、总结、继承和创新。其次是对功能要求和环境的关系缺乏深刻的分析。如：在小区的规划设计过程中，如果缺乏对小区周边建筑的性质，建筑在基地中的位置、朝向、交通流线分析，建筑间距甚至对不同房间的日照、采光、通风等多方面因素的综合分析，那设计者设计的许多作品也只能在形式、功能等外显层次上显现，方案往往深入不下去，导致设计作品深度不够，理念性不强，经不起仔细的推敲，同时也不能满足用户的需求。

2）传授过程中，设计人员和使用者的交流与沟通较为困难

在传统的建筑设计中，设计人员都不得不采用抽象的概念表示建筑行业非常丰富的内容，如用平面图、剖面图、立面图等二维图形形成一些规定的符号来表示三维的立体建筑，用比较抽象的图形和直观的语言来描述复杂的建筑物场景，以传递大量的建筑物信息。但这种信息处理与传递方式往往受到使用者的知识结构及个体理解能力等各方面因素的影响和制约。因而在建筑设计过程中，设计师所描述的信息往往与使用者所理解和领会的意义相距甚远，导致影响双方之间的信息沟通与交流。

3）很难让使用者真正成为建筑设计的主体

由于使用者的知识结构差异造成的理解能力的个体差异，可能对设计师所描述的建筑设计作品的理解相距甚远，而设计师如何将自己的设计作品或设计构思展示出来，让使用者充分理解和领会，并提出建设性的意见和建议，这一直是建筑设计领域的困难和问题。由于建筑设计的抽象性使设计师交流存在很大障碍，因而，双方的交流和沟通尤其重要。而单凭语言和二维、三维的图形却很难理解设计意图。如何完全理解设计理念，光靠二维图形甚至建筑效果图或建筑动画是很难做到的。如果能让使用者置身于虚拟环境中，完全地体会建筑建成后的感觉，才能使其充分理解其内容。

3. 基于 3D 的虚拟现实技术在建筑设计领域的思考

1）虚拟现实技术在建筑设计领域的优势

（1）虚拟现实技术在建筑设计阶段的优势

在传统的建筑设计中，设计者一般利用二维的图形来体现三维的建筑设计作品，这种表现往往存在很大的局限性，因为二维图形仅仅是三维信息的简化。因此，建筑设计师只能采用理性思维构思建筑设计方案。如果采用实物模型，观察者却总是俯瞰，对建筑实物模型缺乏侵入性和构想性，因而很难获得未来建筑实景中人的真正感受。而利用虚拟现实技术的沉浸感和互动性可以增强建筑设计过程的浸入性、构想性和可视性，因而相对于二维图形和三维模型，虚拟现实技术在建筑设计阶段有无可比拟的优势。

在建筑设计创作阶段，利用虚拟现实建筑软件，建筑师可以边构思边体验。建筑物的空间性能够得到充分的体现，使得建筑设计中的空间体验更具交互性和灵活性，场所精神得到了尽可能的表现，真实性和临场感得到大大加强。虚拟现实技术在建筑设计上的应用，使设计师可以身临其境地在建筑物中漫游、交互，充分地感受未来建筑物的实际空间比例，从而

对设计细部进行不断的推敲、比较、权衡，并作出最优的设计选择。设计师沉浸在未来的建筑中，其设计思维不再被脑袋中二维、三维的互相转换而打断，从而大大地激发了设计师的创造力和设计灵感。

在建筑设计表现阶段，虚拟现实技术可以让设计师实现多角度、多视点的人机交互体验的机会。设计者可以静止地观察建筑物，也可以在建筑物中自由漫游、人机交互，从而发现一些不易发现的设计缺陷。同时，设计者还可以在多方案之间进行比较和权衡，作出最优的选择。

在基于 3D 的虚拟现实系统中还提供了模拟太阳光照、雨、雾、雪等自然景观，使得未来建筑物的整体表达更全面、更真实。例如，通过构建国土资源局办公室的虚拟漫游系统，并通过鼠标、键盘的交互来实现建筑系统漫游，从而让用户从多角度、多视点交互式地体验建筑物落成后的效果，从而优化建筑设计。

同时，在方案的确定和评审过程中，虚拟现实技术的应用有利于产品的使用者或拥有者真正参与到项目设计中来。在虚拟建筑设计的方案确定和评审阶段，通过构建虚拟建筑漫游系统让购房者或住户身临其境地体会房子入住后的感觉，从而从消费者的角度评价设计方案的优劣，提出建设性的意见和建议，让购房者或住户真正地参与到项目设计中来，从而提高建筑设计作品的满意度和可信度。

（2）虚拟现实技术辅助建筑师进行建筑规划

虚拟现实技术作为一种建筑设计工具，在建筑规划方面也有积极的意义。虚拟现实技术的出现给建筑设计师提供了一个全新的、高层次的建筑设计手段，通过 CAD 平面图和立面图的绘制、三维建模及环境照片的图像建模技术、渲染模型后期处理、建筑动画设计等使用户体会到一个全新的设计理念。现代化的建筑设计需要满足未来社会发展的需求，虚拟现实技术可以助建筑师进行建筑规划一臂之力。

虚拟现实技术在建筑规划方面的优势包括以下四个方面：

①运用虚拟现实技术有利于开发商规避设计风险。利用虚拟现实技术对现存的地理信息数据进行处理。在系统中输入地形、地貌的数据或以图像建模的方式，可以将外部环境真实地体现出来。利用虚拟现实技术生成真实的周边环境，这样就可以直观地从不同角度观察建筑场景，让设计师真正体会到建筑物落成后的感觉。如果规划设计师能沉浸在三维场景中任意漫游，人机交互，将会发现很多不易发现的设计缺陷，减少由于设计师规划不周而造成的不可挽回的损失与遗憾，有利于建筑开发商规避设计风险。

②运用虚拟现实技术能帮助设计师全面地规划设计方案。例如，采用虚拟现实技术可以生成建筑物的真实外部环境，如景观表现系统、交通规划系统和建筑物环境系统等，还可以将各个子系统组合起来，综合考虑规划方案的科学性和可行性。借助虚拟现实技术，建筑规划师可以更加科学、合理、全面地考虑各种环境因素和空间因素，使建筑规划更具科学性和合理性。

③虚拟现实技术在建筑规划方面的应用将为我国建筑行业的发展提供科学的理论依据和全面的技术支撑，将有利于提高我国建筑发展的技术水平，促进建筑行业持续、快速、健康发展。同时虚拟现实技术有利于重大规划项目的评估，使领导决策更为科学合理，从而避免重大设计缺陷和开发风险，提高项目规划的成功率。

④虚拟现实技术应用有利于建筑规划师加快设计速度。虚拟现实技术作为一个先进的设

计工具，它以虚拟再现的形式反映了设计者的思想。运用虚拟现实技术，设计者可以完全按照自己的构思去构建"虚拟的房间"，在初步的设计构想完成后，设计者就可以任意改变自己在房间中的视点，去观察设计的效果，并不断地修正设计方案，直到满意为止。设计者从而可以利用虚拟现实系统，很轻松随意地进行方案的调整。如：改变建筑物的高度，改变建筑物内外立面、地面、顶面的材质、颜色，甚至改变室内外光照强度等，直到设计者满意为止，从而大大加快了设计速度和质量，提高了方案设计和修正的效率，同时也节约了大量的设计费用。在笔者的虚拟建筑场景中，当用户用鼠标单击地面时能实现地面材质的贴换，让用户轻松实现各种地面材质的比较效果。

（3）对建筑设计思维的影响

当代建筑设计的培养模式，大体可分为三种，即技能型、观念型和素质型。而虚拟现实技术带来了全新的设计表达方式，它可以改变我们在设计中对空间的认识和对建筑程序化的理解，要求设计师在具备建筑技能的同时，树立新型的建筑观念、培养建筑设计的素质和能力。那么随着现在虚拟现实技术的广泛应用，它也将改变我们在建筑设计过程中的思维习惯和思维方式，所以建筑设计师必须具备这些素质和能力。

虚拟现实技术作为一种技术手段，从建筑设计的不同方面辅助建筑设计者的构思。而建筑设计过程本身就是理性思维和感性思维相结合的过程，虚拟现实技术的应用对这两方面都有促进作用：

①它减少设计中二维、三维思维转换的限制，从而有利于设计者创造性思维的充分发挥，使设计者不再仅受制于图纸、模型等，还能利用建筑物的真实性和临场感为建筑设计者的创造性思维提供启示，挖掘灵感。

②辅助理性思维，它让设计者沉浸式地进入未来的建筑物中，可以帮助设计师分析、综合其设计构思是否科学合理，设计理念是否有规可循，设计作品是否符合用户的需求等。

总之，虚拟现实技术是当前建筑设计中采用的一种全新的设计方法和手段。它赋予了建筑师操作某些建筑造型的机会，使得这些用传统方法无法实现的建筑造型有可能在今天的建筑设计中得以成立。相信只要建筑设计者不局限于传统的设计方式和设计手段，不断地创新思维，虚拟现实技术在建筑设计领域的优势将很快显现，从而为建筑设计的创新和发展提供良好的技术支持。

2）虚拟现实技术在建筑设计传授中的应用

虚拟现实技术本身可以作为传授的一个很好的辅助手段。如可以应用在远程传授中，通过分布式虚拟现实，结合多媒体设备向使用者讲授学科知识。在建筑设计传授中，由于虚拟现实技术所具有的直观性，可以更加方便地向其讲授建筑设计这门形象思维很强的学科。虚拟现实技术在建筑设计传授中体现的优越性主要表现在以下几方面：

（1）通过虚拟现实技术提高使用者对空间尺度、空间形态的感性认识

建筑设计是对三维立体空间的设计，在传授过程中，设计师需要培养使用者对空间尺度和空间形态的良好的把握能力和想象力。对于建筑设计专业的初学者，由于其实践经验较少或没有实践经验，其对空间尺度和空间形态的把握能力一般较弱。如果要求其做一个几千平方米的商场或一个几万平方米的城市广场的规划，由于没有对相应空间尺度的把握能力，以至于约束了其创造性思维的充分发挥。

在传统的传授过程中，由于建筑设计的传授形式受到诸多条件的限制，上层设计师难以

为初学者建立空间感，使初学者对空间尺度和空间形态的把握训练不够，更没有为其构建建筑空间情境。而是一直依赖教材、图纸和设计师的语言直观地传达建筑设计作品的部分信息。而要了解设计作品的全部信息就得依赖于对所有图纸信息进行综合和分析，这样费时、费力，而且很难在二维图纸和三维思维之间进行转换。而建筑设计是以空间作为研究对象的，建筑设计传授就是要为初学者建立空间感、构建建筑场景，为了使使用者建立对空间形态的感性认识，就得研究不同的空间状态带给人的感受，这种空间形态包括建筑结构、材质、颜色、光照、阴影等。在本研究中，通过构建虚拟建筑设计漫游系统，创设建筑设计情境，增强沉浸感和构想性，让初学者能从空间形态中来，再到空间形态中去。

（2）通过虚拟现实技术的临场感改进双方的沟通

在传统的设计过程中，双方往往是通过图纸（平面、立面、剖面等）来进行沟通交流的，这样对于每一个参与者都必须有一个二维与三维立体空间形态的转换过程，这种转换过程因人而异，每个参与者转换后的结果都不尽相同。而且这种转换往往比较抽象，缺乏周密性和严谨性，因而设计师之间的沟通较为困难，也常因对设计图纸的反应不全而忽视一些可能需要重视的问题。通过虚拟现实技术这样一个沟通平台，双方的交流可以有较大的改观。在虚拟现实技术这样的互动平台下，双方可以根据自己对环境理解的基础上，将自己的创意构思通过三维模型在虚拟场景中进行构思、推敲，并沉浸式地体会自己的设计作品。而且通过虚拟现实平台，当设计师之间进行交流沟通时，将各方的三维建筑作品展示出来，让双方设计人员通过虚拟漫游的方式多角度互动观察，展示场景的动态效果，包括光照、开门移物、开关电视、电灯等。同时，对于建筑物和周边环境的关系以及不同时间，不同气候条件下对象的视觉效果都可以通过虚拟现实系统展示出来。通过虚拟现实系统，各方的设计成果将更加丰富、直观，设计作品除了传统的平面、立面、剖面、三维模型等，还可以提供沉浸式的体会建筑物落成后的效果，设计作品的不足之处也会充分地体现出来。双方对方案调整意见也可以实时地提出，也容易理解和接受。同时，对于不同设计的不同方案也可以作形象的比较，让设计人员充分体会到建筑设计作品的优劣，充分达到协作交流的目的。

（3）通过虚拟现实平台建立和培养设计人员设计作品的积极性和主动性

在传统的建筑设计交流中，设计师总是把大量的建筑构造、材料选取、阴影效果等信息以填鸭式的方式讲授给人们，使受教人处于一个被动地接受状态，因而常令人觉得枯燥、乏味。而当真正做设计作品的时候，很多人都感觉无从下手，在设计的过程中往往会出现很多困难和问题，而总设计师也不可能对设计过程进行全程跟踪。当一方的疑惑得不到及时解答时，往往会导致设计思维的紊乱，或者走向错误，给设计作品留下遗憾。因而在设计过程中，需要一个根据自身设计需要，随时获取大量有效信息的渠道。通过虚拟现实平台，设计人员可以建立一套与其设计作品相关的信息数据库。数据库为设计者的设计过程提供后台支持。其内容包括：材料样板、环境设施、植物、花草等。数据库针对同一对象提供图片、文字、三维模型等全面信息。在设计过程中，根据设计方案的需要自行选择相应的材料、环境设施等。这些元素的选取都可以通过数组进行实时替换。

这样，在建筑设计过程中，设计人员可以面向一个开放而又可随时获取信息的数据库。无疑，积极性和主动性都可以得到充分的提高。

（4）通过虚拟现实技术实现虚拟场景的构造

虚拟场景是指在现实生活中可能或曾经出现或将来要出现的一些场景，通过虚拟现实技术将其形象地表示出来。在以往的交流中，情境的创设只能通过言语、图片、挂图、幻灯片或者一些录像，听众大多只能被动地接受，对于一些情境，描绘和理解可能相去甚远。如在介绍一些古建筑时，虽然对这些古建筑的形式和设计理念介绍了很多，或者也提供了图片或录像，但听众的理解还是与建筑本身的风格有较大差异，因而对建筑风格和特色的理解仍较为困难。如果采用虚拟现实技术，让其进入古建筑场景漫游，让他们自己动手，去游览古建筑，从而体会如亭、台、楼、阁等建筑形式，然后对照设计者的语言直观感受，其效果一定会更好。如果有条件，采用沉浸的虚拟现实系统，戴上头盔、手套，"身临其境"地体会建筑理论，感受古建筑中采用对比、陪衬等手段的布局构思。这些感受和体会都是传统设计所无法给予的。

通过虚拟现实技术建立的虚拟场景不仅起到创设情境的作用，更能使体验者真正地置身于未来的建筑环境中，分析房屋的结构、构造、陈设等，使其对建筑设计效果更明确。

4. 以任务驱动的方式虚拟建筑设计

1）任务驱动法概述

所谓任务驱动就是在执行信息技术任务的过程中，体验者在设计者的帮助下，紧紧围绕一个共同的任务活动中心，在强烈的问题动机的驱动下，通过对资源的积极主动应用，进行自主探索和互动协作的交流，并在完成既定任务的同时，引导体验者产生一种真实的实践活动。在完成任务的同时，也就完成了对知识的理解和掌握。通过这种以真实任务为目标、在探索中不断体验的形式，可以有效地开发体验者的智力、挖掘其潜能，有利于其对新知识的理解和掌握，同时有利于培养体验者的创新能力。

任务驱动是一种建立在建构主义理论基础上的方法。这种方法的目标性较强，而且在任务完成过程中需要有适当的情境的创设，有利于体验者带着真实的任务在探索中体验，在探索的过程中，不断地获得成就感，从而更大地激发他们的求知欲望，逐步形成一个感知心智活动的良性循环。这种方法符合探究式模式，非常适合引入到实践性强的虚拟建筑设计的课程交流中。

任务驱动式方法不但强调"授人以鱼"，更强调"授人以渔"，强调创新能力、分析问题、解决问题能力的培养与提高，是对传统方法的继承和发展，任务驱动模式在本研究中主要体现在如下几方面：

（1）任务展示，激发兴趣

在"任务驱动"模式中，提出明确而具体的任务是任务驱动方法实施的前提和保障。比如，在该研究中我们将设计一个虚拟漫游系统，并要求有简单的交互。首先给体验者展示已经设计好的漫游系统，给他们展示通过体验，他们需要完成的设计任务。并为体验者分析，该设计效果与传统的建筑设计方案之间的优劣，让其对虚拟建筑设计系统产生浓厚的兴趣，并有意愿想自己完成这样一个设计任务。

（2）分析任务，提出问题

分析任务是任务驱动法的关键环节。它是将一个大的任务分成若干个小的任务，当然这些小任务中应隐含新知识点，而这些新的知识点正是需要通过传授过程解决的知识内容，这时就需要激发体验者的积极性和探究问题的愿望，在任务的分解过程中提高他们分析问题的能力。在系统中，在提出虚拟建筑漫游系统的同时，应该共同分析要完成的这个漫游系统，首先应进行平面功能布局的划分，对每一个功能块的尺寸、面积、平面布局进行比较、研究，讨论哪种布局更趋合理。其次是在平面设计的基础上进行建筑建模，此时应分析面对目前市场上多种建模软件，我们如何选择适合虚拟建筑设计的软件。本系统中一般以 Sketch-UP 进行建筑建模设计。最后是将模型导入虚拟现实平台中进行虚拟漫游设计，系统中一般采用的是 Quest 3D 进行建筑漫游设计。

（3）解决问题，认知建构

与体验者一起分析任务、提出问题后就需要通过各种途径、方法、手段去完成任务，通过体验者自主互动、与同伴协作来建构新知识，完成每一个小任务。在本研究中，要实现虚拟漫游系统，首先要求体验者掌握建筑设计的基本理论及原则，并能熟练掌握相关软件的用法，如：CAD、SketchUP、Quest 3D 等软件的知识。其次是对分析任务阶段提出的小任务进行逐一的实现，以达到目标任务的过程。

（4）效果评价，完善认知

任务评价是任务驱动法的重要阶段。它既是总结与提高的重要阶段，又是培养自学能力、观察能力、思维能力等方面的重要环节，更是培养自信心与成就感的最好时机。当其以个人成果的形式向其他设计师或总设计师展示时，证明他（她）已经建立了自己的认知结构，但还需补充和完善，这时总设计师或其他设计师需要通过对其展示的设计作品进行分析、综合、交流、归纳、评估，并作出结果性评价，以达到完善地认知结构的目的。

在研究中，当设计师完成自己的设计作品时，是通过评价设计师的设计作品和发放问卷调查以及观察设计师的设计过程的方式实现指导评价的。对作品的分析评价的内容包括他们的平面设计作品、模型的构建、材质的选择、灯光的效果、漫游的实现等。

通过任务驱动的方式实现交流提高，能在设计师不断建构与完善认知的同时，培养他们发现问题、分析问题的能力，激发设计师的设计热情与设计兴趣并增强其自信心，让其在一种良好的心理状态下不断思考、进步，使设计师的综合素质得到全面的提升。

2）运用任务驱动法体验虚拟建筑设计，设计师应具备的知识和能力

（1）具备利用 AutoCAD 进行平面设计的能力

利用 AutoCAD 做建筑设计绘图，主要是实现绘制建筑的二维图纸，如总平面图、平面图、剖面图、立面图等。由于 AutoCAD 具有使用方便、体系结构开放等特点，深受广大工程技术人员的青睐。

AutoCAD 主要实现建筑绘图设计的多个方面，它是建筑绘图的基础。在建筑规划时做平面功能的划分，为建筑设计图纸标注尺寸和填充文字，快速精确绘制与绘图环境设置，建筑小区平面图的绘制，建筑物立面图的绘制以及建筑物剖面图的绘制等，还有室内外给水排水施工图、电气照明工程图的绘制等。

在建筑设计领域中广泛应用的 AutoCAD 对建筑平面进行几何造型技术。但利用 Auto-CAD 进行建筑设计的图形要素都是层次较低的几何信息，而没有层次较高的模型特征信息，这在分析 AutoCAD 建筑图形文件时带来了一定的困难。因而在交流过程中，我们只是利用 AutoCAD 进行平面布局的划分，为我们后续建模设计奠定基础。

在以任务驱动的方式进行二维平面设计时，我们可以向设计者展示一个已经完成的任务，即已经规划好的二维设计方案，并告知设计者业主的设计要求和基本的功能划分，要求设计师利用自己的构思，重新进行布局设计。在其完成任务的过程中，我们可以将复制、镜像、阵列等命令操作方法，精心设计到一个大的任务中，因为它们共属复制类命令，由设计

师再进行任务的分解，找出内在联系、提出问题、引申出新知识点最终解决问题。通过这个大任务的完成，分析比较不同操作方法带来的优缺点，综合评价任务的完成情况。

（2）具备利用软件进行三维建筑过程设计的能力

SketchUP 是一款非常受欢迎的建筑设计软件，它是美国著名的建筑设计软件开发公司推出的一套建筑草图设计工具，它给建筑师带来了一边构思一边表现设计的效果。它的出现让建筑师设计打破了思维表现的束缚，能够快速生成建筑草图，创作建筑设计方案。

在设计过程中，利用 SketchUP 快速、方便地对三维创意作品进行创建、思考、观察和修改，还可以实现简单的漫游。SketchUP 软件是一款专门为设计过程而研发的软件，它是一套注重设计摸索过程的软件，因而它适合虚拟建筑设计的建模阶段的实现，它有利于设计者思考推敲，所见即所得。

在虚拟建筑设计过程中，采用 SketchUp 不仅能够充分表达设计师的设计构想而且能够完全满足与其他设计师即时交流的需要，与设计师用手工绘制构思草图的过程很相似，充分有利于设计师之间的沟通与交流。同时其成品可以直接导入其他软件如：3Dmax 或 Artlantis 等软件中进行着色、后期处理等。

利用 SketchUP 进行建筑设计交流能让双方获得一些推敲设计方案的新手段。首先，在 SketchUP 中设计师要修改模型的色彩、材质都很方便。在 SketchUP 中赋予物体颜色时，它是以面而不是以体块为单位，因而设计者可以实现在同一个物体的不同表面赋予不同颜色。模型的材质制定后，可以很方便地修改材质的色调。根据建筑的体块关系，不断调整材质、色彩的设定，观察二者的关系，建筑造型设计的手法。这也避免了在做立面设计时，为追求图面效果，自由拼贴建筑的色彩、材质，忽视色彩、材质与造型的关系的问题。其次，在 SketchUP 中，通过设置建筑所在的地区及具体的日期、时间，就可以看到一年四季以及一天之中不同时刻的光照情况，由此可以推敲出单体建筑的光影效果。

同时，利用 SketchUP，可以方便地生成任何方向的剖面图并可以形成演示剖面的动画，同时可以使用 DWG 或 DXF 格式将剖面切片导出到 CAD 中，使复杂的剖面绘制变得易如反掌。另外，设计者借助这种功能还可以生成室内的透视图，易于观察室内的空间效果。在设计立面时，将室内透视与上述设定日照的方法相结合，在室内透视中比较外立面开窗方式对室内空间效果的影响，这样有利于设计者将光线对空间的限定、影响考虑进来，避免仅从建筑的功能或立面虚实关系等形式主义的角度出发考虑如何开设门窗洞口等问题，从而加深对立面设计及空间设计的理解。

（3）具备利用 3D 进行虚拟建筑漫游设计的能力

构建虚拟建筑漫游系统，不仅有利于建筑设计情境创设，更有利于直观体验，从而便于设计师之间的交流沟通。同时，便于设计师身临其境地体会建筑设计效果，从而对自己的设计思路进行有效的反馈。

能实现虚拟漫游的方法很多，比如：利用 VRML 语言实现漫游、基于 Virtools 的虚拟漫游的设计和实现、基于 Web 的虚拟漫游的实现、基于 3D 虚拟平台的虚拟漫游的设计和实现。

设计者应该具备利用 3D 进行虚拟漫游设计的能力。因为在 Quest 3D 中，所有的编辑器都是可视的、图形化的，真正能做到所见即所得，实时见到作品完成后的执行效果。因而它更有利于设计师之间的交流和沟通。

（4）在虚拟场景构建过程中，常遇到的问题

①实现虚拟现实建筑模型导入的优化问题。

3D是一个虚拟现实引擎平台，可以进行对象和角色的交互式动作设计，但其建立三维模型的功能需要外部三维建模软件来完成，能够与3D实现完美结合的文件类型是"．x"文件。设计师可以使用任何自己熟悉的建模软件建立模型，但在使用该模型前，建议将它们转化为微软DirectX的"．x"文件格式。

当在其他建模软件中建立好模型，要导入Quest 3D之前，首先将其转化为"．x"文件，然后利用Quest 3D中"File"—"Import"，再选择"．x"文件类型，找到自己已经转化的"．x"文件并选择它，单击"打开"按钮。在弹出的对话框中提示输入一个Channel的名称，在"．Xobject Importer Options"对话框中选择自己需要的文件选项。单击OK按钮，相应的"．x"文件就会被导入到Quest 3D的虚拟平台中。

在3D的虚拟平台中，可以使用各种方法在该平台的Section中进行导航切换。最常用的方法就是使用菜单或工具栏上的Section选择按钮进行切换。在Quest 3D中某个窗口或按钮可能会出现在不同的Section中。例如，Channel Section中包含一个视口。这是一个与Animation Section相同类型的窗口。这个视口显示了该工程的实时预览效果。修改Channel图后工程的最终效果将立即显示在Preview视口中，真正实现所见即所得。

②虚拟建筑模型的光照和阴影的设置问题。

适当的光照对于建立一个优秀的场景来说是必须的。光照和阴影能给设计者带来视觉上的感官冲击。如果没有光照、阴影的对比，设计者很难在场景中建立景深效果。设计者可以在3D中使用许多光照技术，如外部光、自发光、实时阴影和光照贴图。

在3D中外部光都包含一个能够在场景中发光的源。它们实际上是一个Channel，该Channel就是一个光源，它还可以有些子连接，这些子连接可以设置光源的散射和发射等。3D中的光照有三种类型：点光源、透射光和方向光。设计者可以通过连接一个Light Channel到Render上来控制场景中光照的效果。只有连接到同一个Render的物体才能受到该光源的影响，也就是只有Frml物体才能受到Point light的影响。但每个Render Channel最大可以连接8个光源，这些光源都连接在Render上。

③虚拟建筑漫游系统实现问题。

在Quest 3D中，要实现建筑物的虚拟漫游，从而身临其境地体会建筑物落成后的感觉，相机的选择至关重要。相机为设计者定义了从哪个视点来观察场景。必须为建筑场景选择正确的相机，因为它会直接影响到体验场景的方式。Cameras在Quest 3D中也是Scene中的一个Channel，它有运动相机、带目标的运动相机、物体检视相机、第一人称行走相机、第三人称行走相机等。但在虚拟建筑漫游中，使用第一人称相机。因为通常在虚拟场景中都希望实现如同现实世界一样的体验。第一人称行走相机以眼睛的视角查看场景，并自由行走。由于这种观看方式非常接近现实世界，因此这种类型的相机能提供给设计者一种沉浸式的体验。因而能增加在建筑漫游中的沉浸感和构想性，从而对建筑设计效果有更强的感性认识。

当虚拟模型的光照和阴影设置好后，就需要为虚拟场景添加第一人称行走相机。在编辑模式下，将Walkthrough Camera拖到Channel视图中，将Camera Logic连接到3D场景中，将Walkthrough Camera连接到Render相应的子连接上。这时我们需要添加场景中的

碰撞对象，比如墙壁、家具等，并将碰撞对象连接在 Walkthrough 模板下 Fast Collision Response Channel 的最后一个子连接上，再通过 Create Tree 创建碰撞面数，也就是将物体所有的面全部计入碰撞对象中，这样当我们在场景中漫游时就不会出现穿墙而过的现象。这时我们还需调整相机的位置，即在 In：Collision Spheroid Radius（Fast Collision Response 的第二个子 Channel）文件夹上双击。该文件夹包含一个 Vector，用来设置相机的高度，改变 Y 值，这样当进入 Animation Section 时，切换到 Run Mode，使用鼠标和方向键就可以在场景中漫游行走了。单击空格键又可以将相机位置进行初始化，重新开始新的漫游。

值得注意的是，在 Walkthrough Camera 的最后一个子连接 Projection Matrix 上的 Zoom Factor（变焦因子），它是一个控制快速缩放相机的参数，缺省值为1，表示标准视图。较大的缩放因子会拉近场景，较小的会推远场景。因此，在设计过程中，如果出现相机被拦截在门外的情况，这时我们应考虑缩小 Zoom Factor，才能让相机正常地通行。

④虚拟建筑环境交互系统的实现。

虚拟交互系统是实现人机交互的关键，能增强用户的沉浸感和互动性。在 3D 中，利于逻辑、数学、循环（For Loop）、数组等来实现虚拟的交互。

这时只要观察者移动鼠标或按下键盘上的方向键，观察者就会随着鼠标的移动而不断地改变视角，观察自己的建筑设计作品。

在 3D 中，逻辑也就是程序流程，它为设计者描述发生什么和什么时候发生。如：一个物体是否显示在显示屏幕上，按一个键开门、开电视，时间事件触发音乐等。要解决这些问题，则需要设置不同的逻辑。而要在该虚拟平台上实现虚拟场景的交互，If Channel、Triggers（触发器）、User Input（用户输入）及 Channel Switch 这些逻辑都是非常重要的。因而应掌握这四个逻辑部件的使用：

If Channel 逻辑。

If Channel 逻辑是调用它的子 Channel 的条件。然而只有当满足某种情况时 If Channel 才会调用它的子连接。需要判断的条件可以连接到 If Channel 的第一个子连接块的必须是 value。只有满足 value 不为零时（条件为"true"），连接到 If Channel 的 Channel 才会被调用。

Triggers（触发器）逻辑。

Triggers Channel 的作用类似于 If Channel。Triggers 也是根据一个条件来判断是否调用它们的子 Channel。

If Channel 逻辑和 Triggers Channel 逻辑的区别在于：

第一，当条件满足的时候，Triggers 逻辑仅执行它们的子 Clannel 一次。对于一个需要再次激活的 Triggers 逻辑，条件将不得不首先变为 false，然后再变为 true。比如：一个 Trigger 被设置为按 A 键触发，为了使它再次触发，A 键必须首先释放，然后再按一次。

第二，作为输入条件，该逻辑除了 true 和 false 两种形式外，还可以是属性窗口中列出的选项中的任何一个条件。

c. User Input（用户输入）逻辑。

User Input Channel 能够记录键盘和鼠标的输入动作。在 3D 中，用户输入可以是一个是二元值"0"或"1"。如键盘或鼠标按下，也可以是一个屏幕坐标值。User Input 可以作为 If Channel 逻辑和 Triggers Channel 逻辑的条件值。在属性窗口中，如果在输入选择的下拉列表中选择"Mouse Down"，并按"OK"按钮就可以绑定到一个 User Input Channel。类似的，任何键盘信息和鼠标的移动都可以被记录。

Channel Switch 逻辑。

Channel Switch 逻辑允许在各种类型的 Channel 之间选择。Channel Switch 必须首先设置与它的子 Channel 相同的类型。在 Channel Switch 属性窗口中，设计者只需要在左边选择自己需要的 Channel 类型，再点击右边的 Set 按钮，就可以设置你调用的子 Channel 的类型了，这时会弹出一个对话框警告你，Channel 的类型只能设置一次，不能做更改。其次，它的第一个子连接定义哪个 channel：值为"0"代表第一个 Channel 被调用，值为"1"表示第二个 Channel 被调用。

在设计中，如用鼠标左键点击电视，电视则实现放映，再点击电视，则电视停止放映，在这个过程中就是通过调用几个逻辑实现的。

在 Channel 中，Frml 是电视，Object Image 是电视的原始贴图。当鼠标按下左键，Userinput 检测到电视上有鼠标左键按下时，它就触发动态材质 Mediatexture，当再次检测到鼠标左键按下时，则调用原始的电视平面材质贴图，从而来实现电视的开和关。

5. 虚拟建筑设计过程的组织

在完成了以上知识、技术储备的基础上，如何实现虚拟建筑设计，本文选择的是任务驱动的方式，它包括"设疑（任务展示）—析疑（分析任务）—解疑（解决问题）—质疑（效果评价，并反馈）的过程，有利于克服单向思维，学会多向思维，综合运用知识，不断增强设计者的创新能力。任务驱动分为以下四个步骤（见图 3-2）。

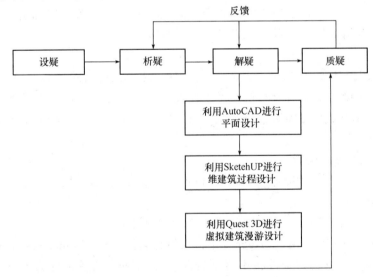

图 3-2　虚拟设计过程的组织

1）设疑（任务展示）

在这个步骤中，创设情景，展示建筑设计任务。通过创设虚拟建筑设计作品的任务情景，在情景中理解建筑设计的新问题，通过提出的新问题，提出总体设计目标，设计者一边体验虚拟情景，一边抽取自己认知结构中的相关经验，试图用已有的知识解决情境中的问题。从而激发求知欲和探究问题的愿望。

2）析疑（分析任务）

在第一个步骤中，建筑设计总任务一般较复杂、信息量也多，通常不能立刻想出设计方案。这时需要设计者共同分析任务书，并用自己已有的经验将总设计任务分解成一个个小任务，并且这些小任务要环环相扣，满足建筑设计总任务书的要求。

3）解疑（解决问题）

在这个步骤中，发挥自身的主观能动性，主动地探究问题，将上一步分解出来的一个个小任务逐一实现。这时需要结合初始能力，完成新知识的建构，并建立各小任务的相关连接，然后去检验和验证，最终获得完成总任务所需的各种知识和能力。

4）质疑（效果评价，并反馈）

设计过程是一个不断反思和提高的过程，在探究性设计获得成果后，设计师应该对自己的设计效果作客观的评价。比如：完成了什么内容、完成的效果是否满意、哪些地方还需进一步改进和提高、是否有更好的方法实现内容等。当然，除对自己在探究过程中的表现进行自评外，还需适时地对小组成员的共同活动进行评价，总结有益的经验，分析作品中存在的问题及相关原因，为建筑作品提供有益的反馈，对整个任务驱动过程作出评价等。通过反思，不断地对设计作品作出调整和反馈，从而获得新的知识和经验，并增强和丰富个体经验。

在本文中，主要包括如下四个步骤：

第一，制定虚拟建筑设计任务书，并展示虚拟建筑设计案例。

第二，根据制定好的任务书，创设任务书所包含的建筑设计任务的情境，并分析设计任务。

第三，设计任务的实现，即设计师一步步的完成设计任务，让设计者之间边设计边交流。

第四，在设计任务完成后，将设计者置身于虚拟建筑场景中漫游、交互，及时反馈设计上的缺陷并进行修改。在设计手段的选择上，选择多媒体进行设计。

（1）虚拟建筑设计任务书的制定

虚拟建筑设计中的一个最重要的依据就是建筑设计任务书。在本文中，任务书的作用更为明显，有了任务书，设计师的设计才会有的放矢。在传统模式中，任务书往往规定得极为详尽，除了将建筑类型的体量指标、规格制定好外，甚至还将建筑物每一个房间的功能和面积都一一指定了。事实上通过这样的任务书的指定，设计师往往容易陷入功能的积木式拼贴中，而忽略了建筑空间设计的整体性与综合性，最后的思路也很难摆脱固定的设计思维，容易陷入定向思维模式。

虚拟建筑设计的实现，目的就是要促进设计师之间的相互交流，激发设计师的热情。在虚拟建筑设计的模式中，任务书的制定应具有一定的灵活性和开放性。只需要规定好设计的题目、基地环境、建筑规格、使用人数等基本条件，由设计师通过自己独立的思考，依据业主提供的基本条件提出相应的功能布局与面积体量要求，制定出完整的课程设计任务书作为课程设计的依据。实践证明，在通过任务书的制定环节后，不仅能积极、主动、深入地考虑建筑物的功能设置，而且在设计前期调研中更具有针对性，后期设计兴趣也会更浓。

（2）设计情境创设

由于建筑设计内容较为抽象，难以从形象上理解，因而可以采用设计情境创设的方法，让设计师对设计任务有较好的感性认识。设计情境创设的目的是通过适当的情境创设，创造有利于设计师理解、交流的方式处理设计内容，使设计内容更加真实化、形象化。利用情境的创设，便于设计师引出新设计内容，通过设计建筑情境及设计师的语言直观地描述建筑理论和设计理念的同时，让设计师进入角色，在不知不觉中进行新知识的学习和交流。

在该设计过程的组织中，可以利用三种类型的（二维图形、三维模型、虚拟建筑场景）设计表现展示建筑设计效果，让设计师体会这三种设计效果的优劣。

①展示二维图形，通过二维图形的浏览，获取信息。

②展示建筑物三维模型，通过三维模型的浏览，获取信息。比较二维图形和三维模型在表现建筑设计上的异同和优势。

③通过虚拟建筑场景的任意漫游，身临其境地体会建筑物落成后的感觉，并体会设计作品的优劣，提出各自的整改意见。

通过这三种建筑设计作品表现形式的展示，引导设计师思考，与此同时，分析虚拟建筑设计任务书，共同探讨如何实现任务书中的各项任务。

设计意图：采用现代计算机技术，把虚拟场景带进模型，提供真实的、可交互的情境，来引起设计师注意，激发其设计动机，达到触动设计师设计兴奋点的目的。

（3）设计任务的实现步骤

在以上情境创设的基础上，根据设计任务书的要求，采用"任务驱动，案例设计"的方法。在本设计中任务的实现过程就是设计师完成虚拟建筑设计的过程。

①通过对建筑设计平面图的展示，对建筑平面图有较直观的认识，熟悉掌握二维平面图的制作技巧。根据建筑设计任务书，各自在 AutoCAD 中完成其建筑设计的平面功能的划分及其各部分的面积分配、平面图的尺寸标注，互相沟通、分析功能划分的依据，实现效果。

②将已经设计好的二维图形导入到建模软件中，完成建筑模型的构建并完成三维图形的建模设计。如：针对不同的空间布局要求，改变建筑模型的空间布局，体会不同的建筑模型的空间布局效果；展示设计者的模拟设计草图；为了达到图面效果的美观，要求对建筑物的天、墙、地赋以相应的材质，从而对建筑材质有更进一步的感性认识；通过对模型的色彩、材质进行更改的演示，比较前后设计效果的不同；通过设置建筑物所在的地区及具体的日期、时间，体会一年四季及一天中不同时刻的光照情况，由此推敲建筑物的光影效果。

③将三维的模型文件转化为".x"格式的文件。当三维模型文件建立并保存好后，将SketchUP 文件导入到 Deep Exploration 中，并转化为".x"文件类型，并比较这两种文件所占磁盘空间的大小，

④将".x"格式的文件导入到 3D 虚拟现实平台中，设置虚拟建筑的漫游和交互。完成导入文件的参数设计、尺寸比例的调整；在不同 Section 下观看设计作品的显示方式，其中包括 Channel、Graph、Animation、Object 等；利用四种相机观察场景，并比较其观察效果的异同；进行漫游系统碰撞检测设置，尝试在不设置碰撞检测的情况下，系统的运行情况；实现建筑作品的雨雾效果；在编辑状态下对虚拟对象进行交互设置，并在 RUN 状态下进行实时观察和浏览。

⑤身临其境地体会建筑物落成后的感觉，在建筑物中任意漫游、交互，从而发现其设计

的缺陷，并作出及时的修改。利用键盘、鼠标实现建筑环境的任意漫游、人机交互，从而评价自己的设计作品，若有与设计任务不相符者或设计效果不满意者则及时作出修改。设计意图：运用"任务驱动、案例设计"，将问题进行推进式的处理。在对实际问题的解决过程中，一方面提高自主创新的能力；另一方面，对建筑设计的总体思路有较清晰的认识，对建筑物落成后的效果更能做到心中有数。同时，通过对以上问题的逐一解决，一个个任务的完成，来增强虚拟建筑设计的知识和技能，这样更合乎设计师的逻辑及认知的规律。

总之，在该虚拟建筑设计的过程组织中，采取启发式、讨论式、互动式独立思考，激发积极性和主动性，最终提高独立完成虚拟建筑设计的能力。

三、虚拟漫游技术

1. 虚拟漫游技术应用背景

建筑物室内漫游是虚拟现实的重要分支，是图形图像处理与生成、图形层次管理，以及数据库管理等多种高新技术的综合应用。其主要的组成部分是建筑物建模、预处理和实时视景生成三个部分。

建筑物室内漫游具备虚拟现实的很多特点，这些技术特点在于计算机能产生一种人为虚拟环境，这种虚拟环境是通过计算机图形构成三维空间，或是把其他现实环境编制到计算机中去产生逼真的"虚拟环境"，从而使得用户在视觉上产生一种沉浸于虚拟环境的感觉。这种技术的应用，改进了人们利用计算机进行多工程数据处理的方式，尤其在需要对大量抽象数据进行处理时。

虚拟漫游在许多领域都有不同的应用。例如：军事飞行训练模拟以及建立战场模型进行虚拟的军事演习；建筑设计师可以运用虚拟现实技术向客户提供三维虚拟模型，进行未构建建筑物的检查和观赏，来确定是否存在建筑设计的不合理性，以及客户对建筑的满意程度；这种技术也对 3D 游戏行业形成了一种巨大的推动力，使游戏不再平面化，给玩家带来了更大的乐趣。

虚拟漫游技术具有重大的理论价值和应用价值，对于珍贵的国家建筑文化遗产，就可以利用虚拟漫游技术进行数字化保护，而且也能够以一种高度逼真的交互方式来展示这些独特的建筑遗产。对于那些已经损坏或者不复存在的建筑，可以根据相关记载或者其他方法获得的数据建立一个虚拟场景，这样就可以为重建这些建筑提供一个更科学的参考。

房产销售也因为虚拟漫游技术改变了其传统的销售模式，使购房者不需要跑很远的路就能看到房屋的构架、内部装修以及周围的环境等等。

2. 虚拟现实的应用

1）房地产的建设开发与销售

随着房地产业竞争的加剧，传统的展示手段如平面图、表现图、沙盘、样板房等已经远远无法满足消费者的需要。因此只有敏锐地把握市场动向，果断启用最新的技术并迅速转化为生产力，方可以领先一步，击溃竞争对手。虚拟现实技术是集影视广告、动画、多媒体、网络科技于一身的最新型的房地产营销方式，在国内外经济和科技发达的国家和地区都非常热门，是当今房地产行业一个综合实力的象征和标志，其最主要的核心是房地产开发和销售。同时在房地产开发中的其他重要环节包括申报、审批、设计、宣传等方面都有着非常迫切的需求。

房地产项目的表现形式可大致分为实景模式、水晶沙盘两种。其中虚拟现实技术可对项目周边配套、红线以内建筑和总平、内部业态分布等进行详细剖析展示，由外而内表现项目的整体风格，并可通过鸟瞰、内部漫游、自动动画播放等形式对项目逐一表现，增强了讲解过程的完整性和趣味性。

2）道路桥梁的建设施工

城市规划一直是对全新的可视化技术需求最为迫切的领域之一，虚拟现实技术可以广泛地应用在城市规划的各个方面，并带来切实且可观的利益。虚拟现实技术的应用现状在高速公路与桥梁建设中也得到了应用。由于道路桥梁需要同时处理大量的三维模型与纹理数据，导致这种形势需要很高的计算机性能作为后台支持，但随着近些年来计算机软硬件技术的提高，一些原有的技术瓶颈得到了解决，使虚拟现实的应用达到了前所未有的发展。

在我国，许多学院和机构也一直在从事这方面的研究与应用。三维虚拟现实平台软件，可广泛地应用于桥梁道路设计等行业。该软件适用性强、操作简单、功能强大、高度可视化、所见即所得，它的出现将给正在发展的 VR 产业注入新的活力。虚拟现实技术在高速公路和道路桥梁建设方面有着非常广阔的应用前景，可由后台置入稳定的数据库信息，便于大众对各项技术指标进行实时查询，周边再辅以多种媒体信息，如工程背景介绍、标段概况、技术数据、截面等，电子地图，声音、图像、动画，与核心的虚拟技术产生交互，从而实现演示场景中的导航、定位与背景信息介绍等诸多实用、便捷的功能。

3）室内设计

室内设计虚拟现实不仅仅是一个演示媒体，而且还是一个设计工具。它以视觉形式反映了设计者的思想，比如装修房屋之前，你首先要做的事是对房屋的结构、外形作细致的构思，为了使之定量化，你还需设计许多图纸，当然这些图纸只有内行人才能读懂，虚拟现实可以把这种构思变成看得见的虚拟物体和环境，使以往只能借助传统的设计模式提升到数字化的即看即所得的完美境界，大大提高了设计和规划的质量与效率。运用虚拟现实技术，设计者可以完全按照自己的构思去构建装饰"虚拟"的房间，并可以任意变换自己在房间中的位置，去观察设计的效果，直到满意为止。既节约了时间，又节省了做模型的费用。

四、虚拟现实技术在建筑施工中的应用与现实意义

1. 虚拟现实技术在建筑施工的应用有很重大的意义

1）首先有助于建筑市场的管理、完善管理制度

施工虚拟工程在招标、投标过程中能主观对比投标各方的施工工艺、方法和成效，增加评标的透明度和公正性，减少各种不正当行为的发生。有利于建筑市场的规范化管理；还可以考察建筑设计是否合理，从而指出不合理的部位进行修改，达到优化设计的目标。这对重大工程尤为重要。

2）有助于施工方案的选择和优化

建筑施工方案的选择有一定的局限性，它主要取决于决策者的施工经验和知识水平，而且施工过程又都没有可模性，所以决定了建筑施工过程的各异性。而施工虚拟仿真技术可以直观、科学地展示不同施工方法和施工组织措施的效果，可以定量地完成方案的对比，真正实现施工优化；该技术还可以模拟新技术、新材料、新工艺应用后的效果；有助于施工管理：施工虚拟仿真技术能模拟施工全过程，能够提前发现施工管理中质量、安全等方面存在

的隐患。管理人员可以采取有效的预防、加强措施，提高工程施工质量和管理效果；施工虚拟仿真技术能实时、直观地显示施工全过程，这样有助于操作人员全面了解作业过程，安全地完成施工任务。建筑业是高危险行业，加强安全工作是施工单位的工作重点，也是政府和人民群众关注的重点。

2. 虚拟现实在建筑施工安全工程中的应用

虚拟现实技术用在建筑施工安全的以下方面：

（1）可以用在评价施工安全价值工程中

在施工过程中出现危险事故的原因主要有人的不安全行为、物的不安全状态、环境隐患和组织管理不力。可以根据这四个因素的重要程度进行各个方面的安全价值分析，制订不同的安全方案。可以达到资金与安全程度的最大优化。

（2）各种施工设备的操作训练

尤其是某些重要工程中要采用先进的特种设备，而这些设备是不允许出现失误且需要不断反复地操作训练。即使一般的起重机、挖掘机、塔吊也需要熟练的操作，还有混凝土搅拌站，等等。采用虚拟现实技术开发相应的设备模型，用户可以通过各种传感及输入装置与虚拟场景的交互，使之通过虚拟的设备得到"真实"的训练。还可以观察操作过程中存在哪些不规范的操作，可以提前改正，还可以观察一些设备的操作隐患。以此好采取相应的措施进行预防和加强。

（3）可以进行按事故过程模拟

有经验的工程师可以了解工程当中哪些部位容易出现隐患，哪些部位容易发生事故。比如爆炸、坍塌、坠落、交通事故等。利用虚拟现实技术可协助建立安全事故发生过程三维动态仿真模型，为以后类似的事故的分析、职工安全教育提供有力的工具支撑。

（4）可以模拟紧急逃生演练

三维交互系统的沉浸性使用户和系统之间可以交换信息。通过建立建筑物的事故模型，可以训练现场人员在事故发生上的自救、逃生路线的选择和应急行动的实施，以此来降低事故发生时的损失。

（5）可以进行安全教育

由于农民工的文化素质普遍较低，进行书本安全知识讲解是比较困难的，应该采用各种真实的或者能引起人们兴趣的手段来保证学习的效果，比如安全事故过程的仿真，设备操作的虚拟等。让人们在愉快的气氛中受益。

◀◀◀　第四节　BIM 技术在建设工程中的应用　▶▶▶

一、BIM 建筑信息模型简介

1. BIM 的概念

BIM 翻译过来为建筑信息模型，是 Building Information Modelling 的简写。

①BIM 是以三维数字为基础，集成了建筑工程项目各种信息的工程数据模型，是对工程项目实施实体与功能特性的数字化表达。

②BIM 是一个完善的信息模型，能够连接建筑项目生命期不同阶段的数据、过程和资

源，是对工程对象的完整描述，可以提供可自动计算、查询、组合拆分的实时工程数据，可被建设项目各参与方普遍使用。

③BIM具有单一工程数据源，可解决分布式、异构工程数据之间的一致性和全局共享问题，支持建设项目生命期中动态的工程信息创建、管理和共享，是项目实时共享的数据平台。

住房城乡建设部正式发布"十二五"建筑业信息化发展纲要，明确指出加快建筑信息模型（BIM）、基于网络的协同工作等新技术在工程中的应用，以改进传统的生产方式和管理模式，提升企业的生产效率和管理水平。基于这一总体目标，BIM将成为建筑业信息化发展的关键。

2. BIM的特点

1）信息完备性

除了对工程对象进行3D几何信息和拓扑关系的描述外，还包括完整的工程信息描述，如对象名称、结构类型、建筑材料、工程性能等设计信息；施工工序、进度、成本、质量以及人力、机械、材料资源等施工信息；工程安全性能、材料耐久性能等维护信息；对象之间的工程逻辑关系等。

2）信息关联性

信息模型中的对象是可识别且相互关联的，系统能够对模型的信息进行统计和分析，并生成相应的图形和文档。如果模型中的某个对象发生变化，与之关联的所有对象都会随之更新，以保持模型的完整性。

3）信息一致性

在建筑生命期的不同阶段模型信息是一致的，同一信息无需重复输入，而且信息模型能够自动演化，模型对象在不同阶段可以简单地进行修改和扩展而无需重新创建，避免了信息不一致的错误。

4）可视化

BIM提供了可视化的思路，让以往在图纸上线条式的构件变成一种三维的立体实物图形展示在人们的面前。BIM的可视化是一种能够将构件之间形成互动性的可视性，可以用来展示效果图及生成报表。更具应用价值的是，在项目设计、建造、运营过程中，各过程的沟通、讨论、决策都能在可视化的状态下进行。

5）协调性

在设计时，由于各专业设计师之间的沟通不到位，往往会出现施工中各种专业之间的碰撞问题，例如，结构设计的梁等构件在施工中妨碍暖通等专业中的管道布置等。BIM建筑信息模型可在建筑物建造前期将各专业模型汇集在一个整体中，进行碰撞检查，并生成碰撞检测报告及协调数据。

6）模拟性

BIM不仅可以模拟设计出的建筑物模型，还可以模拟难以在真实世界中进行操作的事物，具体表现如下：

①在设计阶段，可以对设计上所需数据进行模拟试验，例如节能模拟、日照模拟、热能传导模拟等。

②在招标投标及施工阶段，可以进行4D模拟（3D模型中加入项目的发展时间），根据

施工的组织设计来模拟实际施工，从而确定合理的施工方案；还可以进行 5D 模拟（4D 模型中加入造价控制），从而实现成本控制。

③后期运营阶段，可以对突发紧急情况的处理方式进行模拟，例如，模拟地震中人员逃生及火灾现场的人员疏散等。

7）优化性

整个设计、施工、运营的过程，其实就是一个不断优化的过程，没有准确的信息是做不到优化结果的。BIM 模型提供了建筑物存在的实际信息，包括几何信息、物理信息、规则信息，还提供了建筑物变化以后的实际存在。BIM 及与其配套的各种优化工具提供了对复杂项目进行优化的可能：把项目设计和投资回报分析结合起来，计算出设计变化对回报投资的影响，使得业主明确哪种项目设计方案更有利于自身的需求；对设计施工方案进行优化，可以显著地缩短工期和降低造价。

8）可出图性

BIM 可以自动生成常用的建筑设计图纸及构件加工图纸。通过对建筑物进行可视化展示、协调、模拟及优化，可以帮助业主生成消除了碰撞点、优化后的综合管线图，生成综合结构预留洞图、碰撞检查侦错报告及改进方案等。

3. 国内外应用现状

BIM 理念是在 2002 年由 Autodesk 公司提出，是通过建立涵盖建筑工程全寿命周期的信息库，实现各个阶段、不同专业之间的信息集成和共享。BIM 的出现被认为是建筑工程领域继 CAD 之后的第二次革命，预示着工程建设行业从二维设计跨入三维全寿命周期阶段，如图 3-3 所示。

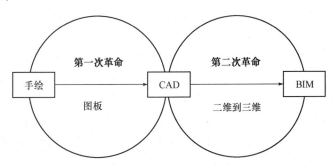

图 3-3　BIM——建筑业的信息革命

在国外，BIM 技术的研究和应用已经得到各工程项目参与方的广泛重视，在整个工程项目的全寿命周期中被成功应用，它贯穿了建筑工程项目的规划、设计、施工、运维管理及后续的改造和拆除阶段。其应用广泛性表现在：

①应用 BIM 技术已成为设计和施工企业承接各项目的必要筹码，一般大型企业均已具备应用 BIM 技术的能力；

②BIM 技术专业咨询公司的大范围涌现，为中小企业应用 BIM 技术提供了有力的支持；

③在 BIM 技术应用过程中逐渐形成了新的工作模式，而不仅仅限于将 BIM 技术应用到建筑工程的局部环节中，比如实施 IPD（集成项目交付）模式；

④BIM 应用软件比较成熟，例如具有代表性的有 Autodesk 公司的 Revit 系列软件，提

供了包括多个不同专业、跨越不同阶段的软件支持，形成了完整的项目解决方案，从而能很好地支持 BIM 技术的应用。此外，还有 Bentley 公司的 Tri Forma、匈牙利 Graphisoft 公司的 ArchiCAD 软件和中国的 Lubansoft 系列软件等。

伴随全球范围内 BIM 技术的兴起，2004 年基于 BIM 技术的应用软件也进入我国，这在一定程度上为 BIM 技术的推广应用做了铺垫。但是迄今为止，BIM 技术在我国仍处于起步阶段，国内 BIM 应用主要集中于建筑设计阶段，施工领域的应用较少，有待进一步开发。究其原因有：

①思维转换慢，要从传统二维建筑设计彻底转变为三维可视化方式还需要时间；

②标准规范不统一，国外软件厂商的产品对我国建筑规范的支持程度低等。

为了推动 BIM 技术的发展，在我国制定的"十二五"发展规划中，已经明确将 BIM 作为建筑工程全寿命周期重要的技术应用，从而为我国 BIM 的推广实践提供了政策支持。同样地，在建筑施工企业内部也应将其纳入战略愿景来实现企业的全面业务变革，通过 BIM 数据信息与 ERP 系统的成功对接，将形成一个完整的管理系统，为建筑项目施工及管理提供有力的数据支撑。

作为信息技术应用在建筑工程领域产生的新一代应用技术，BIM 必将促使建筑业发生根本性的变革。特别是针对建筑施工领域现状，在 BIM、虚拟现实、建模与优化、计算机仿真等先进技术相结合的基础上，提出了虚拟施工（简称 VC）理念，即通过对施工过程进行模拟仿真，已降低和避免施工中可能出现的"错、漏、碰、缺"问题，从整体上提高建筑施工效率。虽然 BIM 技术在我国施工企业的应用处于初级阶段，但已有少量的项目和施工企业在不同项目阶段和不同程度上应用了 BIM，例如，作为中国第一高楼的上海中心项目对整体建筑设计、施工和运营的全过程应用 BIM 进行了全面规划，成为国内第一个由业主主导，并在项目全寿命周期中应用 BIM 的典型案例。

从整体上来看，当前的虚拟施工技术还属于新兴学科，没有形成完整的体系。在国外对于虚拟施工技术的研究和实践正在进行，如：英国伦敦大学 Bartlestt 建筑学校和计算机科学系合作研发的 Pangea 系统和 3D 出样软件包，被用于测试建筑设计和城市设计的早期原型；Clasgow Strathclyde 大学信息科学和土木工程系研究了共享协同施工过程的可视计划，该项目允许用户以交互协同的方式调查研究不同的施工顺序和现场组织结构，对于施工计划进行验证和优化，促使施工过程与现场活动和设备的动态集成；还有 Dundee 大学研究的 Naives 项目，允许设计者在结构中漫游，观察某种行为的结果后模拟执行，同时提取观察到的信息；此外，英国 IES 公司也推出了建筑设计的虚拟环境系统；及日本清水建设公司利用三维 CAD 技术使施工生产情报，简化了结构工程施工管理。

综合看来，国外对虚拟施工的研究相对成熟，可归结为三方面：

①对建筑施工理论的研究，奠定了虚拟施工理论的基础；

②施工领域的可视化仿真、精益建造、敏捷建造等工作，是虚拟施工的技术支撑体系；

③虚拟现实技术在建筑行业的应用，主要包括了相关软件研制和系统开发工作，为技术实现及推广提供了强大的软件支持。

相比国外，在国内虚拟施工技术的相关工程实践还不多，大多还处于理论探索阶段。真正把虚拟施工技术应用于工程实践的是上海正大商业广场的钢结构施工方案。虚拟施工技术在该项目的成功应用为优质、安全和高效地完成该工程的钢结构安装提供了可靠的保障，该项目的完工也为虚拟施工技术在我国的推广、普及提供了重要经验。

又如首都机场的航站楼项目，也是通过应用虚拟施工技术对三维模型进行详细分析，一次性地解决了所有管线碰撞问题，使得施工顺利进行；还有北京世界金融中心项目中应用虚拟施工技术，一次性就发现了各种碰撞大概有 6000 多处，并且使该项目工期从四年缩短到两年，从而有效地避免了返工、修改、延误工期；还有广州体育场、广州新白云机场也很好地运用了虚拟施工技术；而相反就是上海虹桥枢纽工程，光在管线碰撞方面损失就高达5000 多万，如果应用 BIM 技术则完全可以避免此类失误和损失。

总之，从整体建筑业发展需求分析，将虚拟施工技术应用于建筑施工领域是一种必然趋势，进而彻底改变现行的建筑施工模式。然而这个过程会比较漫长，还需要我们不断地探究和实践，逐步建立起相关理论和技术体系，从而开创一个全新的数字化施工新时代。

4. BIM 在我国的推广应用与发展阻碍

1）国家政府部门推动 BIM 技术的发展应用

"十五"期间科技攻关计划的研究课题"基于 IFC 国际标准的建筑工程应用软件研究"重点在对 BIM 数据标准 IFC 和应用软件的研究上，并开发了基于 IFC 的结构设计和施工管理软件。

"十一五"期间，科技部制定国家科技支撑计划重点项目《建筑业信息化关键技术研究与应用》基于项目的总体目标，重点开展以下 5 个方面的研究与开发工作：

①建筑业信息化标准体系及关键标准研究；

②基于 BIM 技术的下一代建筑工程应用软件研究；

③勘察设计企业信息化关键技术研究与应用；

④建筑工程设计与施工过程信息化关键技术研究与应用；

⑤建筑施工企业管理信息化关键技术研究与应用。

2012 年，住房和城乡建设部印发《2011—2015 年建筑业信息化发展纲要》（简称《纲要》）提出，"十二五"期间，普及建筑企业信息系统的应用，加快建设信息化标准，加快推进 BIM、基于网络的协同工作等新技术的研发，促进具有自主知识产权软件的研究并将其产业化，使我国建筑企业对信息技术的应用达到国际先进水平。该纲要明确指出：在施工阶段开展 BIM 技术的研究与应用，推进 BIM 技术从设计阶段向施工阶段的应用延伸，降低信息传递过程中的衰减；研究基于 BIM 技术的 4D 项目管理信息系统在大型复杂工程施工过程中的应用，实现对建筑工程有效的可视化管理等。可以说，《纲要》的颁布，拉开了 BIM 技术在我国施工企业全面推进的序幕。

2012 年 3 月，由住房和城乡建设部工程质量安全监管司组织，中国建筑科学研究院、中国建筑业协会工程建设质量管理分会等实施的《勘察设计和施工 BIM 技术发展对策研究》课题启动，以期探讨施工领域 BIM 发展现状、分析 BIM 技术的价值及其对建筑业产业技术升级的意义，为制定我国勘察设计与施工领域 BIM 技术发展对策提供了帮助。

2012 年 3 月 28 日，中国 BIM 发展联盟成立会议在北京召开。中国 BIM 发展联盟旨在推进我国 BIM 技术、标准和软件协调配套发展，实现技术成果的标准化和产业化，提高企业核心竞争力，并努力为中国 BIM 的应用提供支撑平台。

2012 年 6 月 29 日，由中国 BIM（建筑信息模型）发展联盟、国家标准《建筑工程信息模型应用统一标准》编制组共同组织、中国建筑科学研究院主办的中国 BIM 标准研究项目发布暨签约会议在北京隆重召开。中国 BIM 标准研究项目实施计划将为由住房城乡建设部

2012 年批准立项的国家标准《建筑工程信息模型应用统一标准》（NBIMS－CHN）的最后制定和实行打下坚实的基础。

2013 年 4 月，住建部又准备正式出台《关于推进 BIM 技术在建筑领域应用的指导意见》等纲领性文件，对加快 BIM 技术应用的指导思想和基本原则以及发展目标、工作重点、保障措施等方面做出了更加细致的阐述和更加具体的安排。文件要求在 2016 年前，政府投资的 2 万平方米以上的大型公共建筑及申报绿色建筑项目的设计、施工采用 BIM 技术，到 2020 年，在上述项目中全面实现 BIM 技术的集成应用。

2）科研机构、行业协会等推动 BIM 技术的发展应用

2004 年，中国首个建筑生命周期管理（BLM）实验室在哈尔滨工业大学成立，并召开 BLM 国际论坛会议。清华大学、同济大学、华南理工大学在 2004－2005 年先后成立 BLM 实验室及 BIM 课题组，BLM 正是 BIM 技术的一个应用领域。国内先进的建筑设计团队和房地产公司也纷纷成立 BIM 技术小组，如清华大学建筑设计研究院、中国建筑设计研究院、中国建筑科学研究院、中建国际建设有限公司、上海现代建筑设计集团等。2008 年，中国 BIM 门户网站（www.chinabim.com）成立，该网站以"推动发展以 BIM 为核心的中国土木建筑工程信息化事业"为宗旨，是一个为 BIM 技术的研发者、应用者提供信息资讯、发展动态、专业资料、技术软件以及交流沟通的平台。2010 年 1 月，欧特克有限公司（"欧特克"或"Autodesk"）与中国勘察设计协会共同举办了首届"创新杯"BIM 设计大赛，推动建筑行业更广泛、深入地参与和应用 BIM 技术。

2011 年，华中科技大学成立 BIM 工程中心，成为首个由高校牵头成立的专门从事 BIM 研究和专业服务咨询的机构。2012 年 5 月，全国 BIM 技能等级考评工作指导委员会成立大会在北京友谊宾馆举办，会议颁发了"全国 BIM 技能等级考评工作指导委员会"委员聘书。2012 年 10 月，由 Revit 中国用户小组主办、全球二维和三维设计、工程及娱乐软件的领导者欧特克有限公司支持、建筑行业权威媒体承办的首届"雕龙杯"Revit 中国用户 BIM 应用大赛圆满落幕。该赛事以 Revit 用户为基础，针对广大 BIM 爱好者、研究者以及工程专家在项目实施、软件应用心得和经验等方面内容而举办。

3）行业需求推动 BIM 技术的发展应用

目前，我国正在进行着世界上最大规模的基础设施建设，工程结构形式愈加复杂、超大型工程项目层出不穷，使项目各参与方都面临着巨大的投资风险、技术风险和管理风险。为从根本上解决建筑生命期各阶段和各专业系统间信息断层的问题，应用 BIM 技术，从设计、施工到建筑全寿命期管理，全面提高信息化水平和应用效果。国家体育场、青岛海湾大桥、广州西塔等工程项目成功实现了 4D 施工动态集成管理，并获 2009 年、2010 年华夏建设科学技术一等奖。上海中心项目工程总承包招标，明确要求应用 BIM 技术。这些大型工程项目对 BIM 的应用与推广，引起了业主、设计、施工等企业的高度关注，因此必将推动 BIM 技术在我国建筑业的发展和应用。

4）BIM 发展阻碍

我国工程建设业从 2002 年以后开始接触 BIM 理念和技术，现阶段国内 BIM 技术的应用以设计单位为主，远不及美国的发展水平和普及程度，整体上仍处于起步阶段，远未发挥出其全寿命周期的应用价值。从总体上看，现阶段制约我国 BIM 技术发展的主要因素有：

①没有充分的外部动机；

②国内缺乏 BIM 标准合同示范条文；

③不适应思维模式的变化；

④使用 BIM 技术带来的经济效益不明显；

⑤国内 BIM 产品不完善；

⑥基于 BIM 的工作流程不统一；

⑦国内对于 BIM 的研究不充分；

⑧BIM 项目机制不成熟。

对比中外建筑业 BIM 发展的关键阻碍因素，可发现中国的阻碍因素具有如下 7 个特点：

（1）缺乏政府和行业主管部门的政策支持

在我国建筑企业中，国有大型建筑企业占据主导地位，其在新技术引入时往往比较被动，BIM 技术作为革命性技术，目前尚处于前期探索阶段，企业难以从该技术的推广应用中获取效益。从目前的政府推动力度来看，政府和行业主管部门往往只提要求，不提或很少提政策扶持，资金投入基本由企业自筹，严重影响了企业应用 BIM 技术的积极性。

（2）缺少完善的技术规范和数据标准

BIM 技术的应用主要包括建设 BIM、建造阶段以及后期的运营维护阶段，只有这三个阶段的数据实现共享交互，才能发挥 BIM 技术的价值。国内 BIM 数据交换标准、BIM 应用能力评估准则和 BIM 项目实施流程规范等标准的不足，使得国内 BIM 的应用或局限于二维出图、三维翻模的设计展示型应用，或局限于原来设计、造价等专业软件的孤岛式开发，造成了行业对 BIM 技术能否产生效益的困惑。

（3）BIM 系列软件技术发展缓慢

现阶段 BIM 软件存在一些弱点：本地化不够彻底、工种配合不够完善、细节不到位，特别是缺乏本土第三方软件的支持。国内目前基本没有自己的 BIM 概念的软件，鲁班、广联达等软件仍然是以成本为主业的专项软件，而国外成熟软件的本土化程度不高，不能满足建筑从业者技术应用的要求，严重制约了我国从业人员对于 BIM 软件的使用。软件的本地化工作，除原开发厂商结合地域特点增加自身功能特色之外，本土第三方软件产品也会在实际应用中发挥重要作用。2D 设计方面，在我国建筑、结构、设备各专业实际上均在大量使用国内研发的基于 AutoCAD 平台的第三方工具软件，这些产品大幅提高了设计效率，推广 BIM 应借鉴这些宝贵经验。

（4）机制不协调

BIM 应用不仅带来了技术风险，还影响到设计工作流程。因此，设计师应用 BIM 软件不可避免地会在一段时间内影响到个人及部门利益，并且一般情况下设计师无法获得相关的利益补偿。因此，在没有切实的技术保障和配套管理机制的情况下，强制单位或部门推广 BIM 并不现实。另外，由于目前的设计成果仍以 2D 图纸表达，BIM 技术在 2D 图纸成图方面仍存在着一定细节表达不规范的现象。因此，一方面应完善 BIM 软件的 2D 图档功能，另一方面国家相关部门也应该结合技术进步，适当改变传统的设计交付方式及制图规范，甚至能做到以 3DBIM 模型作为设计成果载体。

（5）人才培养不足

建筑行业从业人员是推广和应用 BIM 技术的主力军，但由于 BIM 技术学习的门槛较高，尽管主流 BIM 软件一再强调其易学、易用性，但实际上相对 2D 设计而言，BIM 软件培训仍有难度。对于一部分设计人员来说熟练掌握 BIM 软件并不容易，CAD 复杂模型的创建甚至要求建筑师具备良好的数学功底及一定的编程能力，或有相关 CAD 程序工程师的配合，这在无形中也提高了 BIM 应用难度。加之很多从业人员在学习新技术方面的能力和意愿不足，严重影响了 BIM 技术的推广，并且国内 BIM 技术培训体系不完善、力度不足，实际培训效果也不理想。

（6）任务风险

我国普遍存在着项目设计周期短、工期紧张的情况，BIM 软件在初期应用过程中，不可避免地会存在技术障碍，这有可能导致无法按期完成设计任务。

（7）BIM 技术支持不到位

BIM 软件供应商不可能对客户提供长期而充分的技术支持。通常情况下，最有效的技术支持是在良好的、成规模的应用环境中客户之间的相互学习，而环境的培育需要时间和努力。各设计单位首先应建立自己的 BIM 技术中心，以确保本单位获得有效的技术支持。这种情况在一些实力较强的设计院所应率先实现，这也是有实力的设计公司及事务所的通常做法。在越来越强调分工协作的今天，BIM 技术部门必将不可或缺。

5. BIM 应用分析

伴随当前市场经济的蓬勃发展，建筑业已经成为工业化、城镇化的核心产业，并且是受到住建部高度重视的信息化建设领域。根据当前建筑产业现状和发展趋势，发现当前对信息化管理升级的需求和计算机应用水平严重不足，为此需要加强建筑企业信息化建设，提高信息技术应用水平，促进工程建筑企业技术进步和管理水平提升已成为当前在建筑工程施工领域中亟待解决的问题。

1）二维辅助建筑设计存在问题

伴随信息化进程的加快，计算机技术已经成为工程建设行业的必备工具，对于建筑设计行业所产生的影响也与日俱增，这在很大程度上提高了建筑师的工作效率，同时也改变了其协同工作的方式。

目前，我国工程建筑设计行业中常用的软件有 SketchUP、AutoCAD、3Dmax、Potoshop、天正等，虽然 ArchiCAD、Revit、Tri Forma 等用于三维设计的软件已经被大多数建筑工程领域的设计人员所知，但却未被广泛运用，实质上当前的建筑设计工作仍是在二维环境下进行。传统的建筑工程领域的发展现状也无形中给当代工程建设行业形成了阻碍，在一定程度上限制了我国工程建设行业的发展速度。

（1）传统建筑设计流程

近些年来，我国传统的建筑设计过程呈现出串联方式的发展特征，即建筑项目全寿命周期中各个阶段之间存在很多的信息割裂和沟通交流障碍问题，在前一阶段完成之后才能进行下一阶段。这就意味着在建筑全寿命周期中设计与建造施工相互分离。串联式建筑设计模式是以手工绘制图纸为主，在建筑设计表达方面存在模糊性、多义性等不足，虽然也采用计算机技术进行建筑设计，但是本质上还是属于二维计算机辅助设计方法，缺少有效的协同平台。这种线形的设计过程，无疑给建筑设计各参与方带来了一定的负面影响。

传统建筑设计过程可以划分为如下两个阶段：

①前期设计阶段。

即建筑设计方案阶段，建筑设计师会根据客户要求并结合自己多年设计经验来推敲方案，经过对比、协商和修改，最终选定最合适的方案进行深入设计，在此阶段所用软件有SketchUP、AutoCAD、3Dmax、Potoshop 等。

②建筑施工图阶段。

主要是为后期建筑施工服务，其涉及领域和信息量巨大，包括相关规范、客户要求等方面，同时施工图绘制还涉及不同专业之间的相互配合，如建筑、结构、设备、电气等，因此需要建筑工程师的反复协调和修改，直到满足并能体现前期建筑的设计理念，在此阶段主要采用 AutoCAD 等绘图软件。

根据当前建筑行业发展现状，目前的建筑设计过程仍以二维设计平台为主，但是建筑物本身是一种三维形体，当进入建筑施工阶段后，以二维图纸所承载的设计信息就必须以三维呈现。在这种需求下，如何高效地将二维图纸转变为三维实体是一个亟待解决的问题。

（2）传统设计过程的局限性

传统的建筑设计工程是由业主提出，在整体的规划指导和制约前提下，由设计单位拟定项目任务书，设计师进行建筑设计得出施工图纸，最后由施工方施工。通常情况是建筑师在设计目标还没完全明确时便要开始工作，而在设计的过程之中没有相关的评价系统指导，往往造成设计方案与实际要求不符。

在传统的建筑设计过程中，设计师并没有参与设计前期的工作以及设计后期的施工阶段，这就如同在一个封闭、独立的系统中让设计师进行建筑设计，造成了建筑的不同阶段中各专业信息的割裂和孤立，不利于提高建筑项目整体的效率。

在建筑设计过程中各个阶段都需要信息反馈，而这种建筑设计机制中的信息反馈需要不断循环，所以其周期较长，由此就造成了整个建筑工程项目成本升高，其设计质量及施工效率也无法保证。由于整个建筑设计过程基本是基于二维平台，那么到了后续施工阶段就会暴露出很多设计阶段的问题，遮掩下去的话必然会造成严重的后果，所以此种改进的建筑设计机制在实际中是无法实现的。

6. BIM 在国内外的应用领域及前景

近年来 BIM 技术已经成为一种高效设计手段，不仅能够用于草图、施工图设计，也可以激发设计师的设计灵感，来完成用脑力和手工难以准确绘制的形体设计。随着 BIM 技术的推广普及，其在建筑领域的优势也逐渐显现，能够确保建筑工程效率和设计质量，降低工程项目资源浪费，提高了各参与方的投资效益。

1）建筑三维建模

谈起 BIM，大家脑海中不约而同地都会浮现出建筑三维模型，当然 BIM 理念含义并不仅仅局限于此。从 BIM 一开始出现就意味着其最终将取代传统的 CAD 设计方法，它掀起了建筑行业的第二次革命。而要实现 BIM 技术就需要借助于 BIM 软件，这些软件基于 BIM 理念用数字化的建筑实体和构件作为设计元素，能够自动计算和显示出设计元素的相互空间和功能关系等内容，为充分发挥设计师的想象力提供了极大的空间。

在建筑工程领域中，可以通过 BIM 软件创建一个包含实际建筑所有特征的建筑三维模型，让各参与方在感官上建立建筑项目的三维立体效应，从而有效地指导工程设计和施工。

BIM 软件的应用可以高效灵活地将纸质文件转变成电子文档,进行三维渲染和详尽的施工图绘制等功能。信息的有效利用是 BIM 给建筑业带来的主要价值之一,当把以模型为基础的三维和二维技术与信息相结合时,就意味着建筑师拥有了更丰富和更高效的设计过程,从而降低了施工风险、改进了质量控制、保证了设计意图,也使得交流更加畅通。另外对于绘制图纸、创建进度表、文档生成等较低层次的设计任务都已经自动化,而且对于建筑设计中的修改也已经实现了自动关联和实时更新。总之,通过融入 BIM 技术,促使建筑师们能够最大化地发挥计算机的效用。

2)5D 施工管理

相比传统制造行业,建筑行业始终在生产效率方面无法与之匹敌。据不完全统计,在一个工程项目中有大约 30% 的施工过程需要返工,60% 的劳动力资源被浪费,10% 的材料被浪费损失的现象。不难推算,在庞大的建筑行业中每年都有数以万亿计的资金流失。

应用 BIM 技术所创建的建筑三维模型是一个包含了建筑项目所有信息的综合性信息库。一般将 3D 模型和时间、成本要素相结合进行 5D 施工管理,是通过应用计算机技术来模拟建筑项目的建造过程,能够在实际施工之前就确定施工方案的可行性。通过 5D 施工系统可以快速建立三维施工模型,减少或避免了设计文档中存在的大多数错误,从而节约了成本。通过该模型也可以很方便地分析出施工工序的合理性,然后生成对应的采购计划和财务分析费用列表,高效的优化施工方案。例如,2015 年广联达公司就发布了一套虚拟施工应用软件,可用于 5D 施工管理。

在 5D 施工管理系统中,将设计、成本、进度三部分互相关联,能够进行实时更新,从而减少建筑项目评估预算所花费的时间,显著地提高了预算准确性,增强了项目施工的可控性。通过施工模拟可以提前发现设计和施工中的问题,对设计、预算、进度等属性可以及时更新,并保证获得数据信息的一致性和准确性。

当前,5D 施工管理技术的应用很少,仅在个别大型的工程承建公司应用。例如:Webcor 营造商、YIT 施工有限公司和 YIT 的子公司等。当下 5D 施工管理解决方案正在逐步改变各建筑商的工作模式,并加强了与建筑师和分包商的合作能力,很大程度上减少了建筑行业中普遍存在的低效、浪费和返工现象。总之,5D 施工管理技术的应用将大大缩短用于项目计划编制和预算上的时间,并提高预算的准确性。

美国 Webcor 公司承建的旧金山某基督教堂的虚拟施工模型就是一个成功的 5D 施工工程案例。在建立虚拟施工模型过程中,可随时自动生成工程量统计和简化报告数据,并可安排材料采购、施工进度等。

7. BIM 技术的主要应用能力

1)冲突检测

工程中的分项工程通常分属不同设计部门,分别涉及复杂的建筑、结构、水电、环控、消防等设施,在空间配置上常会发生设计冲突。BIM 技术可在设计阶段发现这些冲突,提升设计质量。BIM 技术也可用于空间场地管理,避免空间冲突。在施工现场进行合理的场地布置、定位、放线、现场控制网测量、施工道路、管线、临时用水用电设施建设,使施工材料的进场及调度安排等都可以一目了然,以保证施工的有序进行。现场管理人员可以用 BIM 为相关人员展示和介绍场地布置、场地规划调整情况、使用情况,从而实现更好的沟通。

2）绿色建筑设计

绿色建筑是建筑业发展的必然趋势和必由之路。BIM 是对建筑空间几何信息、建筑空间功能信息、建筑材料以及设备等专业的相关数据信息进行数据集成与一体化管理，为绿色建筑设计的相关计算与评估提供必要的分析依据，如：建筑采光与照明分析、室内自然通风分析、室内外绿化环境分析、建筑声环境分析等。BIM 技术实现了以《绿色建筑评价标准》为基础的绿色建筑评价功能，使设计师在设计初期阶段能够方便、直接和精确地了解建筑物的能源性能反馈信息，参照绿色评估的标准进行对比与信息的反馈，可以进一步完善建筑的绿色性能并能支持绿色建筑的评估决策。此外，基于云的 BIM 模型克服了传统的独立 BIM 和其运算方式造成的容量不足和沟通障碍等问题，实现了 LEED 项目的自动化交付和认证过程，大大简化了绿色建筑认证过程，给企业带来显著的成本效益。

3）进度管理

传统的进度控制方法是基于二维 CAD，存在着设计项目形象性差、网络计划抽象、施工进度计划编制不合理、参与者沟通和衔接不畅等问题，往往导致工程项目施工进度在实际管理过程中与进度计划出现很大偏差。BIM3D 虚拟可视化技术对建设项目的施工过程进行仿真建模，建立 4D 信息模型的施工冲突分析与管理系统，实时管控施工人员、材料、机械等各项资源的进场时间，避免出现返工、拖延进度现象。通过建筑模型，直观展现建设项目的进度计划并与实际完成情况对比分析，了解实际施工与进度计划的偏差，合理纠偏并调整进度计划。BIM4D 模型使管理者对变更方案带来的工程量及进度影响一目了然，是进度调整的有力工具。

4）成本管理

传统的工程造价管理是造价员基于二维图纸手工计算工程量，过程存在很多问题：无法与其他岗位进行协同办公；工程量计算复杂费时；设计变更、签证索赔、材料价格波动等造价数据时刻变化难以控制；多次性计价很难做到；造价控制环节脱节；设计专业之间冲突；项目各方之间缺乏行之有效的沟通协调。这些问题导致采购和施工阶段工程变更大量增加，从而引起高成本返工、工期的延误和索赔等，直接造成了工程造价大幅上升。BIM 技术在建设项目成本管理信息化方面有着传统技术不可比拟的优势，可大大提高工程量计算工作的效率和准确性，利用 BIM5D 模型结合施工进度可以实现成本管理的精细化和规范化。还可以合理安排资金、人员、材料和机械台班等各项资源使用计划，做好实施过程成本控制，并可有效控制设计变更，将变更导致的造价变化结果直接呈现在设计师面前，有利于设计师确定最佳设计方案。

此外，应用 BIM 技术可以通过分析建筑物的结构配筋率来减少钢筋的浪费，并与无线射频识别（简称 RFID）技术结合来加强建筑废物管理，回收建筑现场的可回收材料，减少成本。

5）质量管理

在产品质量管理方面，由于 BIM 包含建筑构件和设备的大量信息，项目管理人员、材料设备采购部门和施工人员可以通过模型快速查询所需的建筑构件的信息（规格、尺寸、材质、价格），方便地检查施工材料是否符合设计要求，实现施工材料的质量控制。在技术质量管理方面，基于 BIM 的虚拟施工可动态模拟施工技术流程，演练各专业之间的配合以保证专项施工技术在实施过程中的可行性和可靠性，有效减少各工种冲突造成的质量损害。

BIM 技术还可与 RTS（智能型全站仪）有效结合来提高建筑施工现场的质量控制，与 RFID 技术结合以加强混凝土等材料的质量检查和管理。

6）协同管理

传统的工作方式下，以平、立、剖三视图的方式表达和展现建筑，容易造成信息割裂。由于缺乏统一的数据模型，易导致大量的有用信息在传递过程中丢失，也会产生数据冗余、无法共享等问题，从而使各单位人员之间难以相互协作。BIM 具有信息集成整合、可视化和参数化设计的能力，可以减少重复工作和接口的复杂性。BIM 的信息整合重新定义了设计流程，使其不再是简单的文件参照。BIM 技术建立的是单一工程数据源，有效地实现了各个专业之间的集成化协同设计，充分地提高了设计信息的共享与复用，每一个环节产生的信息能够直接作为下一个环节的工作基础，确保信息的准确性和一致性，为沟通和协作提供底层支撑，实现项目各参与方之间的信息交流和共享。

利用软件服务和云计算技术，构建基于云计算的 BIM 模型，不仅可以提供可视化的 BIM3D 模型，也可通过 Web 直接操控模型。使模型不受时间和空间的限制，有效解决不同站点、不同参与方之间通信障碍，以及信息的及时更新和发布等问题。

7）变更和索赔管理

工程变更对合同价格和合同工期具有很大破坏性，成功的工程变更管理有助于项目工期和投资目标的实现。BIM 技术通过模型碰撞检查工具尽可能完善设计施工，从源头上减少变更的产生。将设计变更内容导入建筑信息模型中，模型支持构建几何运算和空间拓扑关系，快速汇总工程变更所引起的相关的工程量变化、造价变化及进度影响就会自动反映出来。项目管理人员以这些信息为依据及时调整人员、材料、机械设备的分配，有效控制变更所导致的进度、成本变化。最后，BIM 技术可以完善索赔管理，相应的费用补偿或者工期拖延可以一目了然。

8）安全管理

许多安全问题在项目的早期设计阶段就已经存在，最有效的处理方法是通过从设计源头预防和消除。基于该理念，Kamardeen 提出一个通过设计防止安全事件的方法——ptd，该方法通过 BIM 模型构件元素的危害分析，给出安全设计的建议，对于那些不能通过设计修改的危险源进行施工现场的安全控制。

应用 BIM 技术对施工现场布局和安全规划进行可视化模拟，可以有效地规避运动中的机具设备与人员的工作空间冲突。应用 BIM 技术还可以对施工过程进行自动安全检查，评估各施工区域坠落的风险，在开工前就可以制订安全施工计划，何时、何地、采取何种方式来防止建筑安全事故，还可以对建筑物的消防安全疏散进行模拟。当建筑发生火灾等紧急情况时，将 BIM 与 RFID、无限局域网络、超宽带实时定位系统（UWBRTLS）等技术结合，构建室内紧急导航系统，为救援人员提供在复杂建筑中最迅速的救援路线。

9）供应链管理

BIM 模型中包含建筑物整个施工、运营过程中需要的所有建筑构件、设备的详细信息，以及项目参与各方在信息共享方面的内在优势，在设计阶段就可以提前开展采购工作，结合 GIS、RFID 等技术有效地实现采购过程的良好供应链管理。基于 BIM 的建筑供应链信息流模型具有在信息共享方面的优势，有效解决了建筑供应链参与各方的不同数据接口间的信息交换问题，电子商务与 BIM 的结合有利于建筑产业化的实现。

10）运营维护管理

BIM 技术在建筑物使用寿命期间可以有效地进行运营维护管理，BIM 技术具有空间定位和记录数据的能力，将其应用于运营维护管理系统，可以快速准确地定位建筑设备组件，对材料进行可接入性分析，选择可持续性材料，进行预防性维护，制订行之有效的维护计划。BIM 与 RFID 技术结合，将建筑信息导入资产管理系统，可以有效地进行建筑物的资产管理。BIM 还可进行空间管理，合理高效地使用建筑物空间。

8. BIM 在建筑施工的主要应用

施工企业要走出一条管理模式合理、产业不断升级的发展之路，需要结合实际项目，加强 BIM 技术在项目中的应用和推广。企业要结合自身条件和需求，遵循规范、合理的实施方法和步骤，做好 BIM 技术的项目实施工作，通过积极的项目实践，不断积累经验，建立一批 BIM 技术应用标杆项目，充分发挥 BIM 技术在项目管理中的价值。BIM 项目实践应用点主要有以下几个方面。

1）深化设计

（1）机电深化设计

大型项目建设过程中，由于空间布局复杂、系统繁多，对设备管线的布置要求高，设备管线之间或管线与结构构件之间容易发生碰撞，给施工造成困难，无法满足建筑室内净高，造成二次施工，增加项目成本。基于 BIM 技术可将建筑、结构、机电等专业模型整合，再根据各专业要求及净高要求将综合模型导入相关软件进行碰撞检查，根据碰撞报告结果对管线进行调整、避让，对设备和管线进行综合布置，从而在实际工程开始前发现问题。

（2）钢结构深化设计

在钢结构深化设计中利用 BIM 技术三维建模，对钢结构构件空间立体布置进行可视化模拟，通过提前碰撞校核，可对方案进行优化，有效解决施工图中的设计缺陷，提升施工质量，减少后期修改变更，避免人力、物力浪费，达到降本增效的效果。具体表现为：利用钢结构 BIM 模型，在钢结构加工前对具体钢构件、节点的构造方式、工艺做法和工序安排进行优化调整，有效指导制造厂工人采取合理有效的工艺加工，提高施工质量和效率，降低施工难度和风险。另外在钢构件施工现场安装过程中，通过钢结构 BIM 模型数据，对每个钢构件的起重量、安装操作空间进行精确校核和定位，为在复杂及特殊环境下的吊装施工创造实用价值。

2）多专业协调

各专业分包之间的组织协调是建筑工程施工顺利实施的关键，是加快施工进度的保障，其重要性毋庸置疑。目前，暖通、给水排水、消防、强弱电等各专业由于受施工现场、专业协调、技术差异等因素的影响，缺乏协调配合，不可避免地存在很多局部的、隐性的、难以预见的问题，容易造成各专业在建筑某些平面、立面位置上产生交叉、重叠现象，无法按施工图作业。通过 BIM 技术的可视化、参数化、智能化特性，进行多专业碰撞检查、净高控制检查和精确预留、预埋，或者利用基于 BIM 技术的 4D 施工管理，对施工过程进行预模拟，根据问题进行各专业的事先协调等措施，可以减少因技术错误和沟通错误带来的协调问题，大大减少返工，节约施工成本。

3）现场布置的优化

随着建筑业的发展，对项目的组织协调要求越来越高，项目周边复杂的环境往往会带来场地狭小、基坑深度大、周边建筑物距离近、绿色施工和安全文明施工要求高等问题，并且加上有时施工现场作业面大，各个分区施工存在高低差，现场复杂多变，容易造成现场平面布置不断变化，且变化的频率越来越高，给项目现场合理布置带来困难。BIM 技术的出现给平面布置工作提供了一个很好的方式，通过应用工程现场设备设施族资源，在创建好工程场地模型与建筑模型后，将工程周边及现场的实际环境以数据信息的方式挂接到模型中，建立三维的现场场地平面布置，并通过参照工程进度计划，可以形象直观地模拟各个阶段的现场情况，灵活地进行现场平面布置，实现现场平面布置的合理、高效。

4）进度优化比选

建筑工程项目进度管理在项目管理中占有重要地位，而进度优化是进度控制的关键。基于 BIM 技术可实现进度计划与工程构件的动态链接，可通过甘特图、网络图及三维动画等多种形式直观地表达进度计划和施工过程，为工程项目的施工方、监理方与业主等不同参与方直观了解工程项目情况提供便捷的工具。形象直观、动态模拟施工阶段过程和重要环节施工工艺，将多种施工及工艺方案的可实施性进行比较，为最终方案优选决策提供支持。基于 BIM 技术对施工进度可实现精确计划、跟踪和控制，动态地分配各种施工资源和场地，实时跟踪工程项目的实际进度，并通过计划进度与实际进度进行比较，及时分析偏差对工期的影响程度以及产生的原因，采取有效措施，实现对项目进度的控制，保证项目能按时竣工。

5）工作面的管理

在施工现场，不同专业在同一区域、同一楼层交叉施工的情况难以避免，对于一些超高层建筑项目，分包单位众多、专业间频繁交叉工作多，不同专业、资源、分包之间的协同和合理工作搭接显得尤为重要。基于 BIM 技术以工作面为关联对象，自动统计任意时间点各专业在同一工作面的所有施工作业，并依据逻辑规则或时间先后，规范项目每天各专业各部门的工作内容，工作出现超期可及时预警。流水段管理可以结合工作面的概念，将整个工程按照施工工艺或工序要求划分为一个可管理的工作面单元，在工作面之间合理安排施工顺序，在这些工作面内部，合理划分进度计划、资源供给、施工流水等，使得基于工作面内外的工作协调一致。BIM 技术可提高施工组织协调的有效性，BIM 模型是具有参数化的模型，可以集成工程资源、进度、成本等信息，在进行施工过程的模拟中，实现合理的施工流水划分，并基于模型完成施工的分包管理，为各专业施工方建立良好的工作面协调管理而提供支持和依据。

6）现场质量的管理

在施工过程中，现场出现的错误不可避免，如果能够将错误尽早发现并整改，对减少返工、降低成本具有非常大的意义和价值。在现场将 BIM 模型与施工作业结果进行比对验证，可以有效地、及时地避免错误的发生。传统的现场质量检查，质量人员一般采用目测、实测等方法进行，针对那些需要与设计数据校核的内容，经常要去查找相关的图纸或文档资料等，为现场工作带来很多的不便。同时，质量检查记录一般是以表格或文字的方式存在，也为后续的审核、归档、查找等管理过程带来很大的不便。BIM 技术的出现丰富了项目质量检查和管理方式，将质量信息挂接到 BIM 模型上，通过模型浏览，让质量问题能在各个层面上实现高效流转。这种方式相比传统的文档记录，可以摆脱文字的抽象，促进质量问题协调工作的开展。同时，将 BIM 技术与现代化新技术相结合，可以进一步优化质量检查和控制手段。

7）图纸及文档管理

在项目管理中，基于 BIM 技术的图档协同平台是图档管理的基础。不同专业的模型通过 BIM 集成技术进行多专业整合，并把不同专业设计图纸、二次深化设计、变更、合同、文档资料等信息与专业模型构件进行关联，能够查询或自动汇总任意时间点的模型状态、模型中各构件对应的图纸和变更信息，以及各个施工阶段的文档资料。结合云技术和移动技术，项目人员还可将建筑信息模型及相关图档文件同步保存至云端，并通过精细的权限控制及多种协作功能，确保工程文档快速、安全、便捷、受控地在项目中流通和共享。同时能够通过浏览器和移动设备随时随地浏览工程模型，进行相关图档的查询、审批、标记及沟通，从而为现场办公和跨专业协作提供极大的便利。

8）工作库建立及应用

企业工作库建立可以为投标报价、成本管理提供计算依据，客观地反映企业的技术、管理水平与核心竞争力。打造结合自身企业特点的工作库，是施工企业取得管理改革成果的重要体现。工作库的建立思路是适当选取工程样本，再针对样本工程实地测定或测算相应工作库的数据，逐步累积形成庞大的数据集，并通过科学地统计计算，最终形成符合自身特色的企业工作库。

9）安全文明管理

传统的安全管理、危险源的判断和防护设施的布置都需要依靠管理人员的经验来进行，而 BIM 技术在安全管理方面可以发挥其独特的作用，从场容场貌、安全防护、安全措施、外脚手架、机械设备等方面建立文明管理方案指导安全文明施工。在项目中利用 BIM 建立三维模型让各分包管理人员提前对施工面的危险源进行判断，在危险源附近快速地进行防护设施模型的布置，比较直观地将安全死角进行提前排查。将防护设施模型的布置给项目管理人员进行模型和仿真模拟交底，确保现场按照布置模型执行。利用 BIM 及相应灾害分析模拟软件，提前对灾害发生过程进行模拟，分析灾害发生的原因，制定相应措施，避免灾害的再次发生，并编制人员疏散、救援的灾害应急预案。基于 BIM 技术将智能芯片植入项目现场劳务人员安全帽中，对其进出场控制、工作面布置等方面进行动态查询和调整，有利于安全文明管理。总之，安全文明施工是项目管理中的重中之重，结合 BIM 技术可发挥其更大的作用。

10）资源计划及成本管理

资源及成本计划控制是项目管理中的重要组成部分，基于 BIM 技术的成本控制的基础是建立 5D 建筑信息模型，它是将进度信息和成本信息与三维模型进行关联整合。通过该模型，计算、模拟和优化对应于项目各施工阶段的劳务、材料、设备等的需用量，从而建立劳动力计划、材料需求计划和机械计划等，在此基础上形成项目成本计划，其中，材料需求计划的准确性、及时性对于实现精细化成本管理和控制至关重要，它可通过 5D 模型自动提取需求计划，并以此为依据指导采购，避免材料资源堆积和超支。根据形象进度，利用 5D 模型自动计算完成工程量并向业主报量与分包核算，提高计量工作效率，方便根据总包收入控制支出进行。在施工过程中，及时将分包结算、材料消耗、机械结算在施工过程中周期地对施工实际支出进行统计，将实际成本及时统计和归集，与预算成本、合同收入进行计算对比分析，获得项目超支和盈亏情况。对于超支的成本找出原因，采取针对性的成本控制措施将成本控制在计划成本内，有效实现成本动态分析控制。

二、BIM 技术在项目管理中的应用

1. 项目管理

现代的工程项目对管理的要求越来越高，对质量、投资回报、计划进度要求严格。无论是业主方的项目管理，还是总承包单位的项目管理，都要围绕着项目的进度、质量、成本来开展工作。

先进的项目管理理念，可以帮助项目部门科学、高效地管理项目，对项目各阶段（工程项目的勘察、设计、采购、施工、试运行、竣工验收等）实行全过程或若干阶段、各项内容合理计划，严格控制，综合平衡，有效地协调工作安排，进行项目成本、进度、范围、质量的管理，规避项目风险和对项目实现全过程的动态管理，使项目最终取得圆满成功。

1）项目管理

项目管理通常可以定义为：以项目为管理对象，在既定的约束条件下，为最优地实现项目目标，根据项目的内在规律，对项目全寿命周期进行有效地计划、组织、指挥、控制和协调的系统管理活动。

在实际应用中，项目管理是从项目的开始到项目的完成，通过项目策划（PP－Project Plan）和项目控制（PC－Project Control），以实现项目的费用目标（投资目标、成本目标）、质量目标和进度目标。全阶段管理包括三部分，分别为决策阶段管理（DM）、实施阶段管理（PM）以及使用阶段管理（FM），其具体表达及项目各管理方的工作范围如图 3-4 所示。

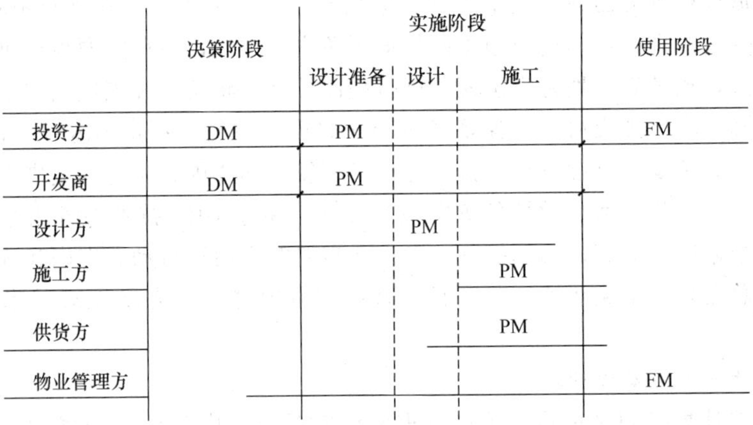

	决策阶段	实施阶段			使用阶段
		设计准备	设计	施工	
投资方	DM	PM			FM
开发商	DM	PM			
设计方			PM		
施工方				PM	
供货方				PM	
物业管理方					FM

DM—Development Managemcnt；PM—Project Management；FM—Facility Management

图 3-4　各项目管理的工作范围

通过项目管理可以实现工程建设增值、工程使用（运行）增值，能够确保工程建设安全、工程使用安全，能够提高工程质量，降低工程运营成本，便于工程维护，最终满足用户的使用功能。

2）施工项目管理

施工阶段的项目管理，是以施工项目经理为核心的项目经理部，对施工项目全过程进行的管理，负责整个工程的施工安全控制、施工总进度控制、施工质量控制和施工成本控制等。施工项目控制的行为主体是施工单位，其核心任务是对项目策划和项目控制以达成项目

的控制目标。施工项目的控制目标有进度目标、质量目标、成本目标和安全目标等。

2. 项目管理存在难点及不足

1) 项目管理存在难点

目前，工程项目管理在技术革新、管理模式创新和项目流程梳理上都有了质的飞跃，行业内的企业已普遍拥有一套适合企业和社会发展的管理体系。尽管如此，理想的项目管理体系执行难度仍非常之大。工程项目数据量大、各岗位间数据流通效率低、团队协调能力差等问题成了制约项目管理发展的主要因素，具体如下：

(1) 项目管理各条线获取数据难度大

工程项目开始后会产生海量的工程数据，这些数据获取的及时性和准确性直接影响到各单位、各班组的协调水平和项目的精细化管理水平。然而，现实中工程管理人员对于工程基础数据的获取能力较差，使得采购计划不准确，限额领料难执行，短周期的多算对比无法实现，过程数据难以管控。

(2) 项目管理各条线协同、共享、合作难度大

工程项目的管理决策者获取工程数据的及时性和准确性都不够，严重制约了各条线管理者对项目管理的统筹能力。在各工种、各条线、各部门协同作业时往往凭借经验进行布局管理，各方的共享与合作难以实现，工程项目的管理成本骤升、浪费严重。

(3) 工程资料保存难度大

当前，工程项目的大部分资料保存在纸质媒介上，由于工程项目的资料种类繁多、体量和保存难度过大、应用周期过长等，使得工程项目从开始到竣工后大量的施工依据不易追溯。特别是变更单、签证单、技术核定单、工程联系单等重要资料的遗失，将对工程建设各方责任权利的确定与合同的履行造成重要影响。

(4) 设计图纸碰撞检查与施工难点交底难度大

在建筑物的造型日益复杂、建筑施工周期逐渐缩短的大趋势下，对建筑施工协调管理和技术交底的要求也逐步提高。由于设计院出具的施工图纸中各专业划分不同，设计人员的素质不同，导致各专业的相互协调难度大，图纸碰撞问题、设计变更问题时有发生。

设计图纸的碰撞问题易导致工期延误、成本增加等，给工程质量安全带来了巨大隐患；施工人员在面临反复变化的设计图纸和按图施工的要求时显得力不从心，导致工程项目施工过程中，不同班组同一部位施工采用不同蓝图的情况、建筑成品与施工蓝图不一致的情况也屡见不鲜。

2) 项目管理存在不足

目前，我国的项目管理还处于粗放式的管理水平，与英国、新加坡等国家相比，我国传统项目管理存在以下不足：

①业主方在建设工程不同的阶段可自行或委托进行项目前期的开发管理、项目管理和设施管理，但是缺少必要的相互沟通。

②前期的开发管理、项目管理和设施管理的分离造成的弊病，仅从各自的工作目标出发，而忽视了项目全寿命的整体利益。

③工程项目管理只局限于施工领域，设计方、供货方和监理方的项目管理还相当弱，各方容易互相推诿责任。

④二维 CAD 设计图形象性差，二维图纸不方便各专业之间的协调沟通，传统方法不利

于规范化和精细化管理。

⑤施工方对效益过分地追求，质量管理方法很难充分发挥其作用。

⑥施工人员专业技能水平不高，材料使用不规范，不按设计或规范进行施工，不能准确预知完工后的质量效果，各个专业工种相互影响。

⑦造价分析数据细度不够，功能弱，精细化成本管理需要细化到不同时间、构件、工序等，难以实现过程管理。

⑧对环境因素的估计不足，重检查、轻积累。

3. BIM 在项目管理的优势

基于 BIM 的管理模式是创建信息、管理信息、共享信息的数字化方式，其具有很多优势，具体如下：

①通过建立 BIM 模型，能够在设计中最大限度地满足业主对设计成果的细节要求。业主可在线以任何一个角度观看设计产品的构造，甚至是小到一个插座的位置、规格、颜色。业主也可以在设计过程中在线提出修改意见，从而使精细化设计成为可能。

②工程基础数据如量、价等数据可以实现准确、透明及共享，能完全实现短周期、全过程对资金风险以及盈利目标的控制。

③能够对投标书、进度审核预算书、结算书进行统一管理，并形成数据对比。

④能够对施工合同、支付凭证、施工变更等工程附件进行统一管理，并对成本测算、招标投标、签证管理、支付等全过程造价进行管理。

⑤BIM 数据模型能够保证各项目的数据动态调整，方便追溯各个项目的现金流和资金状况。

⑥根据各项目的形象进度进行筛选汇总，能够为领导层更充分地调配资源、进行决策提有利条件。

⑦基于 BIM 的 4D 虚拟建造技术能够提前发现在施工阶段可能出现的问题，并逐一修改，提前制定应对措施。

⑧能够在短时间内优化进度计划和施工方案，并说明存在问题，提出相应的方案用于指导实际项目施工。

⑨能够使标准操作流程可视化，随时查询物料及产品质量等信息。

⑩利用虚拟现实技术实现对资产、空间管理、建筑系统分析等技术内容，从而便于运营维护阶段的管理应用。

⑪能够对突发事件进行快速应变和处理，快速准确掌握建筑物的运营情况，如对火灾等安全隐患进行及时处理，减少不必要的损失。

所以，采用 BIM 技术可使整个工程项目在设计、施工和运营维护等阶段都能有效地实现。制订资源计划、控制资金风险、节省能源、节约成本、降低污染及提高效率。应用 BIM 技术，能改变传统的项目管理理念，引领建筑信息技术走向更高层次，从而提高建筑管理的集成化程度。

4. 应用内容

1）企业级 BIM 技术管理应用

随着 BIM 技术的引入，传统的建筑工程项目管理模式将被 BIM 所取代，BIM 可以使众多参与单位在同一个平台上实现数据共享，从而使得建筑工程项目管理更为便捷、有效。为了更好地应用 BIM 技术，应该从以下几方面着手：

（1）促进施工技术人员掌握施工及项目管理方面的 BIM 技术

深入学习 BIM 在施工行业的实施方法和技术路线，提高施工技术人员的 BIM 软件操作能力；掌握基本 BIM 建模方法，加深 BIM 施工管理理念；在施工、造价管理和项目管理方面进行 BIM 技术的综合应用，从而加快推动施工人员由单一型技术人才向复合型全面人才的转变。

（2）提升企业综合技术实力

提高施工方三维可视化技术的能力，辅助企业进行投标，承揽 BIM 项目，提升中标可能性，进行 BIM 模型的可视化渲染、碰撞检测报告、绘制施工图等；选定试点项目展开 BIM 工作，进而带动整个公司的 BIM 技术普及，使之成为单位的核心竞争力，为承揽大型复杂项目提供技术保障；进行后期 BIM 大赛及其他奖项的申报，拓展企业市场，增强企业的影响力；促进新技术与 BIM 相结合，通过企业内部资源与科研机构等联合研发 BIM 施工管理中新的应用点，例如，云技术、激光扫描点云技术、GIS 技术等。

（3）组建企业 BIM 团队

组建多层级团队，能够应用 BIM 技术为企业、部门或项目提高工作质量和效率，进而建立企业 BIM 技术中心，负责 BIM 知识管理、标准与模板、构件库的开发与维护、技术支持、数据存档管理、项目协调、质量控制等；合理制定企业内部 BIM 标准，规范 BIM 应用。

（4）公司 BIM 族库开发

族是 BIM 系列软件中组成项目的单元，同时也是参数信息的载体，是一个包含通用属性集和相关图形表示的图元组。族样板建立：在软件原有族样板的基础上结合公司深化的经验与习惯，创建适应公司结构施工及日后维护的族样板作为族库建立的标准样板，在此标准样板中包含了尺寸、应力、价格、材质、施工顺序等在施工中必需的参数；族库建立：根据项目的需求建立族，要求所建立的族具有高度的参数化性质，可以根据不同的工程项目来改变族在项目中的参数，其通用性和拓展性强，可将每个项目建立的族库组合成为公司特有的族库。

（5）企业级 BIM 私有云平台

以创建的 BIM 模型和全过程造价数据为基础，把原来分散在个人手中的工程信息模型汇总到企业，形成一个汇总的企业级项目基础数据库；企业将数据库及 BIM 应用所需图形工作站、高性能计算资源、高性能存储以及 BIM 软件部署在云端；地端的用户无需安装专业的 BIM 软件及强大的图形处理功能，利用普通终端电脑通过网络连接到云平台进行 BIM 的相关工作。

2）BIM 模型的应用计划

①根据施工进度和深化设计及时更新和集成 BIM 模型，进行碰撞检测，提供具体碰撞的检测报告，并提供相应的解决方案，及时协调解决碰撞问题。

②基于 BIM 模型，探讨短期及中期之施工方案。

③基于 BIM 模型，准备机电综合管道图（CSD）及综合结构留洞图（CBWD）等施工深化图纸，及时发现管线与管线、管线与建筑、管线与结构之间的碰撞点。

④基于 BIM 模型，及时提供能快速浏览的 nwf、dwf 等格式的模型和图片，以便各方查

看和审阅。

⑤在相应部位施工前的一个月内，对施工进度表进行 4D 施工模拟，提供图片和动画视频等文件，协调施工各方优化时间安排。

⑥应用网上文件管理协同平台，确保项目信息及时有效传递。

⑦将视频监视系统与网上文件管理平台整合，实现施工现场的实时监控和管理。

三、BIM 在建设工程项目管理中的应用

1. 业主方 BIM 项目管理与应用

1）业主希望通过 BIM 带来的好处

业主方应首先明确 BIM 技术的应用目的，才能更好地应用 BIM 技术辅助项目管理。业主希望通过 BIM 带来的好处往往有以下几个方面：

①可视化的投资方案：即能反映项目的功能，满足业主的需求，实现投资目标；

②可视化的项目管理：即支持设计、施工阶段的动态管理，及时消除差错，控制建设周期及项目投资；

③可视化的物业管理：即通过 BIM 与施工过程记录信息的关联，不仅为后续的物业管理带来便利，并且可以在未来进行的翻新、改造、扩建过程中为业主及项目团队提供有效的历史信息。

2）业主方应用 BIM 技术能实现的具体问题

（1）招标管理

BIM 辅助业主进行招标管理主要体现在以下几个方面：

①数据共享。

BIM 模型的可视化能够让投标方深入了解招标方所提出的条件，避免信息孤岛的产生，保证数据的共通共享及可追溯性。

②经济指标的控制。

控制经济指标的精确性与准确性，避免建筑面积与限高的造假。

③无纸化招标。

实现无纸化招标投标，从而节约大量纸张和装订费用，真正做到绿色低碳环保。

④削减招标成本。

可实现招标投标的跨区域、低成本、高效率、更透明、现代化，大幅度削减招标投入的人力成本。

⑤整合招标文件。

整合所有招标文件，量化各项指标，对比论证各投标人的总价、综合单价及单价构成的合理性。

⑥评标管理。

记录评标过程并生成数据库，对操作员的操作进行实时的监督，评标过程可事后查询，最大限度地减少暗箱操作、虚假招标、权钱交易，有利于规范市场秩序，防止权力寻租与腐败，有效推动招标投标工作的公开化、法制化。

（2）设计管理

BIM 辅助业主进行设计管理主要体现在以下几个方面：

①协同工作。

基于 BIM 的协同设计平台，能够让业主与各专业工程参与者实时更新测数据，实现最短时间达到图纸、模型合一。

②周边环境模拟。

对工程周边环境进行模拟，对拟建造工程进行性能分析，如舒适度、空气流动性、噪声云图等指标，对于城市规划及项目规划意义重大。

③复杂建筑曲面的建立。

在面对复杂建筑时，在项目方案设计阶段应用 BIM 软件也可以达到建筑曲面的离散。

④图纸检查。

BIM 团队的专业工程师能够协助业主检查项目图纸的错漏短缺，达到更新和修改的最低化。

（3）工程量统计

工程量的计算是工程造价中最繁琐的部分，利用 BIM 技术辅助工程计算，能大大减轻预算的工作强度。目前，市场上主流的工程量计算软件大多是基于自主开发图形平台的工程量计算软件和基于 AutoCAD 平台的工程量计算软件。不论是哪一个平台，它们都存在两个明显的缺点：图形不够逼真和需要重新输入工程图纸。

自主开发的图形平台多数是简易的二维图形平台，图形可视性差。用户在使用图形法的工程量自动计算软件时，需要将施工蓝图通过数据形式重新输入计算机，相当于人工在计算机上重新绘制一遍工程图纸，导致了预算人员无法将其主要精力投入到套用定额等造价方面的工作上。这种做法不仅增加了前期工作量，而且没有共享设计过程中的产品设计信息。

利用 BIM 技术提供的参数更改技术能够将针对建筑设计或文档任何部分所做的更改自动反映到其他位置，从而帮助工程师们提高协同效率以及工作质量。BIM 技术具有强大的信息集成能力和三维可视化图形展示能力，利用 BIM 技术建立起的三维模型可以极尽全面地加入工程建设的所有信息。根据模型能够自动生成符合国家工程量清单计价规范标准的工料量清单及报表，快速统计和查询各专业工程量，对材料计划、使用做精细化控制，避免材料的浪费。如利用 BIM 信息化特征可以准确提取整个项目中防火门数量的准确数字、防火门的不同样式、材料的安装日期、出厂型号、尺寸大小等，甚至可以统计到防火门的把手等细节。

（4）施工管理

作为项目管理部门，对于甲方管理可分为两个层面：一是对项目；二是对工程管理人员。项目实施的优劣直接反映管理人员项目管理水平，同时，业主方建设管理行为对工程的进度、质量、投资、廉政等方面有着直接影响。

在这一阶段业主对项目管理的核心任务是现场施工产品的保证、资金使用的计划与审核以及竣工验收。对于业主方，对现场目标的控制、承包商的管理、设计者的管理、合同的管理、手续的办理、项目内部及周边协调等问题也是管理的重中之重，急需一个专业的平台来提供各个方面庞大的信息和实施各个方面人员的管理。而 BIM 技术正是解决此类工程问题的不二之选。

BIM 辅助业主进行施工管理的优势主要体现在：

①验证总包施工计划的合理性，优化施工顺序。

②使用 3D 和 4D 模型明确分包商的工作范围，管理协调交叉，施工过程监控，可视化报进度。

③对项目中所需的土建、机电、幕墙和精装修所需要的材料进行监控，保证项目中的成本控制。

④在工程验收阶段，利用 3D 扫描仪扫描工程完成全面的信息，与模型参照对比来检验工程质量。

（5）物业管理

在建筑物使用寿命期间，建筑物结构设施（如墙、楼板、屋顶等）和设备设施（如设备、管道等）都需要不断得到维护。一个成功的维护方案将提高建筑物性能，降低能耗和修理费用，进而降低总体维护成本。BIM 模型结合运营维护管理系统可以充分发挥空间定位和数据记录的优势，合理制订维护计划，分配专人专项维护工作，以降低建筑物在使用过程中出现突发状况的概率。BIM 辅助业主进行物业管理主要体现在：

①设备信息的三维标注，可在设备管道上直接标注名称规格、型号，且三维标注能够跟随模型移动、旋转。

②属性查询，在设备上右击鼠标，可以显示设备的具体规格、参数及生产厂家等。

③外部链接，在设备上单击，可调出有关设备的其他格式文件，如维修状况、仪表数值等。

④隐蔽工程，工程结束后，各种管道可视性降低，给设备维护、工程维修或二次装饰工程带来一定难度，BIM 能清晰记录各种隐蔽工程，避免施工错误。

⑤模拟监控，物业对一些净空高度、结构有特殊要求，BIM 能提前解决各种要求，并能生成 VR 文件，可以与客户互动阅览。

（6）空间管理

空间管理是业主为节省空间成本、有效利用空间、为最终用户提供良好工作生活环境而对建筑空间所做的管理。BIM 可以帮助管理团队记录空间的使用情况，处理最终用户要求空间变更的请求，分析现有空间的使用情况，合理分配建筑物空间，确保空间资源的最大利用率。

（7）推广销售

利用 BIM 技术和虚拟现实技术还可以将 BIM 模型转化为具有很强交互性的虚拟现实模型。将虚拟现实模型联合场地环境和相关信息，可以组成虚拟现实场景。在虚拟现实场景中，用户可以定义第一视角的人物，并实现在虚拟场景中的三维可视化的浏览。将 BIM 三维模型赋予照片级的视觉效果，以第一人称视角，浏览建筑内部，能直观地将住宅的空间感觉展示给住户。

提交的整体三维模型，能极大地方便住户了解户型，更重要的是能避免装修时对建筑机电管道线路的破坏，减少装修成本，避免经济损失。利用已建立好的 BIM 模型，可以轻松出具建筑和房间的渲染效果图。利用 BIM 前期建立的模型，可以直接获得如真实照片般的渲染效果，省去了二次建模的时间和成本，同时还能达到展示户型的效果，对住房的推广销售起到极大的促进作用，如图 3-5 所示。

BIM 辅助业主进行推广销售主要体现在：

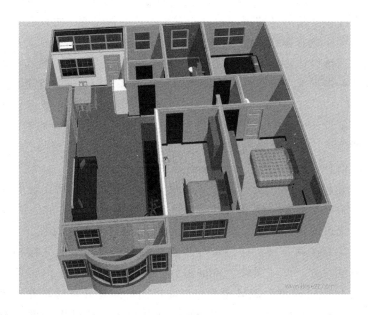

图 3-5　三维户型图

①面积监控。

BIM 体量模型可自动生成建筑及房间面积，并加入面积计算规则，添加所有建筑楼层房间使用性质等相关信息作为未来楼盘推广销售的基础数据。

②虚拟现实。

为采购者提供三维可视化模型，并提供在三维模型中的漫游，使其体会身临其境的感觉。

2. 设计方 BIM 项目管理与应用

设计方是项目的主要创造者，是最先了解业主需求的参建方，设计方往往希望通过 BIM 带来的好处有：

（1）突出设计效果

即通过创建模型，更好地表达设计意图，满足业主需求。

（2）便捷地使用并减少设计错误

即利用模型进行专业协同设计，通过碰撞检查，把类似空间障碍等问题消灭在出图之前。

（3）可视化的设计会审和专业协同

即基于三维模型的设计信息传递和交换将更加直观、有效，有利于各方沟通和理解。

设计方应用 BIM 技术能实现的具体问题如下。

1）三维设计

当前，二维图纸是我国建筑设计行业最终交付的设计成果，生产流程的组织与管理也均围绕着二维图纸的形成来进行。二维设计通过投影线条、制图规则及技术符号表达设计成果，图纸需要人工阅读方能解释其含义。随着日益复杂的建筑功能要求和人类对于美感的追求，设计师们更加渴望驾驭复杂多变、更富美感的自由曲面。然而，二维设计甚至连这类建筑最基本的几何形态也无法表达。

另外，二维设计最常用的是使用浮动和相对定位，目的是想尽办法让各种各样的模块挤在一个平面内，为了照顾兼容和应付各种错漏问题，往往结构和表现都处理得非常复杂，效率方面大打折扣。三维设计使用绝对定位，绝对定位容易给人造成一种布局固定的误解，其实不然，绝对定位一定程度上可以代替浮动做到相对屏幕，而且兼容性更好。

当前 BIM 技术的发展，更加发展和完善了三维设计领域。BIM 技术引入的参数化设计理念，极大地简化了设计本身的工作量，同时其继承了初代三维设计的形体表现技术，将设计带入一个全新的领域。通过信息的集成，也使得三维设计的设计成品（即三维模型）具备更多的可供读取的信息，对于后期的生产提供更大的支持。

BIM 由三维立体模型表述，从初始就是可视化的、协调的。其直观形象地表现出建筑建成后的样子，然后根据需要从模型中提取信息，将复杂的问题简单化。基于 BIM 的三维设计能够精确表达建筑的几何特征。相对于二维绘图，三维设计不存在几何表达障碍，对任何复杂的建筑造型均能准确表现。通过进一步将非几何信息集成到三维构件中，如材料特征、物理特征、力学参数、设计属性、价格参数、厂商信息等，使得建筑构件成为智能实体，三维模型升级为 BIM 模型。BIM 模型可以通过图形运算并考虑专业出图规则自动获得二维图纸，并可以提取出其他的文档，如工程量统计表等，还可以将模型用于建筑能耗分析、日照分析、结构分析、照明分析、声学分析、客流物流分析等诸多方面。

2）协同设计

协同设计是当下设计行业技术更新的一个重要方向，也是设计技术发展的必然趋势。协同设计有两个技术分支：一个主要适合于大型公建、复杂结构的三维 BIM 协同；另一个主要适合于普通建筑及住宅的二维 CAD 协同。通过协同设计建立统一的设计标准，包括图层、颜色、线型、打印样式等。在此基础上，所有设计专业人员在统一的平台上进行设计，从而减少现行各专业之间（以及专业内部）由于沟通不畅或沟通不及时导致的错、漏、碰、缺等现象，真正实现所有图纸信息元的统一性，实现一处修改其他自动修改，提升设计效率和设计质量。同时，协同设计也对设计项目的规范化管理起到重要作用，包括进度管理、设计文件统一管理、人员负荷管理、审批流程管理、自动批量打印、分类归档等。

目前所说的协同设计很大程度上是指基于网络的一种设计沟通交流手段，以及设计流程的组织管理形式。包括：通过 CAD 文件之间的外部参照，使得工种之间的数据得到视化共享；通过网络消息、视频会议等手段，使设计团队成员之间可以跨越部门、地域甚至国界进行成果交流、开展方案评审或讨论设计变更；通过建立网络资源库，使设计者能够获得统一的设计标准；通过网络管理软件的辅助，使项目组成员以特定角色登录，可以保证成果的实时性及唯一性，并实现正确的设计流程管理；针对设计行业的特殊性，甚至开发出了基于 CAD 平台的协同工作软件等。

协同设计软件会在不增加设计人员工作负担、不影响设计人员设计思路的情况下，始终帮助设计者理顺设计中的每一张图纸，记录清楚其各个历史版本和历程，也保证设计图纸不再凌乱；同时也帮助各专业设计人员掌握设计的协作分寸和时机，使得图纸环节流转及时、顺畅，资源共享充分圆满；始终帮助设计师们监控设计过程中的每个环节，使得工程进度把握有序，工期不再拖延。协同设计就相当于配给设计师的得力助手。协同设计工作是以一种协作的方式，使成本降低，设计效率提高。协同设计由流程、协作和管理三类模块构成。设计、校审和管理等不同角色人员利用该平台中的相关功能实现各自工作。

BIM 技术与协同设计技术将成为互相依赖、密不可分的整体。协同是 BIM 的核心概念，同一构件元素，只需输入一次，各工种即可共享元素数据，并于不同的专业角度操作该构件元素。从这个意义上说，基于 BIM 的协同设计已经不再是简单的文件参照，可以说 BIM 技术将为未来协同设计提供底层支撑，大幅提升协同设计的技术含量。因此，未来的协同设计将不再是单纯意义上的设计交流、组织及管理手段，它将与 BIM 融合，成为设计手段本身的一部分。某工程多专业管线协同设计局部展示，其真正意义为：在一个完整的组织机构中共同来完成一个项目，项目的信息和文档从一开始创建时起，就放置到共享平台上，被项目组的所有成员查看和利用，从而完美实现设计流程上下游专业间的设计交流。

3）建筑节能设计

建设项目的景观可视度、日照、风环境、热环境、声环境等性能指标在开发前期就已经基本确定，但是由于缺少合适的技术手段，一般项目很难有时间和费用对上述各种性能指标进行多方案分析模拟，BIM 技术为建筑性能分析的普及应用提供了可能性。基于 BIM 的建筑性能化分析包含以下内容：

①室外风环境模拟。改善住宅区建筑周边人行区域的舒适性，通过调整规划方案建筑布局、景观绿化布置，改善住区流场分布，减小涡流和滞风现象，提高住宅区环境质量；分析大风情况下，哪些区域可能因狭管效应引发安全隐患等。

②自然采光模拟。分析相关设计方案的室内自然采光效果，通过调整建筑布局、饰面材料、围护结构的可见光透射比等，改善室内自然采光效果，并根据采光效果调整室内布局布置等。

③室内自然通风模拟。分析相关设计方案，通过调整通风口位置、尺寸、建筑布局等改善室内流场分布情况，并引导室内气流组织有效地通风换气，改善室内舒适情况。

④小区热环境模拟分析。模拟分析住宅区的热岛效应，采用合理优化建筑单体设计、群体布局和加强绿化等方式削弱热岛效应。

⑤建筑环境噪声模拟分析。计算机声环境模拟的优势在于，建立几何模型之后，能够在短时间内通过材质的变化及房间内部装修的变化，来预测建筑的声学质量，以及对建筑声学改造方案进行可行性预测。

基于 BIM 和能量分析工具，将实现建筑模型的传递，能够简化能量分析的操作过程。如美国的 Energy Plus 软件，在 2D CAD 的建筑设计环境下，运行 Energy Plus 进行精确模拟需要专业人士花费大量时间，手工输入一系列大量的数据集，包括几何信息、构造、场地、气候、建筑用途以及 HVAC 的描述数据等。然而在 BIM 环境中，建筑师在设计过程中创建的 BIM 模型可以方便地同第三方设备结合，从而将 BIM 中的 IFC 文件格式转化成 Energy Plus 的数据格式。

BIM 与 Energy Plus 相结合的一个典型实例是位于纽约"9·11"遗址上的自由塔（Freedom Tower）。在自由塔的能效计算中，美国能源部主管的加州大学劳伦斯·伯克利国家实验室（LBNL）充分利用了 ArchiCAD 创建的虚拟建筑模型和 Energy Plus 这个能量分析软件。自由塔设计的一大特点是精致的褶皱状外表皮，LBNL 利用 ArchiCAD 软件将这个高而扭曲的建筑物的中间（办公区）部分建模，将外表几何形状非常复杂的模型导入了 Energy Plus，模拟了选择不同外表皮时的建筑性能，并且运用 Energy Plus 来确定最佳的日照设计和整个建筑物的能量性能，最后建筑师根据模拟结果来选择最优化的设计方案。

4）效果图及动画展示

利用 BIM 技术出具建筑的效果图，通过图片传媒来表达建筑所需要的以及预期要达到的效果；通过 BIM 技术和虚拟现实技术来模拟真实环境和建筑。效果图的主要功能是将平面的图纸三维化、仿真化，通过高仿真的制作，来检查设计方案的细微瑕疵或进行项目方案修改的推敲。在建筑行业效果图被大量应用于大型公建，超高层建筑，中型、大型住宅小区的建设。

动画展示更加形象具体。在科技发达的现代，建筑的形式也向着更加高大、更加美观、更加复杂的方向发展，对于许多复杂的建筑形式和具体工法的展示自然变得更加重要。利用 BIM 技术提供的三维模型，可以轻松地将其转化为动画的形式，这样就使设计者的设计意图能够更加直观、真实、详尽地展现出来，既能为建筑投资方提供直观的感受，也能为后面的施工提供很好的依据。

BIM 系列软件具有强大的建模、渲染和动画功能，通过 BIM 可以将专业、抽象的二维建筑描述通俗化、三维直观化，使得业主等非专业人员对项目功能性的判断更为明确和高效。另外，如果设计意图或者使用功能发生改变，基于已有的 BIM 模型，可以在短时间内修改完毕，效果图和动画也能及时更新。并且，效果图和动画的制作功能是 BIM 技术的一个附加功能，其成本较专门的动画设计或效果图的制作大大降低，从而使得企业在较少的投入下能获得更多的回报。如对于规划方案，基于 BIM 能够进行预演，方便业主和设计方进行场地分析、建筑性能预测和成本估算，对不合理或不健全的方案进行及时地更新和补充。

5）碰撞检测

二维图纸不能用于空间表达，使得图纸中存在许多意想不到的碰撞盲区。并且，目前的设计方式多为"隔断式"设计，各专业分工作业，依赖人工协调项目内容和分段，这也导致设计往往存在专业间碰撞。同时，在机电设备和管道线路的安装方面也存在软碰撞的问题（即实际设备、管线间不存在实际的碰撞，但在安装方面会造成安装人员、机具不能到达安装位置的问题）。

传统二维图纸设计中，在结构、水暖电等各专业设计图纸汇总后，由总工程师人工发现和协调问题，这种做法难度大且效率低。碰撞检查可以及时地发现项目中图元之间的冲突，这些图元可能是模型中的一组选定图元，也可能是所有图元。在设计过程中，可以使用此工具来协调主要的建筑图元和系统。使用该工具可以防止冲突发生，并可降低建筑变更及成本超限的风险。常见的碰撞内容如下：

①建筑与结构专业、标高、剪力墙、柱等位置不一致，或梁与门冲突；

②结构与设备专业、设备管道与梁柱冲突；

③设备内部各专业、各专业与管线冲突；

④设备与室内装修、管线末端与室内吊顶冲突。

BIM 技术在三维碰撞检查中的应用已经比较成熟，国内外都有相关软件可以实现，如 Navisworks 软件。这些软件都是应用 BIM 可视化技术，在建造之前就可以对项目的土建、管线、工艺设备等进行管线综合及碰撞检查，不但能够彻底消除硬碰撞、软碰撞，优化工程设计，减少在建筑施工阶段可能存在的错误损失和返工的可能性，而且可以优化净空和管线排布方案。如图 3-6 所示，为给水排水与结构墙体层状试验和通风管道之间的碰撞试验。

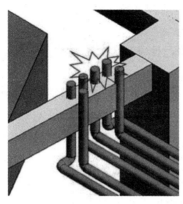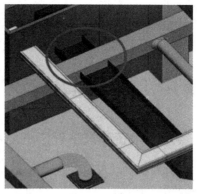

图 3-6　专业管道碰撞试验检测

6）设计变更

设计变更是指设计单位依据建设单位要求调整，或对原设计内容进行修改、完善、优化。设计变更应以图纸或设计变更通知单的形式发出。在建设单位组织的由设计单位和施工企业参加的设计交底会上，经施工企业和建设单位提出，各方研究同意而改变施工图的做法，都属于设计变更，为此而增加新的图纸或设计变更说明都由设计单位或建设单位负责。

而引入 BIM 技术后，利用 BIM 技术的参数化功能，可以直接修改原始模型，并可实时查看变更是否合理，减少变更后的再次变更，提高变更的质量。

施工企业在施工过程中，遇到一些原设计未预料到的具体情况需要进行处理，因而发生设计变更。如工程的管道安装过程中遇到原设计未考虑到的设备和管墩、在原设计标高处无安装位置等，需改变原设计管道的走向或标高，经设计单位和建设单位同意，办理设计变更或设计变更联络单。这类设计变更应注明工程项目、位置、变更的原因、做法、规格和数量，以及变更后的施工图，经各方签字确认后即为设计变更。采用传统的变更方法，需要对统一节点的各个视图依次进行修改，在 BIM 技术的支持下，只需对节点在一个视图上进行变更调整，其他视图的相应节点即都进行了修改，这样将大幅度地压缩图纸修改的时间，极大地提高效率。

工程开工后，由于某些方面的需要，建设单位提出要求改变某些施工方法，增减某些具体工程项目或施工企业。在施工过程中，由于施工方面、资源市场的原因，如材料供应或者施工条件不成熟，认为需改用其他材料代替，或者需要改变某些工程项目的具体设计等引起的设计变更，也会因利用 BIM 技术而简洁、准确、实用、高效地完成项目的变更。

设计变更还直接影响工程造价。设计变更的时间和影响因素可能是无法掌控的，施工过程中反复变更设计会导致工期和成本的增加，而变更管理不善导致进一步地变更，使得成本和工期目标处于失控状态。BIM 的应用有望改变这一局面。美国斯坦福大学整合设施工程中心根据对几十个项目的统计分析，总结了使用 BIM 技术后产生的效果，认为它可以消除40％的预算外更改，即从源头上减少变更的发生，主要表现在：

①三维可视化模型能够准确地再现各专业系统的空间布局、管线走向，专业冲突一览无

遗，提高设计深度，实现三维校审，大大减少"错、碰、漏、缺"现象的发生，在设计成果交付前消除设计错误可以减少设计变更；

②BIM 能增加设计协同能力，从而减少各专业间冲突，降低协调综合过程中的不合理方案或问题方案，使设计变更大大减少；

③BIM 技术可以做到真正意义上的协同变更，可以避免变更后的再次变更。

◄◄ 第五节　人工智能技术在建筑工程中的应用 ►►

一、人工智能技术在建筑工程中的应用背景

1. 人工智能简介

人工智能技术作为计算机科学的一个重要分支，将智能的本质阐述了出来，生产出一种具有人类智能的机器。其研究的主要内容有对图像和语言的识别、专家系统、语言处理以及机器人等系统。

2. 人工智能研究的领域及应用

所谓人工智能技术，是指一门由控制论、计算机科学、神经生理学、信息论、心理学等学科相互渗透和发展所形成的综合性学科。虽然学术界对于人工智能的定义在经过长久的争论之后仍然没有得出一个准确的定义，但是从本质上来看，人工智能技术就是通过研究和制造人工智能系统和机器来模拟人类智能行为，从而使人类智能得到延伸的一门学科。该学科通过计算机来完成智能系统的构建，并以此来实现定理的自动证明、程序的自动设计、语言的自动理解、模式的自动识别等智能活动。

人工智能技术是计算机科学的一个重要分支，它对智能的本质进行了阐述，并生产了一种和人类智能机器相似的机器，实现了多方面的研究。伴随着科技的不断发展和进步，我们日常的生产和生活中已经离不开计算机技术了。计算机编程技术促进了传播和自动化运输的发展和进步。通过计算机编程可以实现对人类的大脑进行模仿，比如收集、分析、处理、交换以及回馈信息，因此，计算机通过对人类大脑的模仿在很大程度上带动了建筑工程的快速发展。在我们日常的生产、交换、流通和分配中，无时无刻都需要建筑工程信息的控制与配合，从而节约人力资源，提高工作效率，进而使得生产和工作的总体效率得到提高。

二、人工智能技术在建筑工程中的应用

1. 人工智能的应用现状

1）在建筑设计中的应用

在过去相当长的一段时间内，建筑设计师们都通过 AutoCAD 软件来完成有关绘图工作，但是这并不能从真正意义上体现出建筑设计，设计师们的灵感、创意、创新也无法通过 AutoCAD 得到更加全面的体现。随着人工智能技术在建筑设计行业中应用的不断深入，现在的设计师中的绝大多数都开始应用能够在设计全称提供二维图形描述和三维空间表现的理论及技术来完成日常工作，不仅提高了工作效率，也使得建筑设计的特点得到了更好的体现。

例如，Arch2015 就是一款基于 AutoCAD 2002—2010 平台的、专为建筑设计工作而量

身打造的 CAD 系统，它集人性化、数字化、可视化、参数化、智能化于一身，将建筑构件作为最基本的设计单元，采用了非常先进的自定义对象核心技术，实现了二维图形与三维模型的同步。

此类系统的使用让建筑设计师再也不必趴在桌子上完成绘图工作，让他们的创意和设想能够得到更完美的发挥和实现。工程图档也不再是以往那种抽象的线条堆积，而是通过数字化技术转化成了直观的、可视的建筑模型，真正做到了构件关联智能化、构件创建参数化以及设计过程可视化。

2）在施工管理中的应用

工作人员在以往开展建筑工程施工管理工作的时候，主要是依靠手写、手绘的方式来完成有关施工档案的记录和施工平面图的绘制，而随着人工智能技术在建筑领域里应用范围的不断扩大，综合采用数理逻辑学、运筹学、人工智能等手段来进行施工管理已经得到了认可和普及。目前比较流行的基于 C/S 环境开发的建筑施工管理系统，已经涵盖了包括分包合同管理、施工人员管理、原材料供应商管理、固定资产管理、企业财务管理、员工考勤管理、施工进度管理等方方面面，使对供应商和分包商的管理工作得到了进一步的细化，从而使原材料的进离场、分包商及员工管理工作更加科学、准确、快捷，实现了资金流、物资流、业务流的有机结合。

另外，建筑施工管理系统的数据库也非常强大，具有极为强劲的数据处理和储存能力，不仅性能稳定，升级和日常维护也非常快捷方便。而且，针对建筑施工人流复杂、密集的特点，系统还相应设置了权限管理功能，保障了施工管理数据的安全和准确性。

3）在建筑施工中的应用

人工智能技术在建筑施工中的应用主要集中在混凝土强度分析的工作中。一般来说，28 d抗压强度是衡量混凝土自身性能的重要指标，如果能够提前对混凝土的 28 d 强度值进行预测，工作人员就可以采取相应的措施对其进行控制，进而提高混凝土的质量。在以往的工作中，工作人员往往采用基于数理统计的线性回归方式对混凝土的 28 d 强度进行预测。但是对于商品混凝土来说，由于其中掺杂了大量的粉煤灰，因此混凝土各组材料与抗压强度之间的关系往往表现为明显的非线性关系，通过传统方式所得到的预测结果存在着很大的误差。

在人工神经网络技术应用于混凝土性能预测方面，我国天津大学的张胜利将传统的 BP 网络模型的预测结果与 3 种不同输入模型的 RBF 网络预测结果进行了比较和分析，最终证明了 RBF 网络模型具有较强的泛化能力和极高的预测精确度，是一种新型的、有效的分析商品混凝土性能的方法。

4）在建筑结构中的应用

中国两次大地震的发生以及这两场地震所造成的严重危害，让建筑结构控制及健康诊断工作得到了前所未有的关注。以往建筑行业所采用的结构系统辨识方法存在着抗噪声能力差、适用范围较窄、难以进行线性识别的缺点，让此项工作的有效开展受到了极大的限制。近年来，随着人工智能技术的发展，出现了一种新型的基于人工神经网络的系统辨识方法，该方法通过模糊神经网络所具有的学习及非线性映射能力来获得实测结构动力响应数据，并以此构建起建筑结构的动力特征模型。模糊神经网络能够对建筑结构在任意动力荷载情况下的动力响应进行非常准确的预测，因此广泛地应用于建筑结构的健康诊断以及振动控制当中，具有很强的实用性和可扩展性。

5）在建筑电气中的应用

随着我国建筑业的迅速发展，行业的总体能耗急剧攀升，有一段时间在总能耗中所占的比例甚至超过了 30％，所以，实行建筑节能对于实现我国的节能减排目标无疑具有巨大的促进作用，而电气节能技术则是当前效果最为显著的节能方式之一。

电气节能的评估模型建立之后，可以使用人工神经网络对其进行训练，提升其评估的准确性和网络泛化性，使建筑节能改造工作的实施能够具有更多的科学依据。其中，BP 神经网络算法就是一种能够将输入、输出问题转化为线性问题的学习方法。传统的 BP 网络采用的是梯度下降法，该方法的学习速率是保持不变的，同时训练所需的时间较长，且在学习过程中可能发生局部收敛的情况；改进型的 BP 算法和 L—M 反算法则增加了动量因子，无论是在稳定性还是收敛性方面，都要优于传统的 BP 算法，因此，广泛地被应用于当前建筑电气节能评估模型的构建工作中。

使用该方法构建的建筑电气节能评估模型的权重，能够以相对联系的方式隐藏于网络当中，这种评价方式更加科学、简单、适用，所评估模型的适用范围也更为广泛。

2. 人工智能在建筑工程领域的发展

人工智能技术与建筑行业各专业领域知识相结合，使得人工智能技术在建筑行业中取得了非常广泛的应用。已有许多专家系统、决策支持系统应用于建筑行业，并取得了很好的经济效益和社会效益。下面针对建筑规划、建筑结构、建筑工程管理等方面阐述人工智能在建筑行业的应用。

1）人工智能在建筑规划中的应用

传统的建筑施工管理，主要依赖与手工记录施工相关流程以及人工绘制施工平面布置图。随着人工智能技术的发展和应用，综合利用运筹学、数理逻辑学以及人工智能等技术手段进行建筑施工施工现场管理已经得到了广泛的应用。基于 C/S 环境架构研发的建筑企业工地管理应用系统，涵盖了工地管理的各方面内容，主要包括员工管理、分包合同管理、固定资产管理、供应商管理、财务管理、施工日志管理、员工考勤管理等内容，细化了对分包商和供应商的管理，更加有效地控制了材料进出、供应商和分包商的管理，真正实现了工地物流、资金流和业务流的结合。系统强大的数据库，具有稳定的性能，极强的数据处理能力和高效的服务维护能力，对复杂的工地人员有着严格的权限管理能力，能确保数据安全。

2）人工智能在建筑结构的应用

随着地质灾害的不断发生和由此带来的严重危害，建筑结构控制显得尤为重要。传统的结构系统辨识存在难于在线识别，只适合线性结构系统辨识、抗噪声能力差等问题。如今，随着人工智能技术的应用，出现了人工神经网络的结构系统辨别方法，利用模糊神经网络强大的非线性映射能力和学习能力，以实测的结构动力响应数据建立起结构的动力特性模型。模糊神经网络系统可以非常精确地预测结构在任意动力荷载作用下的动力响应，可以用于结构振动控制与健康中，同时还可以随时加入其他辨识方法总结出的规则，且可以做成硬件实现，具有很强的可扩展性与实用性。

3）神经网络在建筑施工中的应用

神经网络（简称 NN），是从微观结构与功能上对人脑神经系统的模拟而建立起来的一类模型，具有模拟人的部分形象思维的能力。它无需人们预先确定系统模型，而是以试验或实测数据为基础，经过有限次迭代计算，根据系统输入和输出学会它们间的非线性关系，从而获得一个反映试验或实测数据内在规律的数学模型。

NN 具有良好的自学习、自适应和自组织能力、容错性和联想记忆功能以及大规模并行、分布式信息存储和处理等特点，非常适合于处理那些需要同时考虑多个因素的、不完整的、不准确的信息处理问题。因而在混凝土无损检测中倍受青睐。

（1）基于 NN 的脉冲回波法

脉冲回波法是采用落球、锤击等方法在被测物件中产生应力波，用传感器接收回波，然后用时域或频域分析回波反射位置，以判断混凝土中的缺陷位置的方法。脉冲回波法在混凝土的缺陷无损检测研究中是一种简便易行、适合于现场操作的检测方法。该方法对表面的粗糙度和平整性要求不高，但检测灵敏度和分辨力都较低，尤其在需要检测的目标信号淹没在大量噪声及不相关信号与杂波中时。因此，混凝土结构的缺陷识别是一个复杂的模式识别问题，通过研究发现，从"样本特征模式空间"到"模式类别空间"的映射具有很强的非线性，因此非常适合于用 NN 分类器对特征进行分类。

（2）基于神经网络的光纤传感技术

光纤传感技术具有不受周围电磁干扰、测量精度高、单端输入/输出、适用范围广、可以用于比较恶劣的工程环境等优点，在建筑物的建造过程中，在其内部关键部位置入光纤传感阵列可对其由于外力、疲劳等产生的变形、裂纹、蠕变损伤进行实时监测，并可探测其内部应力、疲劳等产生的变形、裂纹、蠕变等损伤进行实时监测，还可探测其内部应力、应变等变化。应用 NN 可对传感器阵列提取的分布式信号进行实时的、智能的处理。目前，用于光纤传感阵列信号处理的三种神经网络主要有人工神经网络：反向传播网络（BP）和自组织特征映射网络（Kohonen）。

（3）基于 NN 的超声波检测

超声波法是利用应力波在固体介质中传播是否受到干扰来诊断材料、结构（构件）是否受到损伤。该方法对测定对象的开关及尺寸无任何要求，可在同一截面进行反复测定，所使用的频率高、定向性好。但常规的超声探伤法是靠人工来判定材料中的缺陷，通常很难精确地确定缺陷的类型、大小和位置，并且检测的重复性不高，可靠度较差。在定量超声无损检测中，回波中包含有缺陷的大小、形状、类型的信息，但很难推出其确切关系式，而 NN 在关系无法用确定的规则或表达式表示的情况下很有优势。NN 一经训练完成，就可以用于识别未知缺陷了，对检测人员的经验和操作技能要求不高。此外，计算机与信息处理技术的迅速发展为 NN 在超声无损检测中的应用奠定了基础。因此，将 NN 应用于超声检测，实现优势互补，使得超声检测在缺陷中的定性分析与定量判定，检测的重复性与可靠性等方面都获得了突破性进展。

将 NN 用于超声定量无损检测，关键在于网络输入信号的选取，即通过对原始数据进行分析和处理，得到与缺陷特征密切相关、最能反映缺陷分类本质的特征量，从而达到数据降维的目的。

（4）基于 NN 的声发射法

声发射技术是根据材料或结构内部发出的应力波判断结构内部损伤程度的一种动态无损检测方法。声发射信号中隐含着有关声发射源特性的重要信息，如缺陷产生的时间、位置、变化趋势及严重程度等。声发射法灵敏度高，几乎不受材料的限制，因而被广泛地应用于混凝土结构损伤诊断中。但目前人们还不能通过直接分析声发射信号来确定声发射源的性质，将神经网络与声发射传感器相结合对发射源信号进行定量分析，可以提高探测的准确度、识别力和适应性。此外，神经网络的学习能力或联机被训练的能力，能使得与之相连的声发射传感器进行自校准，并且更好地"识别"声的含义。

将 NN 技术应用于混凝土无损检测中，可较好地解决传统无损检测技术所遇到的一些困难，使检测结果的直观性和可靠性大为提高。随着人工神经网络理论本身及其相关理论、相关技术的不断发展，其在混凝土无损检测中的应用定将更加深入和广泛，使整个混凝土无损检测体系走向智能化、定量化。基于 NN 的混凝土无损检测应朝以下几个方面作进一步研究：

①基于单片机的高性能数据、信号采集系统的开发。开发高精度、高灵敏度的测量传感器及其最优化布置方法的研究；数据与信号处理。

②NN 在混凝土无损检测数据融合的应用研究。如用模糊神经网络实现无损检测数据融合。

③NN 的优化研究。如用遗传算法进行神经网络的连接、网络结构及学习算法。

④无损检测应用软件研究。如将 NN 与模糊理论、专家系统相结合开发出应用于无损检测的较高智能软件。

4）人工智能在建筑工程管理中的应用

人工智能技术已经应用于施工图生成和施工现场安排、建筑工程预算、建筑效益分析等方面。工作人员综合采用数理逻辑学、运筹学、人工智能等手段来进行施工管理已不断普及。目前开发的建筑施工管理系统，已经涵盖了包括分包劳务合同管理、施工人员管理、材料供应商管理、企业财务管理、员工考勤管理、施工进度管理固定资产管理等方面，使分包劳务管理、员工管理工作更加科学、准确、高效，实现了资金流、物资流、业务流的有机结合。

此外，建筑施工管理系统强大的数据库，以强劲的数据处理能力和存储能力，不仅能够处理建筑工程的人员复杂问题，还保证了施工管理数据的安全和准确性。

第四章　计算机在传统建筑工程中的应用

◄◄◄ 第一节　计算机在建筑工程招标投标中的应用 ►►►

一、电子招标投标

随着计算机在建筑行业中的不断应用，依托互联网技术和电子商务的深度发展和融合，电子招标投标作为电子商务的一种交易形式，逐渐在中国建筑市场不断发展壮大。它是一种建立在网络平台基础上的全新招标方式，可以实现信息发布、招标、投标、开标、评标、定标直至合同签订、价款支付等全过程电子化。

我国自1999年在外经贸纺织品配额招标工作中采用"电子招标"的方式以来，电子招标已经在机电产品国际招标中得以成功地应用。目前，招标公告、中标公示在我国已经成熟地运用于电子化招标投标平台，随着电子商务发展的日趋成熟，电子招标成为主要的招标手段是一种必然的发展趋势。

1. 概念

1）电子招标投标

电子招标投标是根据招标投标相关法律法规、规章，以数据电文为主要载体，应用信息技术完成招标投标的活动的过程。

数据电文是指以电子、光学、磁或者类似手段生成、发送、接收或者储存的信息。"电子文件"是指按照特定用途和规定的内容格式要求编辑生成的数据电文。

2）交易平台

交易平台是指招标投标当事人通过数据电文形式完成招标投标交易活动的信息平台。交易平台主要用于在线完成招标投标的全部交易过程，编辑、生成、对接、交换和发布有关招标投标数据信息，为行政监督部门和监察机关依法实施监督、监察和受理投诉提供所需的信息通道。

3）公共服务平台

公共服务平台是为满足各交易平台之间电子招标投标信息对接交换、资源共享的需要，并为市场主体、行政监督部门和社会公众提供信息交换、整合和发布的信息平台。公共服务平台具有招标投标相关信息对接交换、发布、资格信誉和业绩验证、行业统计分析、连接评标专家库、提供行政监督通道等服务功能。

4）行政监督平台

行政监督平台是指行政监督部门和监察机关在线监督电子招标投标活动，并与交易平台、公共服务平台对接交换相关监督信息的信息平台。行政监督平台应当公布监督职责权限、监督环节、程序、时限和信息交换等要求。

2. 中国电子招标投标发展历程

1999 年的外经贸纺织品配额招标中，我国首次使用电子招标方式。

2001 年，中国国际招标网在我国率先开始运营针对机电产品国际招标采购的"国际招标项目管理平台"和"国内招标项目管理平台"，主要业务流程实现了在线操作，是中国电子招标平台的先例。

2008 年 4 月，国内首个建设工程远程评标系统在苏州开通，并于 2009 年 7 月 1 日起在江苏全省推行。

2008 年 12 月，宝华招标公司自主研发成功国内首个全流程网上招标平台，并顺利完成首个"网络设备及相关技术服务项目"网上招标。该项目的实施标志着全国第一个网上全流程招标投标项目的诞生。

2009 年 3 月，北京市出台了《北京市建筑工程电子化招标投标实施细则（试行）》，规范了工程电子招标投标活动。

2012 年 2 月 1 日起施行的《中华人民共和国招标投标法实施条例》中明确规定了"国家鼓励利用信息网络进行电子招标投标"。

2013 年 2 月 4 日，国家八部委联合发布《电子招标投标办法》《电子招标投标系统技术规范》，自 2013 年 5 月 1 日起施行。《电子招标投标办法》确立了电子招标投标的法律地位，《电子招标投标系统技术规范》统一了技术规范，改变了建设技术标准不一的局面。

2013 年 7 月 3 日，国家发改委等六部委出台了《关于做好〈电子招标投标办法〉贯彻实施工作的指导意见》，推动了我国电子招标投标工作，成为我国招标投标行业发展的一个重要里程碑。

2013 年底，国家发改委制定了《电子招标投标系统检测认证管理办法》（征求意见稿），确保了进入市场的系统安全合规，推动了标准统一，实现电子招标投标系统互联互通和信息共享的需要，明确了各行政机关在电子招标投标系统检测、认证监管中的职责分工、监管重点以及监管手段。

2014 年 1 月，国家发改委等八部委联合发布了《电子招标投标办法》附件《电子招标投标系统技术规范》的配套文件——《电子招标投标系统检测认证技术规范》（征求意见稿），同时它也是《电子招标投标系统检测认证管理办法》（征求意见稿）的附件，该《检测认证技术规范》（征求意见稿）明确了电子招标投标系统检测认证的程序、内容、方法和准则。

3. 招标投标的内容及流程

1）内容

用户注册、招标方案、投标邀请、资格预审、发标、投标、开标、评标、定标、费用管理、异议、监督、招标异常、归档（存档）等功能。

2）流程

电子招标投标是一种在互联网上的实时竞拍，投标者在招标投标期间可以按照自己的需要多次投标，其标准和内容与书面竞标基本相同。

电子招标投标过程如下：

①投标供应商具有预先资格并通过初审后，便会收到一份通知，通知他们下一次的招标投标范围以及截止日期。

②投标人要简要介绍招标的货物和服务的性质，特别是电子招标投标将会怎样进行。一旦发布标书文件（通常为活动开始之前两周），投标者即可获得电子招标投标活动的时间和登录的详细信息以及一些准备时间。

③电子招标投标活动可能只持续几个小时，投标者可得到他们个人的登录信息（URL地址和密码），在活动中他们可以同时出价。

④互联网技术允许投标人看到所有其他人提交的价格，但是隐藏了个人信息，从而使每一个投标人保持匿名状态。

⑤电子招标投标被称作反向拍卖，是因为投标人出价随时间反而降低。投标人可以观看其他人的出价，从而知道他们的出价不是最低的。

⑥一旦招标投标活动结束，密码和电子招标投标的网站就会关闭，出价会被仔细检查来确保一致性。

⑦和书面招标投标一样，也有一段标后谈判 PTN 的时间来阐明突出的问题并统一合同授予。

4. 电子招标投标系统架构图

电子招标投标系统由电子招标投标交易平台、电子招标投标公共服务平台、电子招标投标行政监督平台三个部分组成。三个平台的主要功能和架构关系如图 4-1 所示。

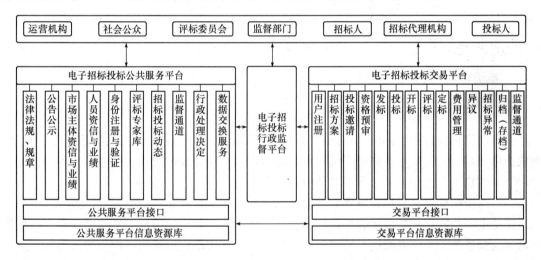

图 4-1 电子招标投标系统架构图

5. 交易平台结构图

交易平台由基本功能、信息资源库、技术支撑与保障、公共服务接口、行政监督接口、专业工具接口、投标文件制作软件等构成，并通过接口与公共服务平台和行政监督平台相连接，其基本功能结构如图 4-2 所示。

交易平台基本功能应当按照招标投标业务流程要求设置，包括用户注册、招标方案、投标邀请、资格预审、发标、投标、开标、评标、定标、费用管理、异议、监督、招标异常、归档（存档）等功能。

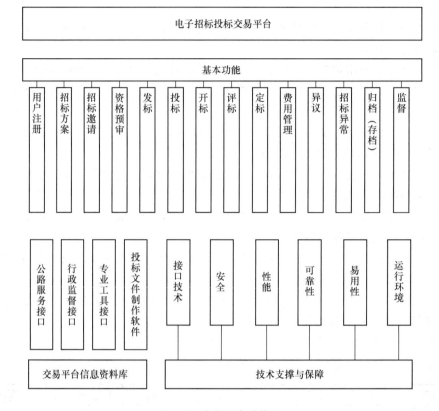

图 4-2 交易平台结构图

6. 电子招标投标的优、缺点

1）优点

（1）电子招标投标的一个最重要的特点就是效率高

传统的招标投标中繁杂的基础性、程序性、流程化的工作需要耗费大量的人力和时间，在实施电子招标投标后，计算机系统则可以高速、准确地完成。招标文件制作、评标、归档（存档）、信息资料查询等环节所需时间也将大大缩短。

（2）电子招标投标可以促进资源共享，强化专业水平

实施电子招标投标，由计算机处理结构化、规范化、程序化信息更加稳定可靠。招标项目的所有信息都记录在系统中，均可实时在线查询，可实现招标代理机构内部资源共享。电子招标投标的运用有利于隐性知识显性化，促进知识流动性，增强知识共享性，推动招标代理机构专业水平整体快速提高。

（3）操作流程规范，管理方便、高效

电子招标投标与传统的纸质招标没有本质的区别，但电子招标投标对于招标投标流程管理更加严格，业务人员必须按照设定的流程进行操作，前一项程序没完成，后续工作则无法开始，这样可有效减少业务员工作的随意性。同时，投标文件要根据招标文件的格式要求制作，模板格式中不能修改的内容无需也无法更改。另外，电子招标投标给招标代理机构的管理者提供了新的管理手段，增强了管控力度。管理者对工作人员的工作质量可通过电子招标

投标系统实现在线监管，发现问题可及时纠正，将问题消灭在萌芽状态。

（4）减少了招标投标过程中的运行费用，增加企业利润

招标投标活动信息化大大提高了工作效率，规范了业务操作流程，减少了请代理机构的所付费用，招标投标活动各环节的时间缩短了，开标、评标场地费用减少了，招标文件印刷费等费用基本没有了。

（5）竞标过程更透明，提高了企业的竞争力

电子招标投标提高了采购的透明度，减少了暗箱操作等不良行为，增加了各类投标人参与公平竞争的机会，从而进一步提升了招标代理机构的社会形象。同时也能提高国内企业的竞争意识与生存能力，为国内企业提供更多参与国际竞争的机会，使其更多地了解国际市场行情和国际技术标准、国际竞争方式，能提高国内企业的国际竞争水平，提高国内企业的整体水平，提高国产设备在国际市场的竞争能力。

2）缺点

（1）信息的安全性存在隐患

按照规定，电子招标投标交易平台运营机构不得泄露任何下载资格预审文件、招标文件的潜在投标人名称、数量以及可能影响公平竞争的其他信息，但是在电子化招标的报名中，投标人的信息均由软件公司掌握，若对其约束力不够，则存在泄露投标人信息的可能。

同时，由于网络安全问题，计算机系统若因软件系统不稳定等其他原因造成系统瘫痪或崩溃，用户信息便容易丢失或泄露。

（2）计算机软件参差不齐，系统不能规范统一

目前，中国市场电子招标投标发展迅速，各种电子招标投标系统软件参差不齐，且不同软件系统不可以兼容，给招标投标人员带来了诸多不变。

（3）数据交流困难

由于招标投标数据不开放，各地区交易系统之间数据交互困难，出现信息孤岛现象，无法对不良投标人进行统一的管理，且容易出现交易系统、标准的低水平重复建设，严重浪费资源。

7. 计算机在建筑招标投标的发展前景

随着国家法律法规的不断完善，计算机软件系统的优胜劣汰，电子招标投标将不断更新、进步，最大限度地为建筑企业带来便利。目前，企业采用电子招标投标系统正不断蓬勃发展，计算机信息化给建筑企业带来的方便有目共睹。随着科技的不断进步，电子招标投标必定会成为建筑行业招标投标的主流趋势。

二、BIM 技术在工程招标投标管理中的应用

建设工程全寿命周期，包含决策、设计、招标投标、施工、运维等阶段。在这里重点分析的是在招标投标阶段的应用重点和难点，以及 BIM 在招标投标管理过程的关键应用价值。

1. 传统工程招标投标管理的关键问题分析

2013 年版《建设工程工程量清单计价规范》的发布，让企业自主报价的权利得到了更充分的体现，不但进一步明确了各方主体的责权利，同时也对企业提出了更高的要求。

1）针对建设单位而言

现在的工程招标投标项目时间紧、任务重，甚至还出现边勘测、边设计、边施工的工

程，甲方招标清单的编制质量难以得到保障。而施工过程中的过程支付以及施工结算是以合同清单为准，直接导致了施工过程中变更难以控制、结算费用一超再超的情况时有发生。

要想有效地控制施工过程中的变更多、索赔多、结算超预算等问题，关键是要把控招标清单的完整性、清单工程量的准确性以及与合同清单价格的合理性。

2）针对施工单位而言

由于投标时间比较紧张，要求投标方高效、灵巧、精确地完成工程量计算，把更多时间运用在投标报价技巧上。这些单靠手工是很难按时、保质、保量完成的，而且随着现代建筑造型趋向于复杂化、艺术化，人工计算工程量的难度越来越大，快速、准确地形成工程量清单便成为招标投标阶段工作的难点和瓶颈。这些关键工作的完成也迫切需要信息化手段来支撑，进一步提高效率，提升准确度。

2. BIM 在工程招标投标管理中的应用

BIM 技术的推广与应用，极大地促进了招标投标管理的精细化程度和管理水平。在招标投标过程中，招标方根据 BIM 模型可以编制准确的工程量清单，达到清单完整、快速算量、精确算量，有效地避免漏项和错算等情况，最大程度地减少施工阶段因工程量问题而引起的纠纷。投标方根据 BIM 模型快速获取正确的工程量信息，与招标文件的工程量清单比较，可以制订更好的投标策略。

1）BIM 在招标控制中的应用

在招标控制环节，准确和全面的工程量清单是核心关键，而工程量计算是招标投标阶段耗费时间和精力最多的重要工作。且 BIM 是一个富含工程信息的数据库，可以真实地提供工程量计算所需要的物理和空间信息。借助这些信息，计算机可以快速地对各种构件进行统计分析，从而大大减少根据图纸统计工程量带来的繁琐的人工操作和潜在错误，在效率和准确性上得到显著提高。

（1）建立或复用设计阶段的 BIM 模型

在招标投标阶段，各专业的 BIM 模型建立是 BIM 应用的重要基础工作。BIM 模型建立的质量和效率直接影响后续应用的成效。模型的建立主要有三种途径：

①直接按照施工图纸重新建立 BIM 模型，这也是最基础、最常用的方式。

②如果可以得到二维施工图的 AutoCAD 格式的电子文件，利用软件提供的识图、转图功能，可将 dwg 二维图转成 BIM 模型。

③复用和导入设计软件提供的 BIM 模型，生成 BIM 算量模型。这是从整个 BIM 流程来看最合理的方式，可以避免重新建模所带来的大量手工工作及可能产生的错误。

（2）基于 BIM 的快速、精确算量

基于 BIM 算量可以大大提高工程量计算的效率。基于 BIM 的自动化算量方法将人们从手工繁琐的劳动中解放出来，节省更多时间和精力用于更有价值的工作，如询价、评估风险等，并可以利用节约的时间编制更精确的预算。

基于 BIM 算量提高了工程量计算的准确性。工程量计算是编制工程预算的基础，但计算过程非常繁琐，造价工程师容易因各种人为原因而导致很多的计算错误。BIM 模型是一个存储项目构件信息的数据库，可以为造价人员提供造价编制所需的项目构件信息，从而大大减少根据图纸人工识别构件信息的工作量以及由此引起的潜在错误。因此，BIM 的自动化算量功能可以使工程量计算工作摆脱人为因素影响，得到更加客观的数据。

2）BIM 在投标过程中的应用

（1）基于 BIM 的施工方案模拟

借助 BIM 手段可以直观地进行项目虚拟场景漫游，在虚拟现实中身临其境般地进行方案体验和论证。基于 BIM 模型，对施工组织设计方案进行论证，就施工中的重要环节进行可视化模拟分析，按时间进度进行施工安装方案的模拟和优化。对于一些重要的施工环节或采用新施工工艺的关键部位、施工现场平面布置等施工指导措施进行模拟和分析，以提高计划的可行性。在投标过程中，通过对施工方案的模拟，直观、形象地展示给甲方。

（2）基于 BIM 的 4D 进度模拟

建筑施工是一个高度动态和复杂的过程，当前建筑工程项目管理中经常用于表示进度计划的网络计划，由于专业性强、可视化程度低，无法清晰地描述施工进度以及各种复杂关系，难以形象地表达工程施工的动态变化过程。通过将 BIM 与施工进度计划相联结，将空间信息与时间信息整合在一个可视的 4D（3D＋Time）模型中，可以直观、精确地反映整个建筑的施工过程和虚拟形象进度。4D 施工模拟技术可以在项目建造过程中合理制订施工计划、精确掌握施工进度、优化使用施工资源以及科学地进行场地布置，对整个工程的施工进度、资源和质量进行统一管理和控制，以缩短工期、降低成本、提高质量。此外，借助 4D 模型，施工企业在工程项目投标中将获得竞标优势，BIM 可以让业主直观地了解投标单位对投标项目主要施工的控制方法、施工安排是否均衡、总体计划是否基本合理等，从而对投标单位的施工经验和实力作出有效评估。

（3）基于 BIM 的资源优化与资金计划

利用 BIM 可以方便、快捷地进行施工进度模拟、资源优化，以及预计产值和编制资金计划。通过进度计划与模型的关联，以及造价数据与进度的关联，可以实现不同维度（空间、时间、流水段）的造价管理与分析。

将三维模型和进度计划相结合，模拟出每个施工进度计划任务对应所需的资金和资源，形成与进度计划相对应的资金和资源曲线，便于选择更加合理的进度安排。

通过对 BIM 模型的流水段划分，可以按照流水段自动关联快速计算出人工、材料、机械设备和资金等的资源需用量计划。所见即所得的方式，不但有助于投标单位制订合理的施工方案，还能形象地展示给甲方。

总之，BIM 对于建设项目生命周期内的管理水平提升和生产效率提高具有不可比拟的优势。利用 BIM 技术可以提高招标投标的质量和效率，有力地保障工程量清单的全面和精确，促进投标报价的科学、合理性，加强招标投标管理的精细化水平，减少风险，进一步促进招标投标市场的规范化、市场化、标准化的发展。可以说 BIM 技术的全面应用，将对建筑行业的科技进步产生无可估量的影响，大大提高建筑工程的集成化程度和参建各方的工作效率。同时，也为建筑行业的发展带来巨大效益，使规划、设计、施工乃至整个项目全寿命周期的质量和效益得到显著提高。

三、电子招标投标文件制作工具软件的应用

电子招标投标文件制作工具软件用于制作电子招标文件和电子投标文件。软件将传统纸质标书的打印、盖章、装订、密封的过程通过数字纸张、电子印章、固化、加密流程来实现，保留了原始制作标书文件的流程和习惯，使软件使用起来十分简便、快捷。

以广联达软件为例：

1. 业务流程（图 4-3）

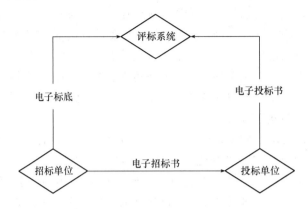

图 4-3　业务流程

2. 操作流程（图 4-4）

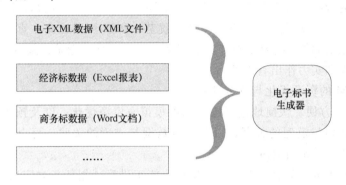

图 4-4　操作流程

3. 生成招标、标底数据格式

①双击桌面图标，进入【工程文件管理】界面，如图 4-5 所示。

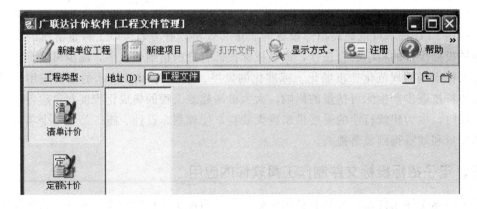

图 4-5　工程文件管理

②新建招标管理项目，先点击【清单计价】按钮，然后再点击【新建项目】下的新建招标项目，如图 4-6 所示。

图 4-6　工程文件管理新建文件

③弹出下面对话框，在【地区标准】中选择北京市标准接口 13 清单规范，在【项目名称】、【项目编号】中输入工程名称信息，然后点击【确定】，如图 4-7 所示。

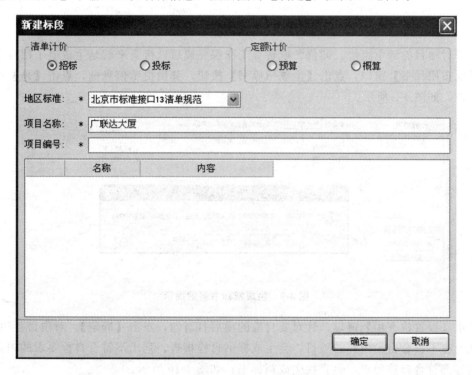

图 4-7　编制文件信息

④进入【招标管理】界面，在此界面可以新建单项工程，也可直接新建单位工程，并对每个单位进行编辑输入清单、定额组价。

若是多人合作完成一个项目工程，每个人先做好单位工程后，然后在此界面点击鼠标右键选择【导入单位工程并新建功能】，把做好的单位工程一一导入如图 4-8 所示的界面中。

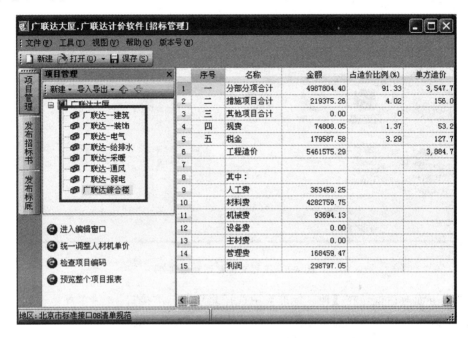

图 4-8　编制单位工程

⑤若对项目的清单组价、调价、取费等工作都完成后，接下来就是生成电子招标书。切换到【发布招标书】窗口，点击【生成招标书】按钮，弹出提示信息框，点击【是】进行招标书自检，如图 4-9 所示。

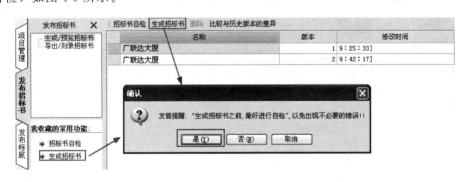

图 4-9　生成招标书前的提示

弹出【设置检查项】窗口，针对要自检的项后打对勾，点击【确定】，对项目各项自检。若某项内容不符合自检内容的项目，会生成标书自检报告，列出不符合自检要求的内容；若各项内容都符合自检要求，会直接生成招标书，如图 4-10 所示。

⑥生成招标书后，然后就是导出招标书。切换到【刻录/导出招标书】界面，点击【导出招标书】，弹出导出招标书的保存路径窗口，指定保存路径后，点击【确定】，如图 4-11 所示。

图 4-10　生成招标书

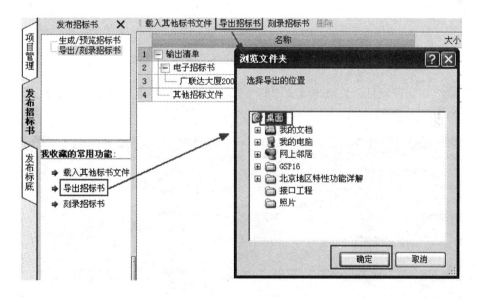

图 4-11　导出招标书

在保存路径文件中生成《广联达大厦招标书》文件夹，在文件夹里面有刚生成 XML 格式的招标书，最后把 XML 格式电子招标书导入标办电子标书生成器中，如图 4-12 所示（标底同招标书操作）。

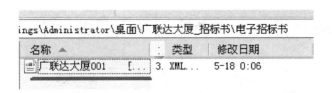

图 4-12　导入标办电子标书

4. 生成投标数据格式

①双击桌面图标，进入【工程文件管理】界面，如图 4-13 所示。

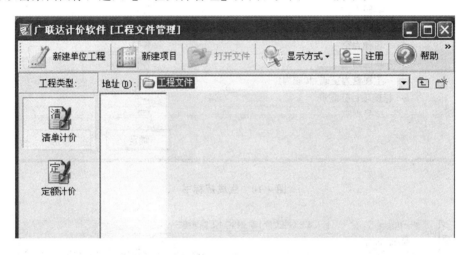

图 4-13　生成投标数据格式

②新建招标管理项目，先点击【清单计价】按钮，然后再点击【新建项目】下的新建投标项目，如图 4-14 所示。

图 4-14　新建招标管理项目

③弹出下面对话框，在【地区标准】中选择北京市标准接口 08 清单规范（地区标准中

北京市标准接口指的是 03 清单规范标准接口)，【项目名称】、【项目编号】中输入工程名称信息，然后点击【确定】，如图 4-15 所示。

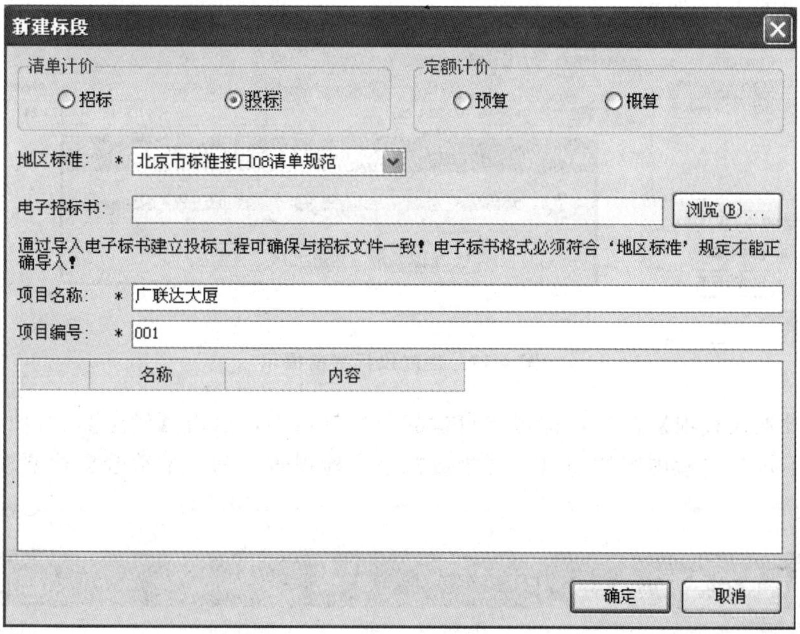

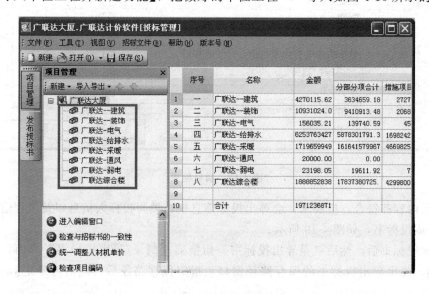

图 4-15　新建标段

④进入【投标管理】界面，在此界面可以新建单项工程，也可直接新建单位工程，并对每个单位进行编辑输入清单、定额组价。

若是多人合作完成一个项目工程，每个人先做好单位工程后，然后在此界面点击鼠标右键选择【导入单位工程并新建功能】，把做好的单位工程一一导入如图 4-16 所示的界面。

	序号	名称	金额	分部分项合计	措施项目
1	一	广联达--建筑	4270115.62	3634659.18	2727
2	二	广联达--装饰	10931024.0	9410913.48	2068
3	三	广联达-电气	156035.21	139740.59	45
4	四	广联达-给排水	6253763427	5878301791.3	1698242
5	五	广联达-采暖	1719659949	161641579967	4669825
6	六	广联达-通风	20000.00	0.00	
7	七	广联达-弱电	23198.05	19611.92	7
8	八	广联达综合楼	1888852838	17837380725.	4299800
9					
10		合计	1971236871		

图 4-16　导入单位工程

⑤若对项目的清单组价、调价、取费等工作都完成后，接下来就是生成电子投标书。切换到【发布投标书】窗口，点击【生成投标书】按钮，弹出提示信息框，点击【是】进行招标书自检，如图4-17所示。

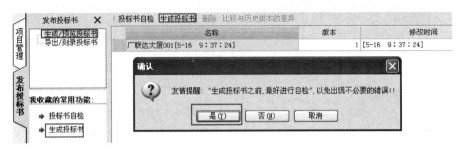

图 4-17　生成投标书前提示

弹出【设置检查项】窗口，针对要自检的项后打对勾，点击【确定】，对项目各项自检。若某项内容不符合自检内容的项目，会生成标书自检报告，列出不符合自检要求的内容，如图4-18所示。

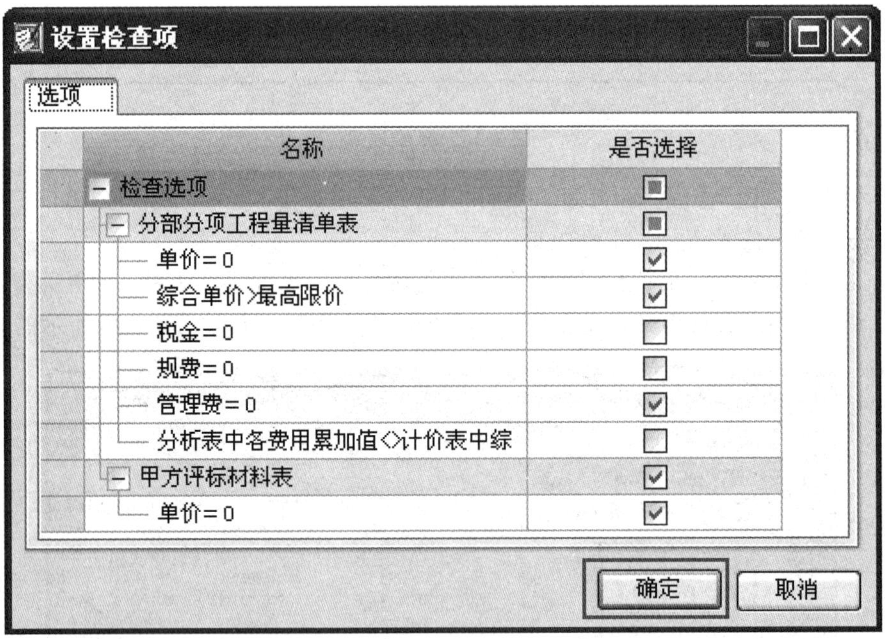

图 4-18　项目检查

若各项内容都符合自检要求，会弹出投标信息框，填写投标人信息以及工程信息。点击【确定】生成投标书，如图4-19所示。

⑥生成投标书后，然后就是导出投标书。切换到【刻录/导出投标书】界面，点击【导出投标书】，弹出导出投标书的保存路径窗口，指定保存路径后，点击【确定】，如图4-20所示。

图 4-19　生成投标书

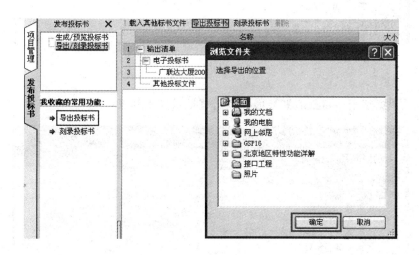

图 4-20　导出投标书

在保存路径文件中生成文件夹，在文件夹里面有刚生成 XML 格式的投标书，最后把 XML 格式电子投标书导入标办电子标书生成器中，如图 4-21 所示。

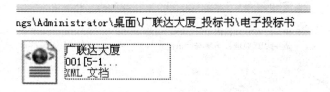

图 4-21　导入标办电子标书生成器

5. 生成经济标数据（Excel 报表）

①如何快速高效地把报表数据格式导入标办电子生成器中，可以通过点击【招标投标管理】界面中的【预览整个项目报表】，如图 4-22 所示。

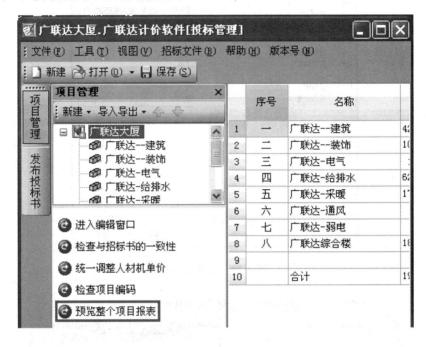

图 4-22　预览报表

②进入【预览整个项目报表】界面，点击【批量导出到 Excel】，如图 4-23 所示。

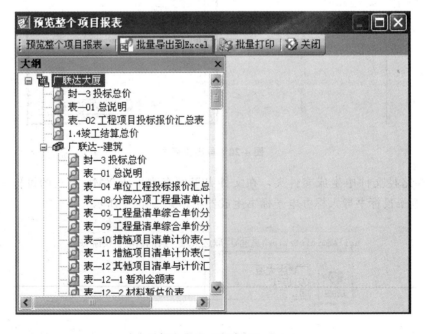

图 4-23　批量导出

③进入【导出到 Excel】界面，在需要导出到 Excel 文件的报表后打对勾，点击【确定】，选择的报表就快速导出到 Excel，如图 4-24 所示。

图 4-24　导出到 Excel

报表批量导出到 Excel 的原则：

软件根据报表所在位置会生成三种文件，分别是项目工程报表、单项工程报表、单位工程报表；

导出的文件名称也是按项目工程、单项工程、单位工程名称命名的；

每个文件下包含了所有报表（已选择的）；

每个工程报表页签上都是各自对应的报表名称；

在标办电子生成器中，可以直接选择不同的 Excel 工程文件批量导入。

◀◀◀ 第二节　计算机在建筑工程材料管理中的应用 ▶▶▶

一、计算机技术与建筑材料质量检测

1. 建筑材料质量检测中计算机技术应用的必要性

随着计算机技术在建筑行业的快速发展，建筑材料也开始大量应用计算机技术，通过对计算机的分析和计算，很大程度地节省了因单纯计算而浪费的时间和精力，计算机技术与建筑材料的检测相结合，给检测工作带来了重要的革新。

材料的质量控制作为建筑行业的基础必须要引起足够的重视。我国的材料检测设备大部分为人工操作、人工记录试验数据，这些检测方式自动化程度低、检测效率低下、试验周期长、模拟不准确。另外，由于数据采集的过程中受各种因素的干扰特别是人为操作误差的影响，数据检测结果会失真。针对目前的状况，必须对数据的采集及管理系统进行研究开发，以适应经济社会的发展需求。根据目前检测数据采用的仪器设备、采集数据的方法、处理数据的手段结合计算机自动控制技术，实现采集试验数据的自动化和分析管理数据的智能化。计算机技术的应用，使建材检测变得更加科学、公正、高效。

与传统材料检测方法相比，计算机技术具有数字化、网络化、智能化、多媒体化等技术特点，利用计算机自动化和数字化的特点，首先建立合理规范的管理制度，使计算机能够及时有效地控制日常的数据采集处理工作。计算机检测技术是一个持续的、实时的监控过程，能够对整个材料的检测进行系统的、全面的检测，并且建立一个网络化的管理。计算机技术在采集数据、处理数据、整理数据报告的各个环节起着控制管理的作用，保证整个检测过程合理、全面。

对于建筑工程项目施工材料的质量检测工作来说，计算机技术的应用是比较重要的一个方面，这种计算机技术手段的应用确实能够在较大程度上提升和优化建筑材料质量检测的效率和水平。详细分析来看，计算机技术在建筑材料质量检测中的应用价值主要体现在以下几个方面：

1）提升建筑材料质量检测的效率

对于计算机技术在建筑材料质量检测中的应用来说，其最为突出的一个作用优势体现就是能够有效地提升其最终的质量检测效率。这种质量检测效率的提升也能够较好地提升其整体的应用价值和效果，尤其是对于当前工程项目工期要求越来越严格的基本状况来说，这种建筑材料质量检测工作效率水平的提升还是极为必要的，值得在今后的建筑材料质量检测工作中进行广泛的推广使用。

2）保障建筑材料质量检测的准确性

对于建筑材料质量检测工作中计算机技术的应用来说，其在最终的检测准确性方面确实存在着较强的积极作用和价值。这种建筑材料质量检测工作中计算机技术的应用能够在具体的操作过程中实施极为严格的控制和把关，相对于传统的建筑材料质量检测工作来说，这种计算机技术的应用能够保障其具体的实施操作各个环节都具备较为理想的精确性效果，进而也就能够较好地提升其最终检测的准确性。

3）避免弄虚作假问题的产生

对于建筑材料质量检测工作中计算机技术的应用来说，其还能够有效地避免弄虚作假问题的产生。对于传统的建筑材料质量检测工作而言，弄虚作假问题是比较突出的一种问题，相当多的建筑材料质量检测工作人员都会因为某些原因而存在着一些弄虚作假的问题，进而也就影响到了建筑材料质量检测工作的实效性；而应用计算机技术不仅仅能够针对整个质量检测过程进行全面严格的控制和把关，尽可能地减少人为控制的几率，还能够通过有效的监督监控方式来保障各个环节的规范性。

2. 计算机技术在建材质量检测中应用的作用分析

在建材质量检测过程中充分地运用计算机技术手段确实具备着较为理想的作用和价值，这一点在很多方面都得到了较好的表现。从最终的使用效果上来看，计算机技术在建材质量检测中的应用价值主要体现在以下几个方面：

①减少了建材质量检测人员的工作量，对于计算机技术在建材质量检测中的应用来说，其最为突出的一个作用表现就是能够在较大程度上降低建材质量检测人员的工作量，在原有的传统建材质量检测过程中，相关人员的工作任务是比较繁琐的，不仅仅需要针对具体的建材质量检测操作进行严格的控制，还需要针对各项数据和结果进行详细的记录和分析，尤其是采用纸笔记录方式的话，更是会较大程度地提升其工作的难度和复杂性，也就更容易造成一些问题和故障的出现；而充分运用计算机技术就能够有效地减少相关人员在记录或者是转交中的工作难度，为建材质量检测人员减负。

②提升了建材质量检测的准确度。对于建材质量检测中计算机技术的应用来说，其还能够在较大程度上提升相关的检测准确度。这种准确度的提升主要就是依靠降低建材质量检测中的失误发生率而达到的，尤其是在一些数据和信息的记录以及计算过程中，完全依靠计算机技术进行处理和控制，其更为准确，也更不容易出现一些失误，并且在计算的效率和速度上也存在着明显的优势。

③延长了数据保存时间。在建材质量检测过程中充分地运用计算机技术还能够在最终的数据保存方面具备较强的积极作用和价值。相对于原有的纸质文件记录来说，在计算机设备上进行相应数据和信息的存储具备着极强的应用效果，其保存的时间更长，在后续查询以及借鉴中能够发挥的作用也更大，这也是计算机技术在建材质量检测中应用的一个突出表现所在。

④优化了不合格台账的处理。在以往的纸质记录模式中，对于不合格台账的处理一般都是通过人工逐个等级撰写的方式来进行呈报。该种方式的使用不仅仅耗时耗力，还很容易出现各种问题和误差；而这种计算机技术的应用就能够较好地避免这种记录误差问题的出现，并且还能够直接采用计算机相关设备进行不合格台账的打印，进而优化了不合格台账的处理程序，提升了相应的操作效率。

3. 计算机技术在建筑材料质量检测中的应用

1）建材取样过程中计算机技术的应用

对于当前建筑材料的质量检测工作来说，取样是极为重要的一个方面，也是最为首要的一个基本环节。对于取样过程来说，计算机技术同样能够发挥出较为理想的作用和价值。一方面，因为当前建筑材料质量检测工作的取样都是通过随机抽查的方式进行有效的选取，因此，在随机选取的过程中就可以充分地运用计算机技术来实现真正的随机化，避免了传统选择过程中人为倾向过于明显问题的产生；另一方面，还应该重点针对选取出来的建筑材料样本进行相应的编号处理，编号工作也可以通过相应的计算机技术来实现，进而也就能够较好地提升其相应的准确性，为后续的具体试验检测工作提供较为良好的基础条件，保障其检测的准确性和高效性，同时也避免了出现任何的错误问题。

2）建材试验过程中计算机技术的应用

对于建筑材料的质量检测工作来说，试验环节无疑是至关重要的一个方面。这一环节主要就是针对具体的取样建筑材料进行相应的试验操作，进而有效地保障其能够发挥出应有的作用和价值。从这一方面来看，建筑材料的质量检测工作试验过程同样也可以采用计算机技术来进行相应的控制，如此也就能够较好地提升对于试验过程的控制效果，尤其是对于相关的一些数据获取过程来说，计算机技术的应用价值还是极为突出的，并且因为计算机技术应用的特点，还能够促使其表现出较好的标准化效果，进而才能够不断提升其相应的试验检测价值，促使其能够发挥出应有的作用和价值。

3）建材数据处理中计算机技术的应用

对于建筑材料的质量检测工作来说，还应该重点针对数据处理环节进行严格的控制和把关。这种数据处理环节主要就是针对试验过程中所获取的相关数据资源进行有效的分析，通过一定的对比和计算，得到相关试验检测人员想要得到的数据信息，进而促使其能够表现出较为理想的作用和价值。具体到计算机技术在数据分析处理中的应用来说，其最为突出的表现就是在数据分析处理的标准化和高效性方面，通过相应的标准化计算和控制，确保其数据利用的高效性，避免出现一些人为计算过程中容易出现的失误或者是计算误差问题，并且相对于人工计算处理模式来说，计算机技术的应用还具备着极强的高效性，进而也就能够较好地提升其数据分析处理的便捷性，避免该环节时间的大量浪费。

4）建材数据共享中计算机技术的应用

在建筑材料质量检测过程中，其获取分析后的数据一般都需要在不同的部门中进行共同的使用，因此，也就涉及到了数据的共享问题。对于数据信息的共享来说，计算机技术同样是必不可少的一个关键手段，虽然说具体的共享主要是通过网络技术手段来实现的，但是计算机必然也是极为重要的一个基本载体，任何数据共享都需要依托于计算机技术来实现，因此，计算机技术在数据共享中也就能够发挥出较为理想的积极作用和价值。

5）报告编制中计算机技术的应用

对于建筑材料质量检测工作中的最后一环来说，相关报告的编制是极为核心的一个方面，这种报告的有效编制是确保其结果高效利用的关键所在。在报告的编制出具过程中，计算机技术同样能够发挥出较为理想的作用，这种作用不仅仅表现在相应的打印过程中，还重点表现在报告的编写中，尤其是对于各种基本信息的获得来说，计算机技术的应用还是极为必要的，应该引起人们高度的重视。

6）计算机技术在监控系统中的应用

为了更好地保障建筑材料质量检测工作的高效性和准确性，还应该重点针对监控系统的构建进行有效的控制和把关，而在监控系统的运行过程中，计算机技术必然也就成为了不可或缺的一个重要内容，尤其是对于实时拍摄和相关视频信息的保存来说，其积极作用和价值还是比较突出的。

4. 计算机技术在建材检测中的应用实例

目前，计算机技术主要被应用于混凝土配合比检测、混凝土抗压、混凝土抗折、混凝土抗渗、砂浆抗压、砂浆配合比设计、水泥性能检测、砂浆检测、砌体材料检测、防水材料检测、保温隔热吸声材料检测、装饰材料检测、建筑钢材、焊接钢材、玻璃马赛克、釉面墙地砖、砌块、釉面内墙砖、砂、水泥、建筑用卵石（碎石）、PVC管材（管件）、瓦、砖、沥青、钢结构、水泥化学分析、建筑型材、建筑水电、混凝土结构构件、土工、现场混凝土测强测缺、现场砂浆强度等诸多领域。

混凝土配合比经过设计和试配后，还需经过调试和报告打印，而这两项工作都可以通过计算机辅助完成。传统方法都是通过手工调试、计算、抄写，不仅速度慢，而且有很多重复操作。通过计算机处理，效率可以提高几倍以上。而且，这并非简单地数据录入和报告打印，更重要的是它为我们以后的数据查询、管理、统计和分析提供了很大的方便，如以上对配合比中水灰比和用水量的统计分析。通过计算机，还可以非常方便和快捷地完成其他很多重要的分析和计算。砂浆配合比设计也是采用类似的方法，通过计算机即可以非常方便快捷地完成配合比设计。除此之外，对防水混凝土、抗冻混凝土、高强混凝土以及各种特种混凝土（如道路混凝土、喷射混凝土、轻骨料混凝土等）配合比同样提供了辅助性设计。

实验室管理软件主要用于建筑材料检测实验室的管理。软件系统具有材料质量检测和配合比设计数据的录入、检验结论和试验报告的生成、查询、统计和用户权限管理等功能，并可在网络上实现信息资源共享。采用计算机管理材料检测实验室日常工作，既方便又准确，具体功能及应用有两点。

①强大的统计查询功能。计算机化管理为混凝土材料检测试验信息的利用提供了方便快捷的统计查询手段，不仅可以协助实验室管理人员安排试验计划，提供试验量统计，而且能为工程管理者提供必要的质量控制统计信息，对特定牌号的水泥等建筑材料质量进行分析评定，为建筑主管部门对工程质量的监督与控制提供参考。

②计算机辅助混凝土配合比设计。基于专家知识经验的混凝土配合比设计关系到混凝土的质量和工程的成本，设计出强度合格、经济的混凝土配合比是实验室的重要任务。实验室具有长年的混凝土配合比设计经验，数据库中保存有大量配合比设计以及原材料信息，据此可以建立存储配合比信息的配料单库以及原材料信息库。尤其是混凝土搅拌站，原材料来源固定，质量稳定，其多年积累的配比资料完全可以用来建立一个用于"套用"的配料单库，新的配合比设计只需对已有配料单的配合比略作修改即可完成。同时，在对现有的有关混凝土配合比设计知识进行分析、归纳和总结的条件下，结合计算机专家系统技术，建立专家知识经验库，储存配合比套用限制规则以及参数选用原则等。在设计过程中，用户对原材料选择、水灰比、砂率等设计参数的确定有充分的选择权，采用用户输入值为优先值；系统也可根据用户输入条件，依据知识库中储存的限制规则给出推荐配料单和推荐参数取值。另外，当用户选择或录入不正确的数据时，系统可在相应的知识库基础上自动提出专家警告，解释原因并提示用户重新录入。这种做法不仅可用于普通混凝土配合比设计，对于商品混凝土以及一些特殊混凝土如泵送、高强混凝土等的配合比设计也尤其适用。

二、计算机对材料的管理

1. 材料资料信息的管理

建筑工程中的资料和信息多数孤立、分散而无序，尤其是建筑材料资料的管理。由于建筑工程施工工期时间长，材料种类繁多，这给工作人员带来了诸多不便。借助建设工程项目管理信息系统，大力应用建设工程数据库和网络进行科学化的管理，将施工过程中各个阶段的类型不同、格式不同的工程信息和声音、图像、文字、数据等进行统一管理，以更好地满足业主、质监部门的需要，使得建筑工程各相关单位的信息交流更加快捷方便，便于管理人员对材料资料的全面管理。

2. 材料物资的控制

建筑材料的清点与保管一直是材料管理人员的难题。通过计算机的数据库管理功能，对物资的管理现状及时更新，管理人员可根据系统内设置的逻辑限制条件、查询功能，第一时间发现请购量、设计量、采购量、出库量之间的相对关系，以便于及时采取措施预防纠正，避免造成更大的损失，减少成本浪费。此外，计算机可以协助管理人员根据整体进度调整物资供应进度，最终达到物资管理既满足了进度计划的要求，又能减少库存数量，尤其是增加周转材料的利用率，给工程项目和企业带来巨大的利益，如图 4-25 所示。

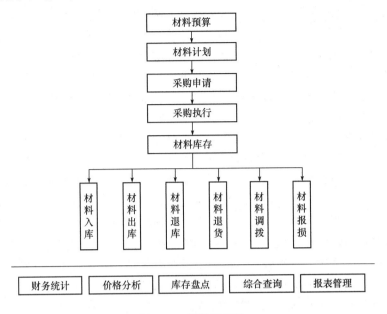

图 4-25　材料控制图

3. BIM 技术在施工工程中材料信息化的管理

通过对 BIM 技术的深入理解，把 BIM 技术应用到施工领域，利用数据库和 CAD 三维显示技术，把施工进度与建筑工程量信息结合起来，用时间表示施工材料需求情况，仿真施工过程中材料的利用，随时获取建筑材料消耗量及下一阶段的材料需求量，使得施工企业进度上合理、成本上节约，从而在施工领域实现信息化技术的应用，把施工管理的技术水平提高到新的高度。

建筑工程施工成本构成中，建筑材料成本所占比重最大，约占工程总成本的 60%～70%。材料管理工作是施工项目管理工作中的重要内容。通过对材料管理工作的不断加深，可以使施工企业能进一步加强和完善对材料的管理，从而避免浪费，节约费用，降低成本，使施工企业获取更多利润。

1）建筑材料管理现状

材料作为构成工程实体的生产要素，其管理的经济效益对整个建筑企业的经济效益关系极大。就建筑施工企业而言，材料管理工作的好坏体现在两个方面：一是材料损耗；二是材料采购、库存管理。

对企业资源的控制和利用，更好地协调供求，提高资源配置效率已经逐渐成为施工企业重要的管理方向。当前没有合适的管理机制能适应所有施工企业的材料管理。传统方法需要大量人力、物力对材料库存进行管理，效率低下，经常事倍功半；计算机水平的发展也出现很多施工管理方面的软件，但都是功能繁杂、操作复杂，不利于推广使用。

2）BIM 技术与材料管理相结合

BIM 价值贯穿建筑全生命周期，建筑工程所有的参与方都有各自关心的问题需要解决。但是不同参与方关注的重点不同，基于每一环节上的每一个单位需求，整个建筑工程行业就希望提前能有一个虚拟现实作为参考。BIM恰恰就是实现虚拟现实的一个绝佳手段，它利用数字建模软件，把真实的建筑信息参数化、数字化后形成模型，以此为平台，从设计师、工程师到施工，再到运维管理单位，都可以在整个建筑项目的全生命周期进行信息的对接和共享。

BIM的两大突出特点也可以为所有项目参与方提供直观的需求效果呈现：

第一，三维可视化；

第二，建筑载体与其背后所蕴含的信息高度结合。

施工单位最为关心的就是进度管理与材料管理。利用BIM技术，建立三维模型、管理材料信息及时间信息，就可以获取施工阶段的BIM应用，从而对整个施工过程的建筑材料进行有效管理。

（1）建筑模型创建

利用数据库存储建筑中的各类构件信息：墙、梁、板、柱等，包括材料信息、标高、尺寸等。输入工程进度信息：按时间进度设置工程施工进度（建筑楼层或建筑标高）。开发CAD显示软件工具，用以显示三维建筑，在软件界面对各类建筑构件信息进行交互修改。

（2）材料信息管理

材料库管理设计交互界面，对材料库中的材料进行分类、对各类材料信息进行管理：材料名称、材料工程量、进货时间等。对当前建筑各个阶段的材料信息输出：材料消耗表、资料需求表、进货表等。

3）材料管理BIM模型创建

利用数据库管理软件和三维CAD显示软件对所需的材料管理建立三维建筑模型，用软件实现材料管理与施工进度协同，与时间信息结合实现BIM技术在施工材料管理中4D技术的应用。

（1）软件模型

模型采用SQLite数据库，用于对所有数据进行管理，输入/输出所有模型信息。图形显示以Autodesk公司的AutoCAD为平台。用Autodesk公司提供的开发包ObjectARX及编程语言VisualC++进行BIM材料数据库、构件数据信息化及三维构件显示模型开发。在AutoCAD平台上编制相关功能函数及操作界面，以数据库信息为基础，交互获取数据显示构件到CAD平台上。通过使用开发的工具，进行人机交互操作，对材料库进行管理；绘制建筑中各个楼层的构件，并设定构件属性信息（尺寸、材料类别等）。

①材料数据库。

通过材料管理库界面对当前工程的所有建筑材料进行管理，包括对材料编号、材料分类、材料名称、材料进、出库数量和时间、下一施工阶段所需材料量，随时查看材料情况，及时了解材料消耗、建材采购资金需求。

②楼层信息。

设定楼层标高、标准层数、楼层名称等信息，便于绘制每层的墙、梁、板、柱等建筑构件。施工进度按楼层号进行时间设置时，将按施工楼层所需建材工程量进行材料供应准备。

③构件信息。

建筑的基本构件包括基础、墙、梁、板、柱、门窗、屋面等。对构件设置尺寸、标高、材料等属性绘制到图中，并把其所有信息保存到数据库中，CAD作为显示工具及人机交互的界面。

④进度表。

按时间进度设定施工进度情况，按时间点输入计划完成的建筑标高或建筑楼层数，设定各个施工阶段，便于查看、控制建筑材料的消耗情况。

⑤报表输出。

根据工程施工进展，获取相应的材料统计表，包括已完工程材料汇总表、未完工程所需材料汇总表、下阶段所需材料汇总表、计划与实际材料消耗量对比表等，便于施工企业随时了解工程进展。工程进度提前或是滞后、超支还是节约，及时对工程进度进行调整，避免资金投入或施工工期偏离计划过多，造成公司损失。

（2）操作流程

通过开发的软件利用，实现材料管理，在工程施工、材料管理、工程变更等各个方面进行协同处理。流程如图 4-26 所示，主要通过以下步骤达到科学管理材料的目的：

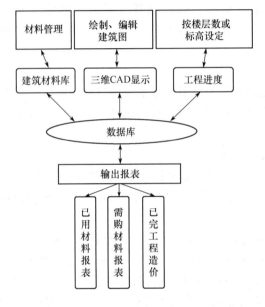

图 4-26　操作流程图

①管理材料库。

输入材料信息、材料编码、类别、数量、获取材料日期。

②创建建筑模型。

设定楼层信息，绘制墙、梁、板、柱等建筑构件，设定各个构件材料类别、尺寸等信息。

③设定工程进度计划。

按时间设定工程施工进度，按时间设定施工完成楼层或完成建筑标高。

④变更协调。

输入变更信息，包括工程设计变更、施工进度变更等。

⑤输出所需材料信息表。

按需要获取已完工程消耗材料表、下个阶段工程施工所需材料表。

⑥实际与计划比较。

发现工程施工管理中出现的问题如进度问题、材料的库存管理问题，及时调整，避免造成巨大损失。

4）BIM 信息技术的应用

基于 BIM 技术并结合软件的开发利用，施工企业的材料管理可以实现智能化，从而节约人力、控制成本，具体可以实现以下所需结果：

①即时获取材料消耗情况，随时根据需要获取某个时间点之前所有的材料消耗量，从而根据材料信息获取相对应的工程造价，及时了解资金消耗情况。

②获取下个阶段施工材料需求量并预测后续各个阶段的材料需求量，确保资金按时到位，保证施工进度提供相应的建筑材料。避免库存超量、浪费仓储空间，减少流动资金，从而盘活库存，实现材料适量供应。

③即时更新工程变更引起的材料变化工程设计变更、施工组织设计变更等，这些都会对材料管理产生巨大影响。采用 BIM 管理技术，随时把变更信息输入模型，所有材料信息自动更新，避免材料管理信息因变更不及时或更新不完全而造成损失。

三、BIM 在材料管理中的应用

1. 材料的分类控制

材料的合理分类是材料管理的一项重要基础工作，材料 BIM 模型数据的最大优势是包含材料的全部属性信息。在进行数据建模时，各专业建模人员对施工所使用的各种材料属性，按其需用量的大小、占用资金的多少及重要程度进行"星级"分类，星级高代表该材料需用量越大、占用资金越多。根据安装工程材料的特点，材料属性分类及管理原则见表 4-1，某工程根据该原则对 BIM 模型进行材料分类，以安装材料为例，见表 4-2。

表 4-1　安装材料属性分类及管理原则

星级	材料	管理原理
★★★	需用量大、占用资金多、专用或备料困难的材料	严格按照施工图及 BIM 模型，认真仔细审核，做到规格、型号、数量准确无误
★★	通用主材料，数量较大，使用较多，体积较小	根据 BIM 模型提供的数据，精确控制材料使用及数量
★	占用资金少、需求量小、次要材料，备料方便	采用一般常规的计算规格及预算定额含量

表 4-2　工程 BIM 模型材料分类示例

等级	信息种类	计算规格	单位	工程量
★★★	风管法兰	30×3	m	85.4
★★	送风管	500×250	m²	40.2
★★	百叶风口	铝合金材质	个	20
★★	调节阀	800×400×150	个	18
★	排风机	DWT−1（轴流式）	台	4

2. 相关专业用料技术交底

BIM 与传统 CAD 相比，具有可视化的显著特点。设备、电气、管道、通风空调等安装专业三维建模后，BIM 项目经理组织各专业 BIM 项目工程师进行综合优化，提前消除施工过程中各专业可能遇到的碰撞与不协调。项目核算员、材料员、施工员等管理人员应按照施工图纸，合理应用 BIM 模型，并按施工规范要求向施工班组进行技术交底，将 BIM 模型中用料意图灌输给班组。用 BIM 三维图、CAD 图纸或者表格下料单等书面形式做好用料交底，防止班组出现"长料短用、整料零用"的浪费，做到物尽其用，减少浪费及边角料，把材料消耗降到最低限度。

3. 物资材料管理

施工现场材料的浪费、积压等现象司空见惯，安装材料的精细化管理一直是项目管理的难题。运用 BIM 模型，结合施工程序及工程形象进度周密安排材料采购计划，不仅能保证工期与施工的连续性，而且能用好用活流动资金、降低库存、减少材料二次搬运。同时，材料员根据实际的工程进度，方便提取施工各阶段材料用量，在下达施工任务书中，附上完成该项施工任务的限额领料单，作为发料部门的控制依据，实行对各班组限额发料，防止错发、多发、漏发等无计划用料，从源头上做到材料的有的放矢，减少施工班组对材料的浪费。

4. 材料变更清单

工程设计变更和增加签证在项目施工中会经常发生。项目工程部在接收工程变更通知书后，应有对因变更造成材料积压的处理意见，原则上要由业主收购，否则，如果处理不当，就会造成材料积压，无端加大成本。BIM 在动态维护中，可以及时地将变更图纸进行三维建模，将变更发生的材料、人工等费用准确、及时地计算出来，更加便于办理变更签证手续，保证工程变更签证的有效性。

◄◄◄ 第三节　计算机在建筑工程生产管理中的应用 ►►►

一、网络计划技术的应用

1. 网络计划技术的介绍

随着网络技术的发展，企业可以通过网络建立工程项目数据库，工程建设单位能跨越地域、跨国界地进行工程管理，各环节工作人员也可通过开放的网络来及时了解最新信息，提高动态控制能力，实现对工程分析控制、对项目的管理变得简单易行，管理水平和工作效率均得到大幅度提升。

在建筑施工过程中，建筑所使用的材料、应用的技术是基本确定的，如何提高施工企业的效益是企业生存的关键。而通过合理的管控，提高生产力，节省施工时间，是企业提高经济效益的法宝。企业对施工进度的控制是企业管理实力的最好见证，而计算机技术在建筑施工管理的应用是企业发展的最好助力。

具体说来，建设单位可通过计算机网络对合同执行情况进行实时监督；施工单位可通过网络进行建筑材料选择，这样不仅可以快速地得到多种货源信息，而且可以方便地进行货物的技术参数、价格等的比较；而对于监理而言，利用计算机技术实现电子化办公，可以有效地减少与建设单位、施工单位之间的多重信息处理；同时政府部门和设计单位的沟通也可以通过网络大大简化，降低信息在传递过程中的时间耗费，有效地提高工作效率。

计算机网络技术推进各项目的集中式管理。

目前，我国建设工程表达施工进度计划使用最多的便是网络计划，尤其是双代号网络图。

网络计划技术是指用网络图表达任务结构、工作顺序，并加注工作时间参数的进度计划及普遍用于工程项目的计划与控制的一项管理技术。网络计划技术是五十年代末发展起来的，依其起源有关键路径法与计划评审法之分。

网络图是由箭线和节点组成的，用来表示工作流程有向、有序的网状图形。

它是指网络计划技术的图解模型，反映整个工程任务的分解和合成。分解，是指对工程任务的划分；合成，是指解决各项工作的协作与配合。分解和合成是解决各项工作之间按逻辑关系的有机组成。绘制网络图是网络计划技术的基础工作。

网络计划是用网络图解模型表达计划管理的一种方法。其基本原理是应用网络图描述一项计划中各个工作（任务、活动、过程、工序）的先后顺序和相互关系；估计每个工作的持续时间和资源需要量；通过计算找出计划中的关键工作和关键线路；再通过不断改变各项工作所依据的数据和参数，选择出最合理的方案并付诸实施；然后在计划执行过程中还要进行有效地控制和监督，保证最合理地使用人力、物力以及财力和时间，顺利完成规定的任务。在土木建筑工程中，主要用以编制工程项目的进度计划，提出相应的各项资源需用计划和有效地组织、监督和指导施工。

1957 年，美国杜邦化学公司为了改进工业企业的生产计划管理，提出了一种称为"关键线路法"（简称为 CPM）的计划管理新方法。1958 年，美国海军特种工程局在制订北极星导弹研制计划时，为了这项错综复杂的科研试制课题，实现严格有效的科学控制和管理也提出一种新的计划管理方法，称为"计划评审技术"（简称 PERT）。这两种方法的主要差异是各项工作的预估持续时间在 CPM 方法中是肯定的，而在 PERT 方法中则为非肯定的。由于这两种方法都是在网络图形基础上从事计划和管理工作的，所以一般称为"网络计划技术"，也有称"统筹法"。

2. 网络图的种类

网络图按画图符号和表达方式不同可分为：双代号网络图、单代号网络图、双代号时标网络图、单代号搭接网络图。

1）双代号网络图

用两个节点和一根箭线代表一项工作（或一项工序、一个施工过程、一个流水段、一个分项工程），然后按照施工工艺要求连接而成的网状图，称为双代号网络图。其基本表现形式如图 4-27 所示。

（1）双代号网络图的组成

双代号网络图由箭杆（工作）、节点、线路组成。

①箭杆（工作）。

双代号网络图中，一根箭杆表示一项工作（或工序、施工过程、活动等），如支模板、绑扎钢筋等。所包括的工作内容可大可小，可以表示一项分部工程，可以表示某一建筑物的全部过程（一个单位工程或一个工程项目），也可以表示某一分项工程等。

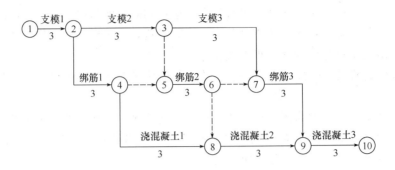

图 4-27   双代号网络图

每一项工作都要消耗一定的时间和资源。各施工过程用实箭杆表示，只要消耗一定时间的施工过程都可作为一项工作。

在双代号网络图中，为了正确表达施工过程的逻辑关系，有时必须使用一种虚箭杆，这种虚箭杆没有工作名称，不占用时间，不消耗资源，只解决工作之间的连接问题，称之为虚工作。虚工作在双代号网络计划与施工过程之间起逻辑连接或逻辑间断的作用。

箭杆的长短不按比例绘制即其长短不表示工作持续时间的长短。箭杆的方向原则上是任意的，但为使图形整齐、醒目，一般应画成水平直线或垂直折线。

双代号网络图中，就某一工作而言，紧靠其前面的工作称为紧前工作，紧靠其后面的工作称为紧后工作，该工作本身则称为本工作，与之平行的工作称为平行工作。

②节点。

网络图中表示工作或工序开始，结束或连接关系的圆圈称为节点。节点表示前道工序的结束和后道工序的开始。一项计划的网络图中的节点有开始节点、中间节点、结束节点三类。网络图的第一个节点称为开始节点，表示一项计划的开始；网络图的最后一个节点称为结束节点，表示一项计划的结束；其余都称为中间节点，任何一个中间节点既是其紧前工作的结束节点，又是其紧后工作的开始节点。

节点只是一个"瞬间"，它既不消耗时间，也不消耗资源。

网络图中的每一个节点都要编号。方法是：从开始节点开始，从小到大、自左向右、从上到下用阿拉伯数字表示；编号原则是：每一个箭杆箭尾节点的号码必须小于箭头节点的号码，编号可连续，也可隔号不连续，但所有节点的编号不能重复。

③线路。

从网络图的开始节点到结束节点，沿着箭杆的指向所构成的若干条"通道"，即为线路。

其中时间之和最大者称为"关键线路"，又称为主要矛盾线。关键线路用粗箭线或双箭线标出，用以区别其他非关键线路。在一项计划中有时会出现几条关键线路，关键线路在一定条件下会变为非关键线路，而非关键线路也可能转化为关键线路。

（2）双代号网络图的绘制

网络计划必须通过网络图来反映，网络图的绘制是网络计划技术的基础，要正确绘制网络图，必须正确地反映网络图的逻辑关系，遵守绘图的基本规则。

①网络图的各种逻辑关系及其正确表示方法。

网络图的逻辑关系是指工作进行的客观上存在的一种先后顺序关系和施工组织要求的工

作之间相互制约或相互依赖的关系。在表示建筑施工计划的网络图中，这种顺序可分为两大类：一类是反映施工工艺的关系，称为工艺逻辑关系；另一类是反映施工组织上的关系，称为组织逻辑关系。工艺逻辑是由施工工艺所决定的各个施工过程之间客观存在的先后顺序关系，一般是固定的，有的是绝对不能颠倒的。组织逻辑是施工组织安排中，为考虑各种因素在各施工过程之间主观上安排的先后顺序关系，这种关系不受施工工艺的限制，不是工程性质本身决定的，而是在保证施工质量、安全和工期等的前提下，可以人为安排的顺序关系，见表 4-3。

表 4-3 双代号与单代号网络图中工序逻辑关系标书方法

序号	双代号表示法	工序之间逻辑关系	单代号表示法
1	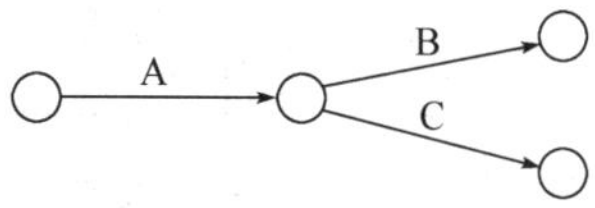	A 完成后同时进行 B 和 C	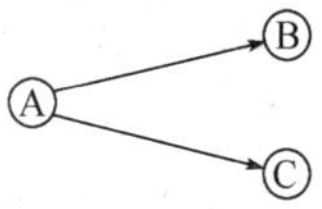
2	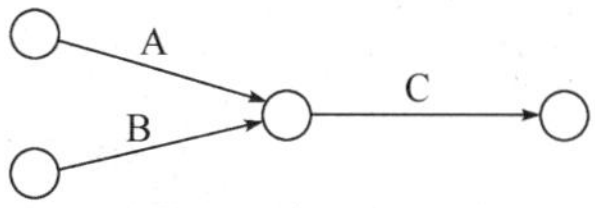	A、B 均完成后进行 C	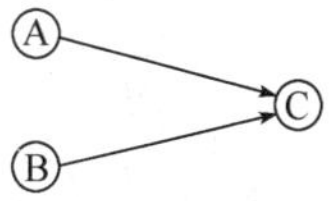
3	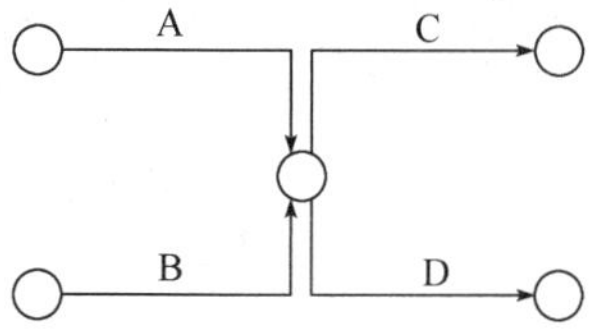	A、B 均完成后同时进行 C 和 D	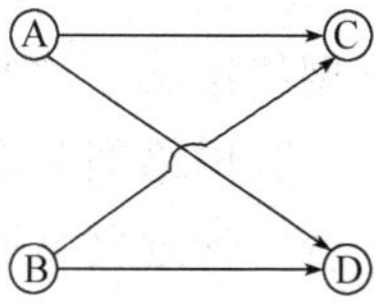
4	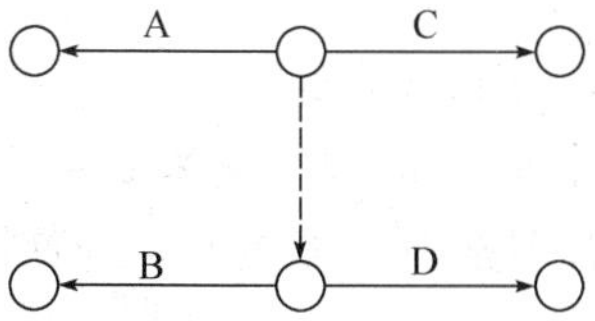	A 完成后进行 C；A、B 均完成后进行 D	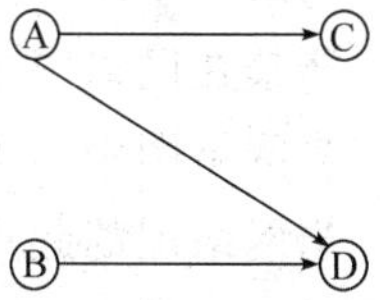
5	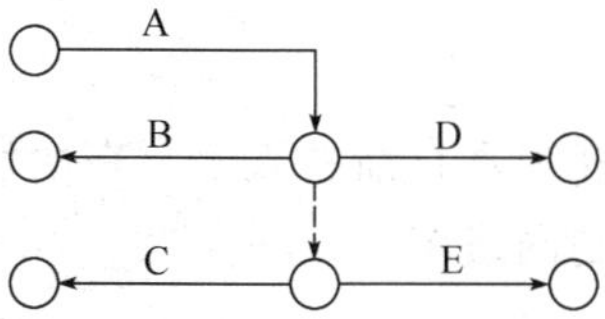	A、B 均完成后进行 D；A、B、C 均完成后进行 E	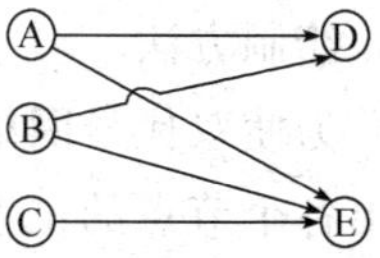
6	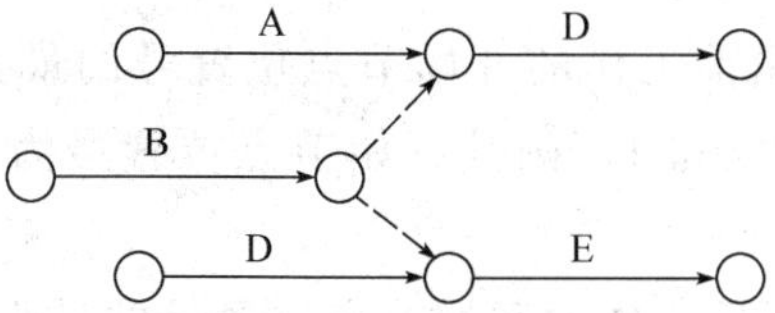	A、B 均完成后进行 C；B、D 均完成后进行 E	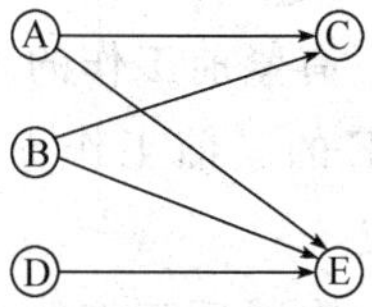

续表 4-3

序号	双代号表示法	工序之间逻辑关系	单代号表示法
7	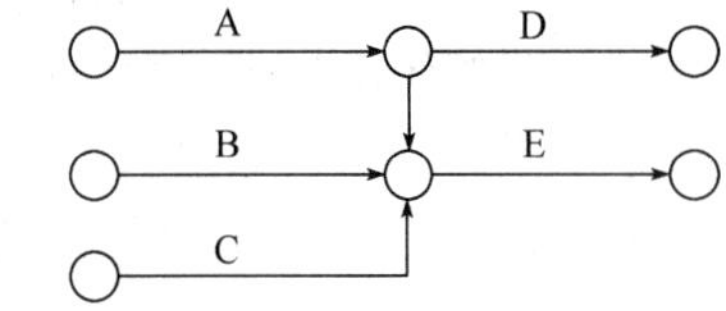	A、B、C 均完成后进行 D；B、C 均完成后进行 E	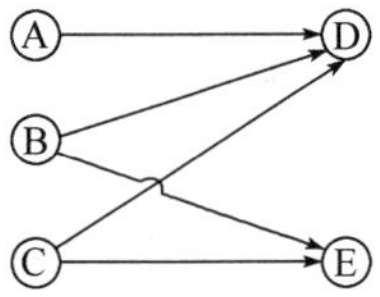
8	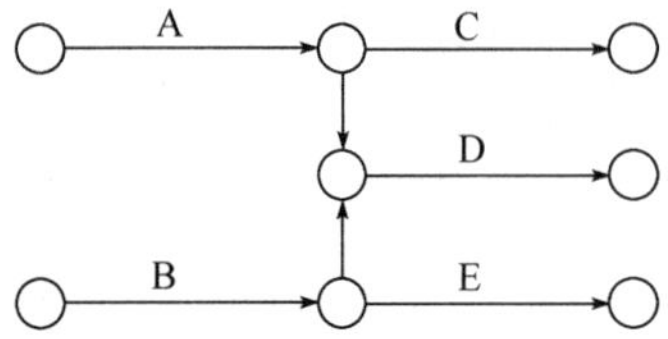	A 完成后进行 C；A、B 均完成后进行 D、B 完成后进行 E	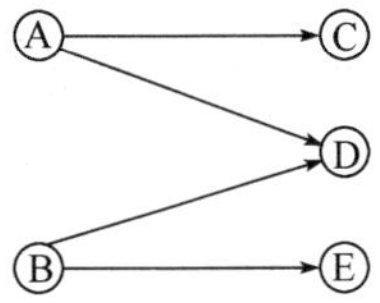
9	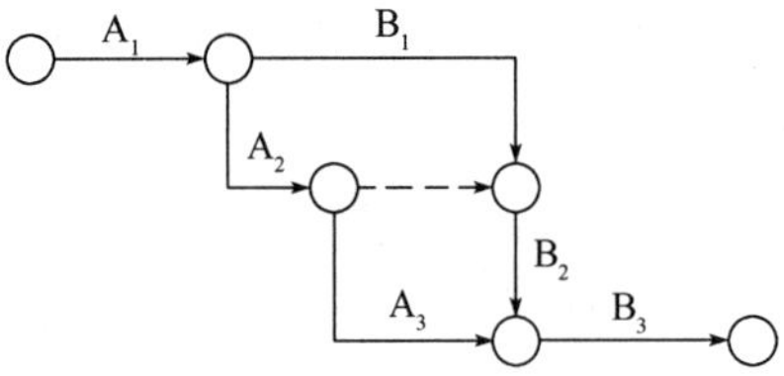	A、B 两道工序分三个施工段施工；A_1 完成后进行 A_2、B_1；A_2 完成后进行 A_3；A_2、B_1 均完成后进行 B_2；A_3、B_2	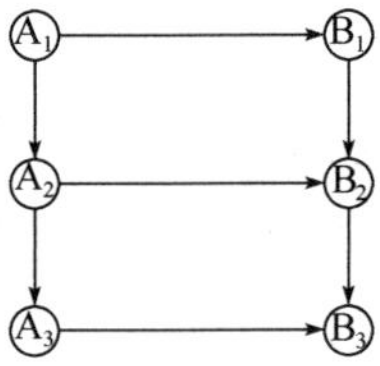

②双代号网络图绘制规则。

网络图必须按照正确表示各工序的逻辑关系绘制。

一张网络图只允许有一个开始节点和一个结束节点。

统一计划网络图中不允许出现编号相同的箭杆。

网络图中不允许出现闭合回路。

网络图中严禁出现双向箭头和无箭头的连线。

严禁在网络图中出现没有箭尾节点的箭线和没有箭头节点的箭线。

当网络图中不可避免出现箭杆交叉时，应采用"过桥""断线"法来表示。

当网络图的起点节点有多条外向箭线或终点节点有多条内向箭线时，为使图形简洁，可用母线法表示。

③双代号网络图绘制方法和步骤。

绘制方法。

为使双代号网络图绘制简洁、美观，宜用水平箭杆和垂直箭杆表示。在绘制之前，先确定出各个节点的位置号，再按节点位置及逻辑关系绘制网络图。

节点位置号的确定如下：

无紧前工作的工作 A、B 的开始节点的位置号为零。

有紧前工作的工作的开始节点位置号等于其紧前工作的开始节点位置号的最大值加 1。如 E 的紧前工作 B、C 的开始节点位置号分别为 0 和 1，则其开始节点位置号为 1 加 1 等于 2。

有紧后工作的工作的结束节点位置号等于其紧后工作的开始节点位置号的最小值。如 B 的紧后工作 D、E 的开始节点位置号分别为 1、2，则其结束节点位置号为 1。

无紧后工作的工作结束节点位置号等于网络图中各个工作的结束节点位置号的最大值加1。如 E、G 的结束节点位置号等于 C、D 的结束节点位置号 2 加 1 等于 3，如图 4-28 所示。

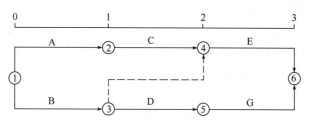

图 4-28　双代号网络图与节点位置坐标关系

双代号网络图绘制步骤。

第一步，根据已知的紧前工作确定出紧后工作；

第二步，确定出各工作的开始节点位置号和结束节点位置号；

第三步，根据节点位置号和逻辑关系绘出网络图。

2）单代号网络图

以一个节点代表一项工作（或一项工序、一个施工过程、一个施工段、一个分项工程），然后按照施工工艺要求，将各节点用箭线连接成的网状图，称为单代号网络图。其基本表现形式如图 4-29 所示。

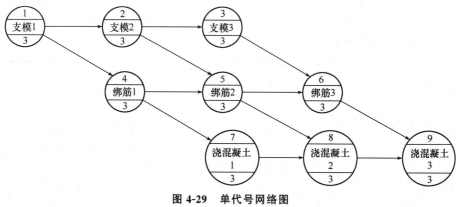

图 4-29　单代号网络图

（1）单代号网络图的绘制

单代号网络图是网络计划的另一种表示方法，它是用一个圆圈或方框代表一项工作，将工作代号、工作名称和完成工作所需的时间写在圆圈或方框里面，箭线仅用来表示工作之间的顺序关系。用这种表示方法把一项计划中所有工作按先后顺序将其相互之间的逻辑关系，从左至右绘制而成的图形，称为单代号网络图（或节点网络图）。用这种网络图表示的计划称为单代号网络计划。如图 4-30 所示是常见的单代号表示方法，其是一个简单的单代号网络图。

图 4-30　单代号网络图的表示方法

单代号网络图与双代号网络图相比，由于它具有绘图简便、逻辑关系明确、易于修改等优点，因而在国内外日益受到普遍重视，其应用范围和表达功能也在不断发展和扩大。

（2）单代号网络图的绘图规则如下：

单代号网络图必须正确表述已定的逻辑关系。

单代号网络图中，严禁出现循环回路。

单代号网络图中，严禁出现双向箭头或无箭头的连线。

单代号网络图中，严禁出现没有箭尾节点的箭线和没有箭头节点的箭线。

绘制网络图时，箭线不宜交叉。当交叉不可避免时，可采用过桥法和指向法绘制。

单代号网络图只应有一个起点节点和一个终点节点；当网络图中有多项起点节点或多项终点节点时，应在网络图的两端分别设置一项虚工作，作为该网络图的起点节点（S_t）和终点节点（F_{in}）。

（3）绘制单代号网络图的方法和步骤。

根据已知的紧前工作确定出其紧后工作。

确定出各工作的节点位置号，可令无紧前工作的节点位置号为零。

其他工作的节点位置号等于其紧前工作的节点位置号的最大值加 1。

根据节点位置号和逻辑关系绘出网络图。

3）双代号时标网络图

双代号时标网络图是在横道图的基础上引进网络图工作之间的逻辑关系而形成的一种网状图。它既克服了横道图不能显示各工序之间逻辑关系的缺点，又解决了一般网络图的时间表示不直观的问题，如图 4-31 所示。

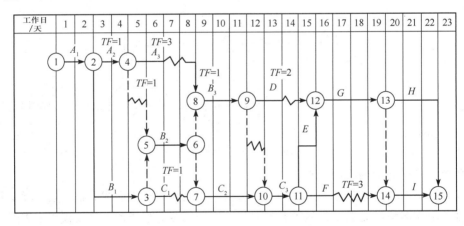

图 4-31　双代号时标网络图

时标网络图是以时间坐标为尺度编制的网络图。双代号时标网络图（简称时标网络图）必须以水平时间坐标为尺度表示工作时间。时标的时间单位应根据需要在编制网络图之前确定，可为时、天、周、月或季。它应以实箭线表示工作，以虚箭线表示虚工作，以波形线表示工作的自由时差。

（1）时标网络图与无时标网络图相比的优点

①主要时间参数一目了然，具有横道图的优点，故使用方便。

②由于箭线的长短受时标的制约，故绘图比较麻烦，修改网络图的工作持续时间时必须重新绘图。

③绘图可以不进行计算，只有在图上没有直接表示出来的时间参数，如总时差、最迟开始时间和最迟完成时间，才需要进行计算。所以，使用时标网络图可大大节省计算量。

④双代号时标网络图较好地把横道进度图的直观、形象等优点吸取到网络进度图中，可以在图上直接分析出各种时间参数和关键线路，并且便于编制资源需求计划，是建筑工程施工中广泛采用的一种计划表达形式。

（2）双代号时标网络图的编制

时标网络图宜按工作的最早开始时间编制。

①根据图的逻辑关系先绘制无时标双代号网络图，见表4-4。

②绘制时标计划表。时标计划表格式见表4-4。时标计划表中部的刻度线为细线，为使图面清楚，此线也可以不画或少画。

表4-4　时标计划表格式示例

日历																		
时间	1	2	3	4	5	6	7	8	9	10	11	12	13	14	15	16	17	18
网络图																		
时间	1	2	3	4	5	6	7	8	9	10	11	12	13	14	15	16	17	18

（3）绘制时标网络图

①编制时标网络图应先绘制无时标网络图草图，然后按以下两种方法之一进行。

方法一：先计算网络图的时间参数，再根据时间参数按草图在时标图表上进行绘制。

方法二：不计算网络图的时间参数，直接按草图在时标图表上绘制。

②用先计算后绘制的方法时，应先将所有节点按其最早时间定位在时标图表上，再用规定线型绘出工作及其自由时差，形成时标网络图。

③不经计算直接按草图绘制时标网络图，应按下列方法逐步进行。

第一，将起点节点定位在时标图表的起始刻度线上。

第二，按工作持续时间在时标图表上绘制起点节点的外向箭线。

第三，除起点节点以外的其他节点必须在其所有内向箭线绘出以后，定位在这些内向箭线中最早完成时间最迟的箭线末端。其他内向箭线长度不足以到达该节点时，用波形线补足。

第四，用上述方法自左至右依次确定其他节点位置，直至终点节点定位绘完。

单代号搭接网络图是用节点表示工作，而箭线及其上面的时距符号表示相邻工作间的逻辑关系。具体形式如图4-32所示。

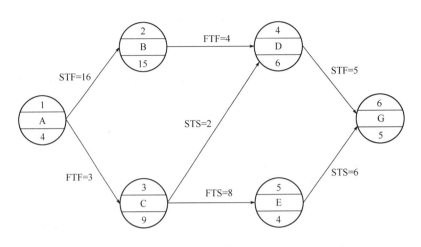

图 4-32　单代号搭接网络图

4）单代号搭接网络图

在土木工程施工中，为了缩短工期，常常将许多工序安排成平行搭接方式进行。这种平行搭接关系如果用前述的双代号、单代号网络技术（CPM 和 PERT）来绘制搭接施工进度计划时，就要将存在搭接关系的每一项工作分解为若干项子工作，这样就会大大增加网络计划的绘制难度。例如，某一低层住宅现浇混凝土条形基础施工，安排支模板进行 1 天以后，钢筋施工队开始绑扎钢筋，与支模板平行施工，且绑扎钢筋要比支模板迟 1 天结束。这样就必须把支模板与绑扎钢筋工序从搭接处划分为 2 个工序，将搭接关系转化为顺序连接关系。这样划分的工序若用双代号网络图表示，需要 5 个工序；用单代号网络图表示，需要 4 个工序。显然，当搭接工序数目较多时，将会增加网络图的绘制和计算工作量，且图面复杂，不易掌握。采用搭接网络图技术绘制搭接施工进度计划就方便得多，但在计算搭接网络计划的时间参数时，由于工作之间搭接关系的存在，计算过程较为复杂。

搭接网络计划是用搭接关系与时距表明紧邻工序之间逻辑关系的一种网络计划，有双代号搭接网络图和单代号搭接网络图两种。单代号搭接网络计划是用节点表示工作，而箭线及其上面的时距符号表示相邻工作间的逻辑关系。单代号搭接网络计划比较简明，使用也比较普遍，这里介绍单代号搭接网络计划。

（1）单代号搭接网络计划的规定及其搭接关系

单代号搭接网络计划中，箭线上面的符号仅表示相关工作之间的时距。其中起点节点和终点节点为虚拟节点。节点的标注应与单代号网络图相同。

单代号搭接网络计划有以下五种基本的工作搭接关系。

①结束到开始的搭接关系：指相邻两项工作之间搭接关系用前项工作结束后项工作开始之间的时距。当距离为零时，表示相邻两项工作之间没有间歇时间，即前项工作结束，后项工作立即开始。

②开始到开始的搭接关系：指相邻两项工作之间的搭接关系用其相继开始的时距来表示。即前项工作开始后，要经过时距时间后，后项工作才能开始的搭接关系，这就是所说的流水施工中的流水步距。

③结束到结束的搭接关系：指相邻两项工作之间的关系用前后相继结束的时距来表示。

即前项工作结束后，经过时距时间，后项工作才可以结束。

④开始到结束的搭接关系：指相邻两项工作之间的关系用前项工作开始到后项工作结束之前的时距来表达。即前项工作开始后，经过时距时间，后项工作才能结束。

⑤混合搭接关系：当两项工作存在以上四种基本关系的两种或两种以上关系时，这种具有多重约束的关系，称为"混合搭接关系"。

（2）单代号搭接网络图的绘制

单代号搭接网络图的绘制与单代号网络图的绘制方法基本相同，具体步骤如下：

①根据工作的工艺逻辑关系与组织逻辑关系绘制工作逻辑关系表，按单代号网络图的绘制方法，确定相邻工作的搭接类型和搭接时距；

②根据工艺逻辑关系表，按单代号网络图的绘制方法，绘制单代号搭接网络图；

③以时距表示搭接顺序关系，再将搭接类型与时距标注在工作箭线上。一般均要在网络计划的两端分别设置虚拟的起点节点和虚拟的终点节点。

3. 编制网络计划的关键

网络计划技术是一种先进的科学管理方法，它有助于领导人在计划管理业务上做出正确的判断。但网络模型能否反映实际、计算结果能否确凿可靠，则有赖于计划编制人员的知识水平和引用数据的可靠性。通常要求主持编制的人员在编制网络计划前，对任务或工程的全局应有透彻详尽的了解。对各项工作的内容、顺序、相互关系和解决问题的途径和方法，需要占用的时间以及有关各项资源的消耗数字均应有充分可靠的分析和资料。然后信守"排在前面的工作完成之后，排在后面的工作才能开始"这一原则，编排网络模型并绘制网络图。在计算进度计划时，每一工作预估的持续时间，必须由熟悉这项工作施工工艺、有着丰富实践经验的人员提供。在进行方案调整、选择优化方案及提出各项资源需用计划时，都要有恰当的定额数据，作为调整、修改、对比的依据。这些数字直接与计算结果相关，是网络计划得出正确结论的关键。

1) 网络图的计算

网络图的计算包括关键线路持续时间（总工期）的计算；事件最早可能、最迟必需时间的计算；工作最早可能开始和结束时间的计算；工作最迟必需开始和结束时间的计算以及总的和局部机动时间（时差）的计算。这些参数的计算可以采用图算法、表算法或电算法。由前向后推算，可以得出总工期以及每一事件和工作的最早可能时间。如果得出的总工期与设想中的要求不符，可以借助于改变生产工艺或施工方法，增减资源供应强度，包括劳力、施工机械、延长作业时间和增加班次等手段，重新规定预估持续时间，重新编排，直至求出满意的总工期为止；由后向前推算，可以找出关键线路、关键工作和非关键性工作，以及每一事件和工作的最迟必需时间、总机动时间和局部机动时间等参数。

2) 网络计划的优化

所谓优化就是通过利用在非关键性工作上的机动时间，推迟或提前这些工作开始的时间，不断改善网络计划的最初方案，在满足规定衡量指标的条件下，寻求最优方案的课题。例如，网络计划计算的结果表明：在某些阶段资源的需用量超过人力、材料、施工机械、资金供应可能时，为了削减出现的高峰，某些工作的开始时间就要被迫推迟，这些工作时间推迟的幅度如果超过机动时间允许的界限，则势必导致整个计划总工期的延长。究竟推迟哪些工作，才能在不拖延或者尽量少拖延总工期的情况下，符合该阶段所给资源指标的限额，就是"资源有限，工期最短"的优化问题。

除此之外还有：在规定工期的条件下，寻求投入资源最少的优化方案；在规定工期内完成整个计划的条件下，寻求成本最低的优化方案等。规定的目标不同，依据的优化理论和解决问题的途径也有所不同。但不管采用哪种方法，都需要进行大量繁冗的计算工作，因此，往往需要借助于电子计算机。

网络优化的内容包括：工期优化、资源优化、费用优化。

（1）工期优化

工期优化的目的是使网络计划满足规定工期的要求，保证按期完成工程任务。网络计划最初方案的总工期，即计划工期，也即关键线路的延续时间。计划工期可能小于或等于规定工期，也可能大于规定工期。

如果计划工期小于规定工期较多时，则宜进行优化，方法是找出关键线路，延长个别关键工作的延续时间（相应减少这些工作单位时间的资源供应量），相应变化非关键工作的时差，然后重新计算各工作的时间参数，反复进行，直到满足规定工期为止。

如果计划工期大于规定工期时，优化的方法是找出关键线路及关键工作，首先应缩短个别关键工作的延续时间，相应增加这些关键工作的单位时间的资源供应量。但必须注意，由于关键线路的缩短，非关键线路可能变为关键线路，即有时需同时缩短关键线路上有关工作的延续时间，才能达到缩短总工期的要求。选择应缩短延续时间的关键工作宜考虑下列因素：

①缩短延续时间对质量和安全影响不大的工作。

②缩短延续时间所需增加的费用最少的工作。

③有充足备用资源的工作。

（2）资源优化

资源是为完成任务所需的人力、材料、机械设备和资金等的统称。完成一项工程任务所需的资源量基本上是不变的，不可能通过资源优化将其减少，更不可能通过资源优化将其减至最少。资源优化是通过改变工作的开始时间，使资源按时间的分布符合优化目标。

资源优化主要有"资源有限－工期最短"和"工期固定－资源均衡"两种。

①资源有限－工期最短的优化，宜逐日做资源检查，当出现第 n 天资源需用量大于资源限量时，应进行调整。调整计划时，应对资源冲突的诸工作做新的顺序安排。顺序安排的选择标准是使工期延长时间最短。

②工期固定－资源均衡的优化，是调整计划安排，在工期保持不变的条件下，使资源需用量尽可能均衡，可用削高峰法，即利用时差降低资源高峰值，获得资源消耗量尽可能均衡的优化方案。

（3）费用优化

进行费用优化，应首先求出在不同工期下的最低直接费用，然后考虑相应的间接费用的影响和工期变化带来的其他损益，最后再通过叠加求出最低工程总成本。

在网络计划中，工期和费用是相关的，要缩短工期，往往要增加人力和资金的投入。最优工期是指完成工程任务的时间较短而投入费用最少的工期。

工程费用有直接费用和间接费用，在正常条件下，延长工期会引起直接费用的减少和间接费用的增加，而缩短工期会使直接费用增加和间接费用减少。最优工期应是直接费用与间接费用之和为最小。

工期长短取决于关键线路持续时间的长短，而连成关键线路的关键工作，其持续时间与费用的关系各不相同，通常，直接费用随着工作持续时间的变化而变化，想要缩短工作持续时间，就得增加劳动力和机械设备的投入，直接费用即增加；反之，延长工作持续时间，能减少直接费用，但工作持续时间的缩短或延长都有一定限度。工程间接费用一般采用按时间分摊，即与时间成正比，时间越长，所需间接费用越多。费用优化实际上就是寻求最优工期时总费用最小的优化方法。

3）网络计划的调整

网络计划经过优化后，即可付诸实施。但由于客观情况千变万化，实际进度往往和计划要求有较大的出入。因此，在执行网络计划的过程中，必须不断地进行有效的控制和监督。具体做法是由基层执行单位定期提供信息，包括工作项目是否按计划完成、工程量有无增减，以及预估持续时间与实际是否相符，然后重新计算和对网络图做出相应的调整，找出新的关键线路和相应的关键工作，保证计划管理工作始终在严格的科学管理指导下循序进行。为了简化整个网络计划频繁地调整和修改，也可以在总体网络制定后，以总体网络为依据，按时间把总工期划分为若干个阶段，或按工程分部划分为若干个步骤，然后按阶段或步骤，分别编制局部的辅助网络。

4）网络计划和横道图的差异

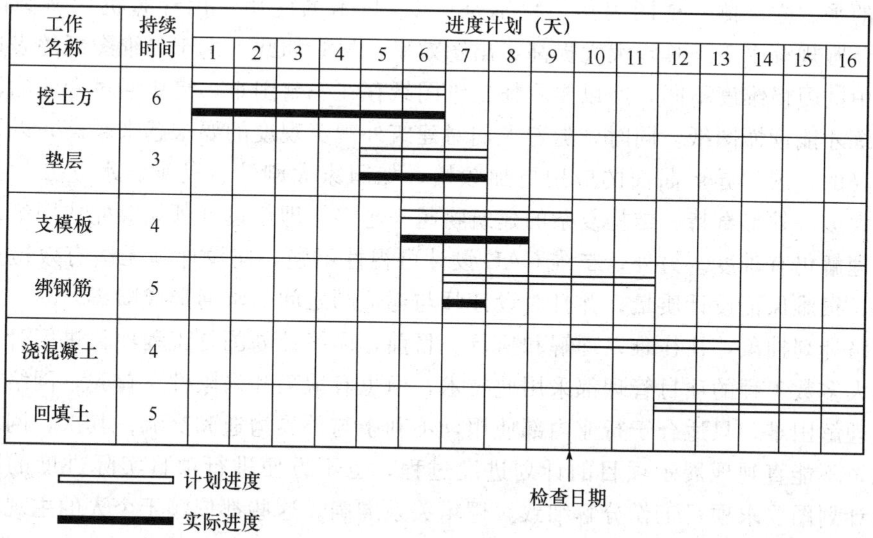

工作名称	持续时间	进度计划（天）															
		1	2	3	4	5	6	7	8	9	10	11	12	13	14	15	16
挖土方	6																
垫层	3																
支模板	4																
绑钢筋	5																
浇混凝土	4																
回填土	5																

▭▭▭　计划进度

▬▬▬　实际进度

检查日期

图 4-33　横道图

如图 4-33 所示，横道图最大的优点是简单明了，几乎任何人都可以对它的含义一目了然。

和横道图相比，网络计划则有下列五大优点：

①网络计划可以把工程项目划分得很细，工序间的逻辑关系一清二楚，进度计划比较完善。

②网络计划对工作项目罗列得比较详尽，包括那些只占用时间，而不消耗资源的工作。

③网络计划将各工作间的顺序及相互逻辑关系明确地表示出来。

④网络模型对计划管理起到严密的监督和控制作用。对计划的耽误和推迟，都可以根据具体数字，指出任何延误给建设总工期造成的后果和影响。

⑤网络计划对进度计划的调整和修改提供适用的模型。

网络计划技术能够清晰地反映各项工作之间相互制约、相互依赖的关系，可以求出各项时间参数，指出关键和机动余地的所在，能够从多种可行方案中，找出比较优化的方案。在计划管理工作执行过程中，能够进行有效的控制和监督，根据变化了的情况，进行必要的调整。在关键复杂的计划管理工作中，可以利用电子计算机进行运算。因此，这一套建立模型、预测、优化、运用现代化演算机具的科学管理方法，势必在今后计划管理工作中得到日益广泛的应用。

二、BIM 在进度管理中的应用

1. BIM 与传统进度管理的对比

1）传统进度管理的缺点

传统的项目进度在管理过程中事故频发，究其根本在于管理模式存在一定的缺陷，主要体现在以下几个方面：

①二维 CAD 设计图形象性差。二维三视图作为一种基本表现手法，将现实中的三维建筑用二维的平、立、侧三视图表达。特别是 CAD 技术的应用，用计算机代替画图板、铅笔、直尺、圆规等手工工具，大大提高了出图效率。尽管如此，由于二维图纸的表达形式与人们现实中的习惯维度不同，所以要看懂二维图纸存在一定困难，需要通过专业的学习和长时间的训练才能读懂图纸。同时，随着人们对建筑外观美观度的要求越来越高，以及建筑设计行业自身的发展，异形曲面的应用更加频繁，如国家大剧院、鸟巢、水立方、悉尼歌剧院、帝国大厦等外形奇特、结构复杂的建筑物越来越多。即使设计师能够完成图纸，对图纸的认识和理解仍有难度。另外，二维 CAD 设计可视性不强，使设计师无法有效检查自己的设计成果，很难保证设计质量，并且对设计师与建造师之间的沟通形成障碍。

②网络计划抽象，往往难以理解和执行。目前，网络计划图是工程项目进度管理的主要工具，绝大多数工程的项目管理都采用此技术，但也有缺陷和局限性。首先，网络计划图计算复杂，理解困难，只适合于行业内部使用，不利于与外界沟通和交流；其次，网络计划图表达抽象，不能直观地展示项目的计划进度过程，也不方便进行项目实际进度的跟踪；最后，网络计划图要求项目工作分解细致，逻辑关系准确。这些都依赖于个人的主观经验，实际操作中往往会出现各种问题，很难做到完全一致。

③二维图纸不方便各专业之间的协调沟通。二维图纸由于受可视化程度的限制，使得各专业之间的工作相对分离。无论是在设计阶段还是在施工阶段，都很难对工程项目进行整体性表达。各专业单独工作或许十分顺利，但是在各专业协调作业的时候往往就会产生碰撞和矛盾，给整个项目的顺利完成带来困难。

④传统方法不利于规范化和精细化管理。随着项目管理技术的不断发展，规范化和精细化管理是形势所趋。但是传统的进度管理方法很大程度上依赖于项目管理者的经验，很难形成一种标准化和规范化的管理模式。这种经验化的管理方法受主观因素的影响很大，直接影响施工的规范化和精细化管理。

2）BIM进度管理的优势

BIM技术的应用，可突破传统二维限制，给项目进度管理带来更加直观、高效的便利，主要体现在以下几方面：

（1）提升全过程协同效率

基于3D的BIM沟通语言，简单易懂、可视化好，大大加快了沟通效率，减少了理解不一致的情况；基于互联网的BIM技术能够建立起强大高效的协作平台；所有参建单位在授权的情况下，可随时、随地获得项目最新、最准确、最完整的工程数据，从过去点对点传递信息转变为一对多传递信息，效率提升，图纸信息版本完全一致，从而减少传递时间的损失和版本不一致导致的施工失误；通过BIM软件系统的计算，减少了沟通协调方面的问题。传统靠人脑计算3D关系的工程问题探讨，容易产生人为的错误，BIM技术可减少大量问题出现，同时也减少协同的时间投入；另外，现场结合BIM、移动智能终端拍照，也大大提升了现场问题沟通效率。

（2）加快设计进度

从表面上来看，BIM设计减慢了设计进度。产生这样的结论的原因，一是现阶段设计用的BIM软件是信息技术，应用不广泛，因而生产率不够高；二是当前设计院交付质量较低。但实际情况表明，使用BIM设计虽然增加了时间，但交付成果质量却有明显提升，在施工以前解决了更多问题，推送给施工阶段的问题大大减少，这对总体进度而言是大大有利的。

（3）通过碰撞检查减少变更和返工进度损失

BIM技术强大的碰撞检查功能，十分有利于减少进度浪费。大量的专业冲突拖延了工程进度，大量废弃工程返工的同时，也造成了巨大的材料、人工浪费。当前的产业机制造成设计和施工的分家，设计院为了效益，尽量降低设计工作的深度，交付成果很多是方案阶段成果，而不是最终施工图，里面充满了很多深入下去才能发现的问题，需要施工单位的深化设计，由于施工单位技术水平有限和理解问题，特别是当前三边工程较多的情况下，专业冲突十分普遍，返工现象常见。在中国当前的产业机制下，利用BIM系统实时跟进设计，第一时间发现问题、解决问题，带来的进度效益和其他效益都是十分惊人的。

（4）加快招标投标组织工作

设计基本完成后，要组织一次高质量的招标投标工作，编制高质量的工程量清单要耗时数月。一个质量低下的工程量清单将导致业主方承受巨额的损失，利用不平衡报价很容易造成更高的结算价。利用基于BIM技术的算量软件系统，大大加快了计算速度和计算准确性，加快招标阶段的准备工作，同时提升了招标工程量清单的质量。

（5）加快支付审核

当前很多工程中，由于过程付款争议挫伤承包商积极性，影响到工程进度的现象屡见不鲜。业主方缓慢的支付审核往往引起承包商合作关系的恶化，甚至影响到承包商的积极性。业主方利用BIM技术的数据能力，快速校核反馈承包商的付款申请单，则可以大大加快期中付款反馈机制，提升双方战略合作成果。

（6）加快生产计划和采购计划的编制

工程中经常因生产计划、采购计划编制缓慢影响了进度。急需的材料、设备不能按时进场，造成窝工影响了工期。BIM改变了这一切，随时随地获取准确数据变得非常容易，制订生产计划、采购计划大大缩短了用时，加快了进度，同时提高了计划的准确性。

（7）加快竣工交付资料准备

基于BIM的工程实施方法，过程中所有资料可随时连接到工程BIM数字模型中，竣工资料在竣工时即已形成。竣工BIM模型在运维阶段还将为业主方发挥巨大的作用。

（8）提升项目决策效率

传统的工程实施中，由于大量决策依据、数据不能及时完整地提交出来，决策被迫延迟，或决策失误造成工期损失的现象非常多见。实际情况中，只要工程信息数据充分，决策并不困难，难的往往是决策依据不足、数据不充分，有时导致领导难以决策，有时导致多方谈判长时间僵持，延误工程进展。BIM形成工程项目的多维度结构化数据库，整体分析数据几乎可以马上实现。

2. BIM 施工进度模拟

1）施工进度模拟

当前建筑工程项目管理中经常用于表示进度计划的甘特图，由于专业性强，可视化程度无法清晰描述施工进度以及各种复杂关系，难以准确表达工程施工的动态变化过程。通过BIM与施工进度计划相链接，将空间信息与时间信息整合在一个可视的5D模型中，不仅可以直观、精确地反映整个建筑的施工过程，还能够实时追踪当前的进度状态，分析影响进度的因素，协调各专业，制定应对措施，以缩短工期、降低成本、提高质量。

通过5D施工进度模拟，能够完成以下内容：基于BIM施工组织，对工程重点和难点的部位进行分析，制定可行性研究；依据模型，确定方案、安排计划、划分流水施工。

2）BIM 施工安全与冲突分析

施工进度与成本、质量、资源的冲突分析通过动态展现各施工段的实际进度计划与对比关系，实现进度偏差和冲突预警；自动计算人、材、机和成本的分析和预警；根据清单计价和实际费用，动态分析任意时间段的成本和影响因素。

3）现场碰撞检查

现场碰撞检查是通过施工现场5D模型和碰撞检查测算出来的。通过系统的应用，可以对所检查物体与结构、管线、设施等进行分析，从而预知结果。

3. BIM 建筑施工优化

建立进度管理软件数据模型与离散事件优化模型的数据交换，基于施工优化信息模型，实现基于BIM和离散事件模拟的施工进度、资源以及场地优化和过程的模拟。

①基于BIM和离散事件模拟的施工优化通过对各项工序的模拟计算，得出工序工期、人力、机械、场地等资源的占用情况，对施工工期、资源配置以及场地布置进行优化，实现多个施工方案的对比和选择。

②基于过程优化的5D施工过程模拟将5D施工管理与施工优化进行数据集成，实现了基于过程优化的4D施工可视化模拟。

4. 三维技术交底指导施工

由于个人对工程施工理解的不同及管理人员对新项目的理解不深刻，会造成技术方案无法细化、不直观，交底不清晰等问题。纸质版方案交底无法将施工过程中的施工重点、难点部位、技术要领完全展现出来。借助三维技术，便可将工程的施工重点、难点部位更直观、明确地表现出来，从而预知问题，确保工程质量，加快工程进度。

三、Project 在建筑施工进度管理中的应用

1. 计划前工作

美国微软公司的 Microsoft Project 是众多项目管理软件之一，利用 Windows 的优点，使项目管理软件的操作更加方便、灵活。长期以来，人们认为它是一般的项目管理软件而忽略了它在建筑施工计划管理领域的功能开发和使用，企业利用它的日程安排、资源管理、成本管理、输出及筛选功能和支持网络的能力进行计划的制订、下达和控制，使项目的工期、成本、质量较好地满足了业主的要求。

1）对工程项目进行结构分解

一个工程项目往往包含着许多部分，从一个完整的工程项目到具体的工程活动，必须通过对项目进行结构分解，才可能对工程施工有全面、完整准确的反映。项目结构分解是按系统规则对项目逐级分解，得到不同层次的项目单元，一般用树型结构表达，由上至下分为项目、子项目、任务、子任务、工作包等层次，从而避免制订计划时的缺项、漏项。据此可编制出不同层次的预算、进度计划及各种报表等满足不同管理层次的需要，它是整个工程项目计划的基础。所以在 Project 中输入工程活动之前，必须对项目进行结构分解。

2）编码

编码是为了便于以后分类组织数据、数据检索和下达作业组计划，保持项目结构分解后的各项目单元前后之间的联系和方便计算机数据处理。每种编码都应包含所有的工程活动，且编制要具有一定的含义，以便于识别、下达计划和计划控制。

3）编制工作包说明表

对项目进行分解后，项目的最低层次为工作包，在运用 Project 操作时，须将工作包进一步分解成可以直接操作的工程活动，它是施工计划管理、控制最基本的元素。所有的工程活动都可以通过工作包说明表来说明，它是计划下达、反馈、控制的依据。一份工作包说明表包括：子项目名称、工作包编码、工作说明（包括任务、范围及简要说明）、合同要求（包括位置、工程量、质量标准、技术要求及实施工作的说明）、工程活动描述（组成工作包的工程活动及子网络）、责任人等。

2. 计划工作

1）输入工程活动及工程活动持续时间

在 Project 中创建项目后，必须把工作包说明表中描述的各种活动输入工作任务表内。对于大型项目，为了计划的清晰，将构成分项工程的一组连续的工程活动通过 Project 中的"任务的升级和降级"概括为摘要任务，再针对摘要任务编制更详细的计划。计划中工程活动时间的确定是通过业主提供的招标文件、工程量清单和劳动定额，在充分考虑项目的特殊性后，根据企业的施工经验和特点作出的。同时应充分考虑有特殊用途或业主在招标文件中规定的"必须开始于"、"必须完成于"等有限制条件的工程活动，以便输入工程活动持续时间选择任务限制类型。除此之外，软件还有非肯定型网络的分析功能，可以输入最乐观、最悲观和最可能的持续时间，软件将在最低层网络分析的基础之上计算各层工作包、任务、子项目的时间参数。

2）分配资源、成本

给工程活动配置资源、成本是施工计划管理的目的之一，以便分配任务职责和计算成

本。在 Project 中给工程活动分配所需要的资源时，必须对不同的资源使用定义不同的工作时间日历、非工作日、每日（每周）工作小时数以及资源工作时间的百分比。Project 不仅可以设定固定成本、可变成本，而且提供了 3 种控制资源成本的累计方式（开始时间、按比例、结束），以确定任务的成本和估计项目的总成本，据此作出财政预算作为以后控制成本的基准。

3）工程活动间逻辑关系的定义

Project 提供了 4 种工程活动的逻辑关系类型：完成—开始（F—S）、开始—开始（S—S）、完成—完成（F—F）、开始—完成（S—F），并可定义搭接种类，搭接时距可以定义为正、负或前置任务工期的百分比，这将使日程安排得更加准确，并可能缩短日程。在做计划时值得注意的是 Project 不能表示双重逻辑关系以及流水施工关系。

4）计划的优化

Project 可通过项目间的链接同时处理多个项目，提供多项目的协调控制，将多个子项目计划综合到一起后，检查整个项目的日程、成本、资源，并与招标文件中规定的相比较，对其进行调整，使计划更符合业主的要求。如果要缩短项目的日程，首先必须从 Project 提供的"详细甘特图"或筛选器中的"关键任务"显示出的关键任务着手，调整的办法有：删除关键任务、缩短关键任务工期、分配更多的资源及更改链接类型等。

5）Internet 的应用

Project 最突出的特点是添加了 Internet 功能，使整个项目管理业务与因特网结合进行文档管理、在线讨论、下达计划等，从而摆脱操作时间、操作地点的限制。如项目小组在制作标书时利用企业内部局域网络系统，在项目文件中通过插入超级链接将各部门或专业小组编制的计划集成在一起，构成一份完整的施工组织设计，使项目组成员的信息交换更为方便。

6）筛选及输出

①筛选功能。在计划的执行过程中，项目经理针对各级主管负责的工作范围制订详细的子进度计划，同时可利用 Project 中"详细甘特图"或"统筹图"清晰标明相关工作活动的最早开始、最迟完成的时间和总时差。利用编码筛选出各专业小组的进度计划，Project 可自动从详细进度计划中筛选出专业小组的进度计划，通过企业内部局域网下达给各专业小组。

②输出成果。Project 采用 CPM 和 PERT 技术自动生成网络图、横道图、资源使用状况表和其他几百种预定义的表格和图形，并可以与其他程序如 Microsoft Excel、Microsoft Word、Microsoft Access 等共享信息，如：为了在 Project 中突出显示一些重要的数据，可以把 Microsoft Project 中的数据插入到 Microsoft Excel 中，将数据显示为柱状图或饼图，然后插入到项目的视图中，并通过选择视图、工作表类型以及设置格式，使输出的横道图、网络图、报告均图文并茂、格式美观，对于编制一份精美的施工组织设计有所帮助。

3. 计划的控制

1）信息的反馈

计划做好后，并不代表计划工作结束了，仅仅只是计划管理工作的开始，计划一经下达，各管理层必须根据实际情况定期填写工作包说明表，并通过企业局域网反馈给各管理层及项目经理。

2）进度控制

在跟踪计划的执行过程中首先必须设立比较基准。工程活动开始以后，项目经理可以将反馈回来的各个活动的实际开始时间及完成程度输入，软件可以计算已开始、但未结束活动的持续时间，自动调整网络计算各活动、任务、子项目、项目的完成程度，并与比较基准数据进行比较，通过在项目中显示进度线找出差距。项目经理可以通过调整任务的相关性、分配额外的资源时间、重新分配资源、删除或组合某些活动来进行进度控制。

3）成本控制

输入活动和资源、成本并将资源分配给任务以后，Project 将自动计算每个资源的工时成本、每个活动和资源的总成本以及项目的总成本。所有这些成本都为计划成本。输入工程活动进行过程中所消耗的成本后，软件会自动计算剩余成本，项目经理利用"盈余分析表"来预测活动是否能在预期成本内完成或超出预算，以便能够及早发现成本超支因素并相应对成本进行调整。

4. Project 的利弊

Project 操作方便、入门快，且比其他项目管理软件价格便宜，通过在施工项目中应用 Project 进行计划管理的实践说明，只要充分利用它的功能，对于施工企业提高项目管理水平与市场的竞争能力是大有裨益的。但是，由于建筑工程自身的特点，对于计划管理的重要阶段，如项目结构分解、工期、资源、成本的定义、信息的反馈是计算机所不能替代人的工作，因此在计划管理过程中要加强计算机在建筑工程中的应用，首先必须提高施工企业内部管理水平。

◀◀◀ 第四节　计算机在建筑工程技术质量管理中的应用 ▶▶▶

一、计算机在测量技术中的应用——数字测图

1. 数字测图的概念

数字测图是将地物、地貌特征的空间集合形态以数字的形式存储在磁盘或光盘上的方法。数字测图是通过数字测图系统来实现的，数字测图系统主要由数据采集、数据处理和数据输出三部分组成，其作业过程与使用的设备和软件、数据源及图形输出的目的有关。根据数字测图系统的硬件和软件的组成，数字测图方法包括：利用全站仪、RTK 进行地面数字测图；利用 RTK 配合测深仪进行水下地形数字测图；利用手扶数字化仪或扫描仪对纸质地形图进行数字化；利用摄影测量进行数字测图。

2. 数字测图的特点

数字测图以其高自动化、全数字化、高精度的显著优势在建筑领域拥有无限广阔的发展前景，具体包括：

1）实现了大比例尺测图的高度自动化

数字测图从野外数据采集、数据传输到数字地形图成图，整个测图过程实现了测量工作的内外业一体化、自动化。以全站仪数字测图为例，全站仪外业测量时，所测的碎部点是直接存储在仪器中的，野外绘好草图，内业就可以通过配套的数据传输软件将碎部点及控制点的数据传输到计算机中，再利用绘图软件将数据导入，然后结合草图进行地物、地貌的绘

制，形成数字地形图。与图解法相比，数字测图不需要手工记录碎部点数据，地物地貌也无须人工绘图，采用软件绘制后更规范美观。

2）实现了大比例尺测图的全数字化

通过数字测图法得到的数字地形图以数字化的形式存储了地物、地貌的各类图形信息和属性信息，便于传输和保存；在数字地形图上可以自动提取点位坐标和高程、两点间的水平距离以及方位角等；可以配合各类软件的性能方便地进行各种功能处理（如分层处理），绘出各类相应的专用图（如地籍图、房产图、管网图等）；还可以对所存储的局部信息进行更新（如房屋拆迁和扩建、变更地籍或房产、道路的建设等），以保证数字地形图及各类专用图的现势性。所以，与图纸保存的地形图相比，数字测图获得的地形图是数字形式的，更易保存、传输和共享，方便进行更新、设计等后续工作。

3）实现了大比例尺测图的高精度、低耗费

数字测图系统获得的数字地形图作为电子信息在自动记录、存储、传输、成图以及应用的全过程中，在测量原始数据信息的精度上基本没有损失，从而可获得与仪器测量同精度的测量成果。另外，控制点和碎部点的展点、地物、地貌符号等都是通过软件绘制的，结果更精确，比图解法的手工展点、绘图的精度要高。数字测图工期相较图解法短些，需要的工作人员也少些，成本较低。

3. 数字测图的发展与推广

计算机网络信息的发展，使得建筑工程质量得到提高，将原来的未知的不可控因素变得简单、透明，将复杂繁琐的工作变得方便、快捷。

计算机辅助建筑施工管理应用比较广泛，且主要体现在技术控制和质量检测方面，许多项目的施行都离不开计算机的辅助。随着社会的发展，建筑不断趋于高级化，结构更加复杂化，项目更加多元化，传统的检测方法已经不能完全满足施工的需求，而每一项新技术、新工艺的应用，几乎都离不开计算机的参与。计算机辅助施工，不仅给传统施工项目带来了便利，而且为新型建筑产业的质量提供了保障。

1）全站仪的不断完善

目前生产中采用的各种测图方法，所采集的碎部点数据大都储存在全站仪的内存中，或输入电子平板（笔记本或计算机）或 PDA 电子手簿中。由于不能实现现场实时连线构图，因此必然影响作业效率和成图质量。即使采用电子平板作业，也会由于在测站上难以全面看清所测碎部点之间的关系而降低效率和质量。为了很好地解决上述问题，可以引入无线数据传输技术，即实现 PDA 与测站分离，确保测点连线的实时完成，并保证连线的正确无误，具体方法如：在全站仪的数据端口安装无线数据发射装置，它能够将全站仪观测的数据实时地发射出去；开发一套适用于 PDA 手簿的数字测图系统并在 PDA 上安装无线数据接收器，与之完美配合。

2）网络 RTK 在地形测量中的推广

目前，应用 RTK 进行常规测量时都是架设自己的一个基准站，然后向多个流动站发送差分数据，进行数据采集。但是这种作业模式使得当基准站和流动站的距离增长之后（尤其是 ≥15 km 时），其精度的可靠性便会大大降低。为了提高精度，当面积比较大时，就需要反复多次建立基准站，以完成测图等工作。

基于 CORS 系统的网络 RTK 的出现可以克服常规 RTK 的缺点，大大扩展 RTK 的作业范围（RTK可距离基准站≥70 km），使GPS的应用更广泛，精度和可靠性也进一步得到提高。在网络RTK解算中，各固定基准站不直接向移动用户发送任何改正信息，而是将所有的原始数据通过数据通信线发给数据控制中心，由数据控制中心对各基准站的观测数据进行完整性检查。同时，RTK用户在工作前，通过网络或移动通信先向数据控制中心发送一个概略坐标，申请获取各项改正数据，数据控制中心收到这个位置信息后，根据用户位置自动选择最佳的一组固定基准站，整体地改正轨道误差和由电离层、对流层以及大气折射引起的误差，然后将高精度的差分信号发送给RTK用户。

4. 数字测图简要过程

大比例尺数字测图可以利用全站仪、RTK进行地面数字测图，利用RTK配合测深仪进行水下地形数字测图，利用摄影测量进行数字测图，利用手扶数字化仪或扫描仪对纸质地形图进行数字化等，最后得到地形图、地籍图、房产图和地下管线图等。通过摄影测量或地形图扫描数字化方法获取地形图的基本过程与利用全站仪和RTK进行数字测图的基本方法是相同的，并且具有统一的平面坐标系统、高程系统和图幅分幅方法。

1）利用全站仪或RTK进行数字测图的基本过程

（1）收集资料、分析资料

根据测图任务书或合同书，确定测图范围，收集测区内人文、交通、控制点和植被等信息，分析测区测图的难易程度和控制点的可利用情况等，为技术设计做准备。

（2）技术设计

技术设计是数字测图的基本工作，在测图前对整个测图工作做出合理的设计和安排，可以保证数字测图工作的正常实施。所谓的技术设计，就是根据测图比例尺、测图面积和测图方法以及用图单位的具体要求，结合测区的自然地理条件和本单位的仪器设备、技术力量及资金等情况，灵活运用测绘学的有关理论和方法，制订技术上可行、经济上合理的技术方案、作业方法和施测计划，并将其编写成技术设计书。

（3）控制测量

所有的测量工作必须遵循"由整体到局部，先控制后碎部，从高级到低级"的原则，大比例尺数字测图也不例外。先在测区范围内建立高等级的控制网，其布点密度、采用仪器与测量方法、控制点精度需满足技术设计的要求，然后在高等级控制网的基础上布设低等级的控制网，再进行碎部测量。根据测图范围大小及测图比例尺，确定布网等级。

①静态GNSS测量作业前要求。

观测前，应对接收机进行预热和静置，同时应检查电池的容量、接收机的内存和可储存空间是否充足。

天线安置的对中误差不应大于2 mm；天线高的量取应精确至1 mm。

观测中，应避免在接收机附近使用无线电通信工具。

作业同时，应做好测站记录，包括控制点点名、接收机序列号、仪器高、开关机时间的测站信息。

②GNSS控制网外业观测作业方式。

同步图形扩展式的作业方式具有作业效率高、图形强度好的特点，它是目前在GNSS测量中普遍采用的一种布网形式。

采用同步图形扩展式布设GNSS基线向量网时的观测作业方式主要有点连式、边连式、边点混连式三种。

点连式，如图 4-34 所示。

所谓点连式就是在观测作业时，相邻的同步图形间只通过一个公共点相连。这样，当有 m 台仪器共同作业时，每观测一个时段，就可以测得 $1+$ $(m-1)$ 个新点，当这些仪器观测了 s 个时段后，就可以测得 $1+$ $(m-1)s$ 个点。

点连式观测作业方式的优点是作业效率高，图形扩展迅速；它的缺点是图形强度低，如果连接点发生问题，则将影响后面的同步图形。

边连式，如图 4-35 所示。

所谓边连式就是在观测作业时，相邻的同步图形间有一条边（即两个公共点）相连。这样，当有 m 台仪器共同作业时，每观测一个时段，就可测得 $m-2$ 个新点，当这些仪器观测了 s 个时段后，就可以测得 $2+$ $(m-2)s$ 个点。

边连式观测作业方式具有较好的图形强度和较高的作业效率。

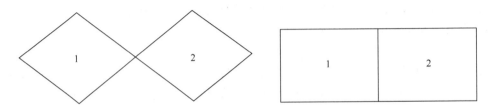

图 4-34　点连式　　　　　　　　　图 4-35　边连式

边点混连式，如图 4-36 所示。

边点混连式具有较好的图形强度和较高的作业效率。在实际的 GNSS 作业中，一般并不是单独采用上面所介绍的某一种观测作业模式，而是根据具体情况，有选择地灵活采用这几种方式作业，这种方式就是所谓的边点混连式。

边点混连式是实际作业中最常见的作业方式，它实际上是点连式、边连式的结合。

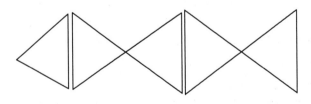

图 4-36　边点混连式

③GNSS 基线解算步骤。

原始观测数据的读入在进行基线解算时，首先需要读取原始的 GNSS 观测值数据。一般说来，各接收机厂商随接收机一起提供的数据处理软件都可以直接处理从接收机中传输出来的 GNSS 原始观测值数据，否则需要将观测数据转换成 GNSS 标准的数据格式——RINEX 格式，对于按此种格式存储的数据，大部分的数据处理软件都能直接处理。

外业输入数据的检查与修改在读入了 GNSS 观测值数据后，就需要对观测数据进行必要的检查，检查的项目包括测站名、点号、测站坐标和天线高等。对这些项目进行检查的目的，是为了避免外业操作时的误操作。

设定基线解算的控制参数。用以确定数据处理软件采用何种处理方法来进行基线解算，设定基线解算的控制参数是基线解算时的一个非常重要的环节，主要包括星历类型、截止高度角、解的类型、对流层和电离层折射处理方法、周跳处理方法等。通过控制参数的设定，可以实现基线的精化处理。

基线解算。设置好解算控制参数后，即可进行基线解算。基线解算的过程一般是自动进行的，无须过多的人工干预。

基线质量的检验。基线解算完毕后，基线结果并不能马上用于后续的处理，还必须对基线的质量进行检验。只有质量合格的基线才能用于后续的处理，如果不合格，则需要对基线进行重新解算或重新测量。

④静态 GNSS 数据处理软件实例。

在测量中，GPS 静态测量的具体观测模式是多台（3 台以上）接收机在不同的测站上进行静止同步观测，时间由几十分钟到十几小时不等。

打开 GPS 数据处理软件，在文件里面要先新建一个项目，需要填写项目名称、施工单位、负责人，并设置坐标系统和控制网等级及基线的剔除方式。在这里由于利用的旧有控制点所属的坐标系统是 1954 北京坐标系 3 度带，因此坐标系统设置成 1954 北京坐标系 3 度带。控制网等级设置为 E 级，基线剔除方式选择自动，如图 4-37 所示。

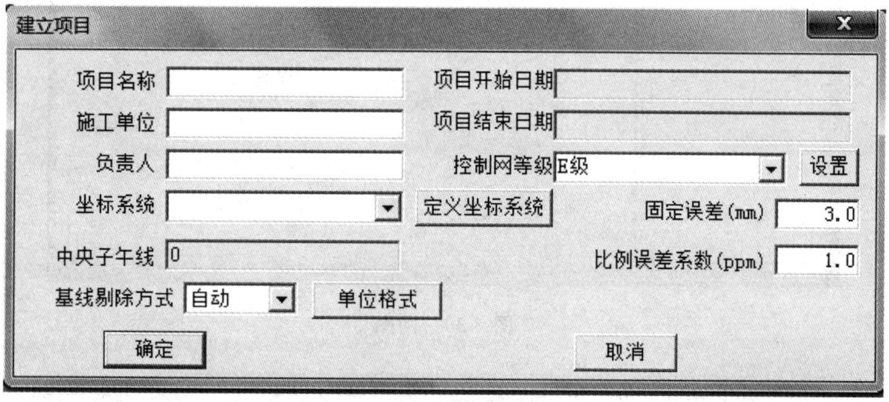

图 4-37 建立项目

在数据录入里面增加观测数据文件，若有已解算好的基线文件，则可以选择导入基线解算数据。增加观测数据文件后，会在主图显示窗口中显示网图，还需要在观测数据文件中修改量取的天线高和量取方式（S86 选择测高片，S82 选择天线斜高），如图 4-38～图 4-40 所示。

修改完观测数据文件里量取的天线高和量取方式，就要进行基线解算了。在基线解算中点击全部解算，软件就会自动解算基线，若基线解算合格就会显示为红色，解算不合格就会显示为灰白色。在基线简表窗口中可以查看解算的结果，如图 4-41 和图 4-42 所示。

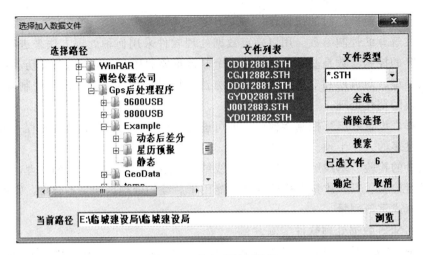

图 4-38　导入或录入数据

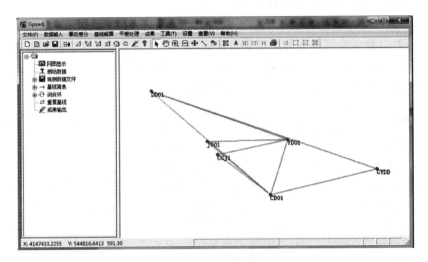

图 4-39　网图

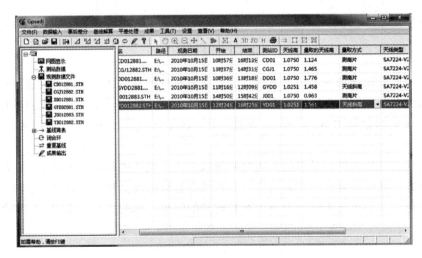

图 4-40　修改

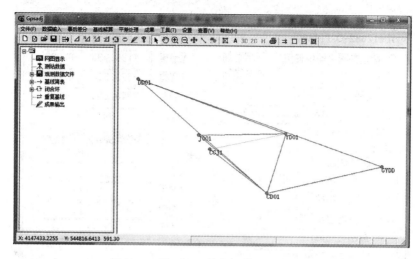

图 4-41　基线解算图

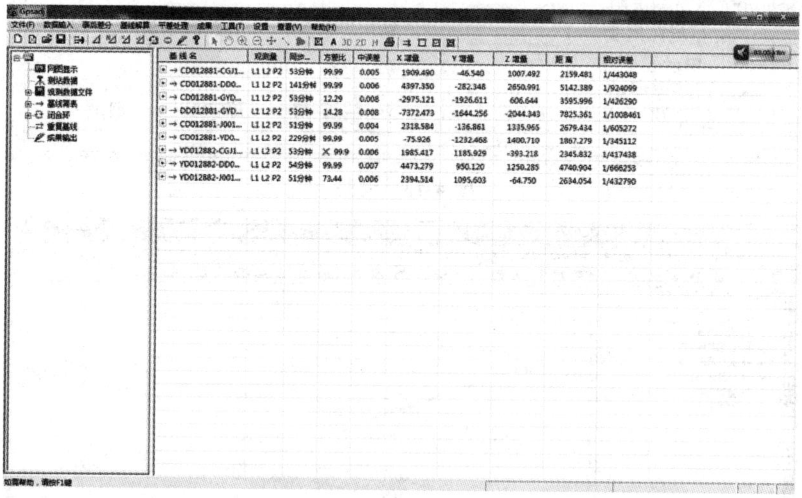

图 4-42　基线解算表

　　解算不合格的基线需要进行调整，在网图中双击不合格的基线会弹出基线状况对话框，在该对话框中调整高度截止角和历元间隔后再解算，直至合格为止，如图 4-43 所示。原来的高度截止角为 20，现在调整成 15 后，基线解算已经合格了，由原来的灰白色变成了红色，如图 4-44 所示。

　　基线全部解算合格后，就需要看闭合环是否合格，直接点击左侧的闭合环就可进行查看，如图 4-45 所示。若闭合环不合格，则还需要调整不合格闭合环中的基线，使得闭合环和基线全都合格；若闭合环合格，就要录入已知点的坐标数据，然后进行平差处理。要录入坐标数据可以在数据输入中点击坐标数据录入，在弹出的对话框中选择要录入坐标数据的点，录入坐标数据，如图 4-46 所示；或者在测站数据中选择对应的点直接录入坐标数据，如图 4-47 所示。

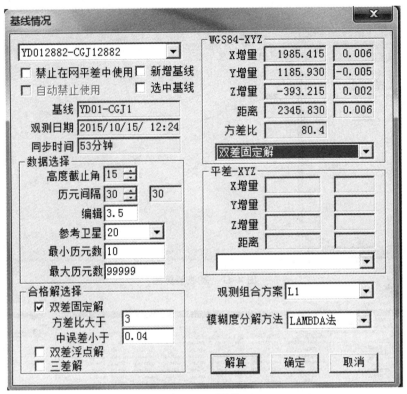

图 4-43 调整

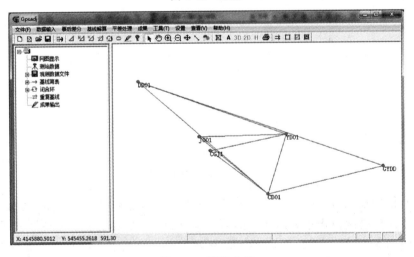

图 4-44 调整合格

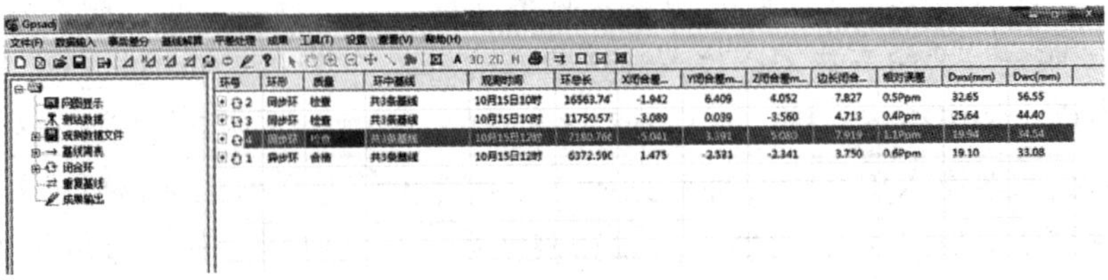

图 4-45 检查闭合环

图 4-46　对话框录入坐标数据

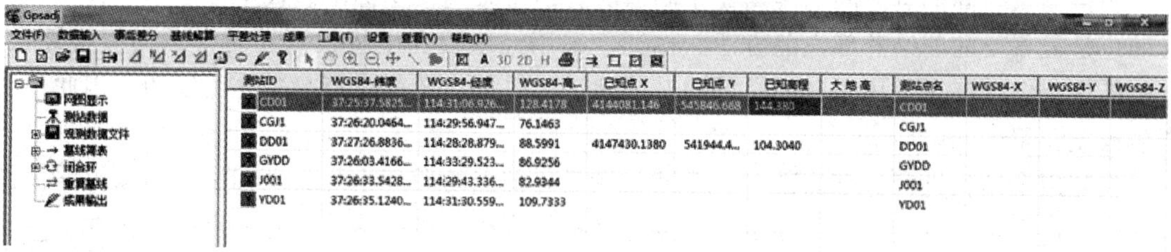

图 4-47　测站数据中对应点录入坐标数据

　　录入完坐标数据就可以进行平差处理了，在平差处理中依次点击自动处理、三维平差、二维平差、高程拟合，就能得到平差结果，包括组网、三维自由（约束）网平差、二维网约束平差、高程拟合平差、平差成果表和 7 参数结果，这可以在成果输出窗口里查看。其中主要是需要平差成果表和 7 参数结果。平差报告可以打印或输出（文本文档格式），如图 4-48 所示。

平差成果表

ID	坐标 X	坐标 Y	高 程	x y h	点 名
CD01	4144081.1460	545846.6680	144.3800	* * *	CD01
DD01	4147430.1380	541944.4900	104.3040	* * *	DD01
CGJ1	4145379.0850	544121.4909	94.0813		CGJ1
GYDD	4144897.1565	549348.6320	102.4689		GYDD
J001	4145791.2081	543784.4898	93.8269		J001
YD01	4145859.0067	546417.4322	130.4139		YD01

7 参数结果

Dx 平移(米):	-42.924
Dy 平移(米):	94.565
Dz 平移(米):	82.822
Rx 旋转(秒):	1.541313
Ry 旋转(秒):	-1.023421
Rz 旋转(秒):	1.059433
SF尺度(ppm):	-1.226671

图 4-48　平差成果表与 7 参数结果

（4）碎部测量

碎部测量是指采用 GPS 和 RTK 或全站仪进行野外碎部测量，实地测定地形特征点的平面位置和高程，将这些点信息自动存储于存储卡或电子手簿中。每个地形特征点的记录内容包括点号、平面坐标、高程、属性编码和与其他点之间的连接关系等信息。点号通常是按测量顺序自动生成的；平面坐标和高程是由 GPS、RTK 或全站仪自动解算的；属性编码指示了该点的性质，野外通常只输入简编码或不输编码，用草图等形式形象记录碎部点的特征信息，内业处理时再输入属性编码；点与点之间的连接表明按何种顺序构成地物。目前，全站仪和 GPS、RTK 的定位精度较高，是数字测图的主要测图方法。

①碎部测量方法。

第一，极坐标法。

极坐标法是根据测站点上的一个已知方向，测定已知方向与所求点方向的角度，测量测站点至所求点的距离，用以确定所求点位置。

测图时，可根据碎步坐标直接展绘在图纸上，也可根据水平角和水平距离用图解法将碎部点直接绘制在图纸上。

当待测点与碎部点之间的距离便于测量时，通常采用极坐标法。极坐标法是一种非常灵活的也是最主要的测绘碎部点的方法。例如，采用经纬仪和平板仪测图时常采用极坐标法。极坐标法测定碎部点适用于通视良好的开阔地区。碎部点的位置都是独立测定的，因此不会产生误差积累。

在利用全站仪进行数字测图时，全站仪测量碎部点的原理也是极坐标法，与图解法测图不同的是，它可以直接测定并显示碎部点的坐标和高程，极大提高了碎部点的测量速度和精度，因此在大比例尺数字测图中被广泛采用。

第二，距离交会法。

距离交会法是测量两已知点到碎部点的距离来确定碎部点位置的一种方法。当碎部点到已知点（困难地区也可以是已测的碎部点）的距离不超过一尺段、地势比较平坦且便于量距时，可采用距离交会的方法测绘碎部点。

第三，方向交会法。

方向交会法又称为角度交会法，是分别在两个已知测点上对同一碎部点进行方向交会以确定碎部点位置的一种方法。

方向交会法常用于测绘目标明显、距离较远、易于瞄准的碎部点。

②全站仪数据采集。

传统的经纬仪与水准仪只能测量比较具体且小范围的数据，而智能全站仪能全方位地定位目标，把人工光学测微读数代之以自动记录和显示读数，使测角操作简单化，且可避免读数误差的产生。一次安置仪器就可完成该测站上全部测量工作，被广泛用于地上大型建筑和地下隧道施工等精密工程测量或变形监测领域。

随着计算机技术的不断发展与应用以及用户的特殊要求与其他工业技术的应用，全站仪进入了一个新的发展时期，出现了带内存、防水型、防爆型、电脑型等多种多样的全站仪。

在自动化全站仪的基础上，仪器安装自动目标识别与照准的新功能，因此在自动化的进程中，全站仪进一步克服了需要人工照准目标的重大缺陷，实现了全站仪的智能化。在相关软件的控制下，智能型全站仪在无人干预的条件下可自动完成多个目标的识别、照准与测量。因此，智能型全站仪又被称为"测量机器人"，典型的代表有徕卡的 TCA 型全站仪等。

世界上精度最高的全站仪：测角精度（一测回方向标准偏差）0.5 秒，测距精度 0.5 mm＋1 ppm。利用 ATR（自动目标识别）功能，白天和黑夜（无需照明）都可以工作。全站仪已经达到令人不可置信的角度和距离测量精度，既可人工操作也可自动操作，既可远距离遥控运行也可在机载应用程序控制下使用，可使用在精密工程测量、变形监测、几乎是无容许限差的机械引导控制等应用领域。

全站仪设站步骤主要有三步：

第一步，测前准备。

在测站点（等级控制点、图根控制点或支站点）安置全站仪，完成对中和整平工作，并量取仪器高。其中，全站仪的对中偏差不应大于 5 mm，仪器高和棱镜高的量取应精确至 1 mm。

测出测量时测站周围的温度和气压，并输入全站仪；根据实际情况选择测量模式，当选择棱镜测量模式时，应在全站仪中设置棱镜常数并检查全站仪中角度和距离的单位是否设置正确。

第二步，测站设置、定向与检核。

测站设置：建立项目。为便于查找，文件名称应根据习惯或个性化等方式命名。建好文件后，将需要用到的控制点坐标数据录入并保存至该文件中。

打开文件，进入全站仪野外数据采集功能菜单，进行测站点设置。输入或调入测站点点名及坐标、仪器高和测站点编码。

定向：选择较远的后视点（等级控制点、图根控制点或支站点）作为测站定向点，输入调入后视点点号及坐标和棱镜高。精确瞄准后视定向点，设置后视坐标方位角（全站仪水平读数与坐标方位角一致）。

检核：定向完毕后，施测前视点（等级控制点、图根控制点或支站点）的坐标和高程，作为测站检核。检核点的平面坐标较差不应大于图上的 0.2 mm，高程较差不应大于1/5 倍基本等高距。如果大于上述限差，则必须分析产生差值的原因，解决差值产生的问题。该检核点的坐标必须存储，以备以后进行数据检查及图形与数据纠正工作。

每站数据采集结束时应重新检测标定方向，检测结果若超出上述两项规定的限差，则其检测前所测的碎部点成果须重新计算，并应检测不少于两个碎部点。

第三步，数据采集。

测站定向与检核结束后，进行碎部点的坐标测量。输入碎部点的点名、编码、棱镜高后，开始测量。存储碎部点坐标数据，然后按照相同的方法测量并存储周围碎部点坐标。注意，当棱镜有变化时，在测量该点前必须重新输入棱镜高，然后再测量该碎部点坐标。

全站仪常用的测站方法及步骤：

选择主菜单中的"测量"，点继续，如图 4-49 所示。

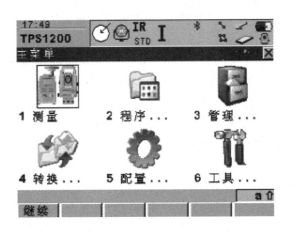

图 4-49　进入测量界面

选择正确的作业、配置集及棱镜，点击"设站"，如图 4-50 所示。

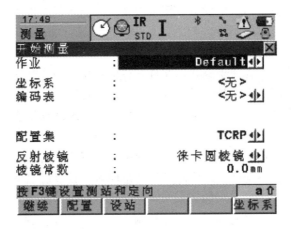

图 4-50　设站

方法中选择设置方位角，测站坐标改为选项中的来自作业，输入仪器高，如图 4-51 所示。

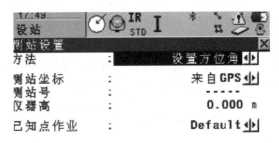

图 4-51　设置方位角

选择仪器所在位置的测站号，如果仪器中没有已知数据，则点击进入高亮显示处新建测站点，如图 4-52 所示。

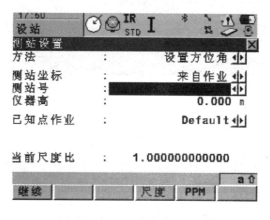

图 4-52 测站

在点列表中点新建，即可输入新的坐标，如图 4-53 所示。

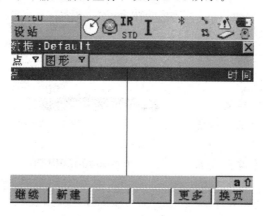

图 4-53 输入新坐标点

在此处输入站点坐标，保存即可，如图 4-54 所示。

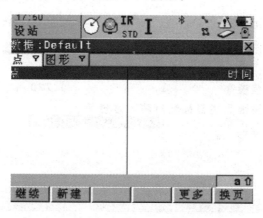

图 4-54 保存站点坐标

选择列表中站点的点号，点继续，如图 4-55 所示。

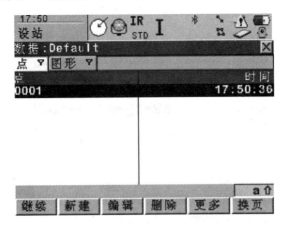

图 4-55　选择列表中站点的点号

此处输入仪器高，点继续，如图 4-56 所示。

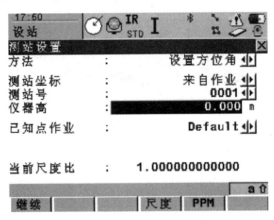

图 4-56　输入仪器高

仪器对准相应方位上的棱镜或目标，点确认即可，如图 4-57 所示。

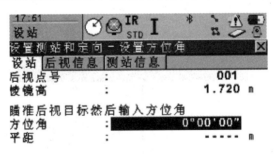

图 4-57　确定方位角上的棱镜或目标

至此，设置方位角的定向方法完成，如图 4-58 所示。

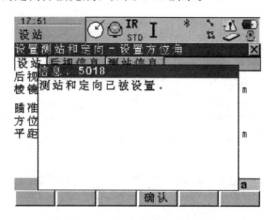

图 4-58 方位角的定向方法完成

设站完成后进入如上图的测量界面，即可进行数据采集。ALL 的功能为测距并存储，如图 4-59 所示。

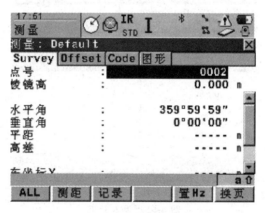

图 4-59 数据采集

接下来介绍已知后视点的测站方法，承接第 1、2 步，进入如图 4-59 所示的界面，选择好测站点，点继续，如图 4-60 所示。

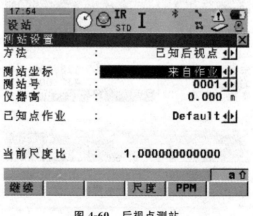

图 4-60 后视点测站

选择后视点的点号，如果仪器用新点信息，点高亮处进行新建，如图 4-61 所示。

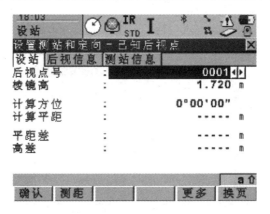

图 4-61　新建后视点

进入点列表，点击新建，输入新点，如图 4-62 所示。

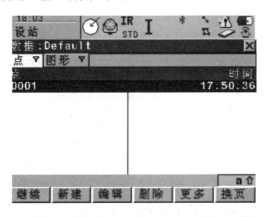

图 4-62　输入新点

输入后视坐标并保存，如图 4-63 所示。

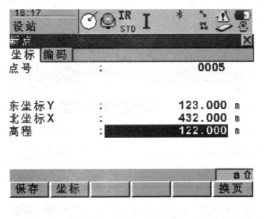

图 4-63　保存后视坐标

列表中选择后视点，点继续，如图 4-64 所示。

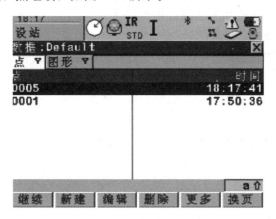

图 4-64 选择后视点

完成设站信息输入后，即可进行确认，如图 4-65 所示。

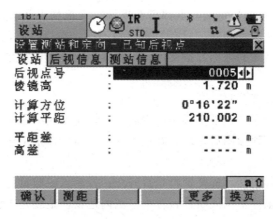

图 4-65 设站信息输入

已知后视点的测站方法至此完成，如图 4-66 所示。

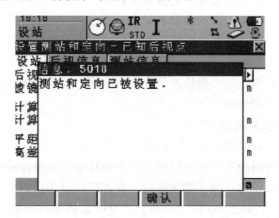

图 4-66 测站完成

不同全站仪具体操作界面不大相同，但其操作原理基本相同，只要熟悉其中一种，并熟练应用，其他类型的全站仪使用方法便会相当容易。

（5）数字地形图的绘制

内业成图是数字测图过程的中心环节，它直接影响最后输出地形图的质量和数字地形图在数据库中的管理。内业成图是通过相应的计算机软件来完成的，主要包括地图符号库、第五要素绘制、等高线绘制、文字注记、图形编辑、图形显示、图形裁剪、图形接边、图形整饰等功能。

通过全站仪和GNSS等方式，把碎部采集点的数据传输到计算机中，下一步就是将数据文件展点成图。

平面图绘制的基本方法。

①"测记法"工作方式。

测记工作方式主要是将野外数据采集至全站仪内存或电子手薄中，同时在野外绘制草图，回办公室后输入计算机内。测记绘图中，要根据工作方式采用点号定位或坐标定位。

②"简码法"工作方式。

"简码法"工作方式主要是每测一点都已在现场输入地物点的属性码和连接码。其操作步骤与"测记法"的操作步骤相同，只有简码识别不同。在执行简码识别时，输入比例尺，按照提示选择带简编码格式的坐标数据文件，当系统提示简码识别完毕时，绘图区域便会自动生成平面图。

（6）数字地形图的检查验收

测绘产品检查验收是生产过程中必不可少的环节，是测绘产品的质量保证。为了控制测绘产品的质量，完成数字地形图后必须做好检查验收和质量评定工作。

第一，内业检查。

地形图室内检查主要包括：提交资料是否齐全；控制点的数量是否正确，是否符合规范要求；控制点、图廓、坐标格网展绘是否合格；图内地物、地貌是否合理；各种标注、符号是否正确、完整等。

第二，外业检查。

外业检查包含有野外巡视检查和野外仪器检查。

检查结束后，对于检查中发现的错误和缺点，应立即在实地对照改正。如果错误较多，则上级业务单位可暂不验收，并将上缴原图和资料退回作业组进行修测或重测，然后再做检查和验收。

各种测绘资料和地形图，经全面检查符合要求后即可予以验收，并根据质量评定标准，实事求是地做出质量等级的评估。

5. 高科技技术在测量中的应用实例

1）三维激光扫描仪测绘地形的推广与发展

三维激光扫描技术是国际上近期发展的一项高新技术，利用计算机技术，通过激光测距原理可瞬时测得360°全方位的空间三维坐标值。利用三维激光扫描技术获取的空间点三维云数据，如图4-67所示，既可用于地形图测量，又可以直接进行三维建模。由于三维激光扫描仪获取的三维数据量很大，因此如果要获得大比例尺的地形图，它的内业处理工作量也很大。其作业流程主要包括外业数据采集、点云数据配准、地物的提取与绘制、非地貌数据的剔除、等高线的生成和地物与地貌的叠加编辑等几个步骤。该仪器工作设站的灵活性，使得野外数据采集变得更为快捷方便，在将来的测绘工作中，野外工作人员的工作将更加轻松简单，地形图的绘制速度也会随之大大提高。该仪器目前已经成功应用于城市建筑测量、地形测绘、变形监测、隧道工程和桥梁改建等领域。如图 4-68 所示，三维激光扫描仪正在扫描古建筑物，进行古建筑维修监测。

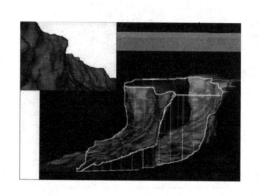

图 4-67 地形测量

图 4-68 扫描古建筑

目前三维激光扫描仪在应用中还存在一些问题：

①地形特征的提取、非地貌数据的剔除都不是自动化处理；

②扫描时受测站位置的限制，不可避免地会出现扫描死角，特别是顶部；

③当地形高低起伏、遮挡情况比较严重时，局部数据易缺失。

目前三维激光扫描仪扫描的数据，没有成熟配套的地形图测绘软件，在成图的过程中需要交互使用多种不同的软件。相信随着问题的不断解决、技术的不断完善，三维激光扫描仪将会得到广泛的推广和应用。

2）无人机低空数字摄影测量的应用

数字摄影测量是基于数字影像与摄影测量的基本原理，应用计算机技术、数字影像处理、影像匹配、模式识别等多学科的理论与方法进行的，从本质上来说，它与原来的摄影测量没有区别，整个的生产流程与作业方式，和传统的摄影测量差别不大，但是它给传统的摄影测量带来了重大的变革。

目前，通过数字摄影机获得数字影像、内业使用专门的航测软件进行成图处理的航空摄影测量法是大比例尺地形测图的重要手段与方法。该方法的特点是可将大量的外业测量工作移到室内完成，它具有成图速度快、精度高而均匀、成本低且不受气候及季节的限制等优点，特别适用于城市密集地区的大面积成图。随着全数字摄影工作站的出现，加上 GPS 技术在摄影测量中的应用，使得摄影测量向自动化、数字化方向迈进。

近年来，无人机应用于航空测绘，如图 4-69 所示，其机动快速，操作简单，能获取高分辨率航空影像，影像制作周期短、效率高，在应急测绘、困难地区测绘、小城镇测绘、重大工程测绘、自然灾害监测等领域应用广泛。目前测图精度可以达到 1：1000 地形图精度。随着无人机测图精度的提高和使用范围的扩大，无人机低空航测技术将成为地形测图的一种重要手段。

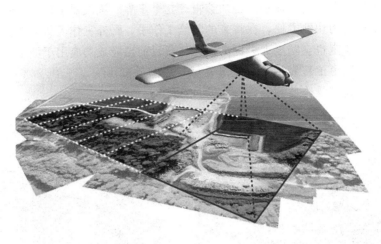

图 4-69 无人机地形测绘

二、计算机在钢筋混凝土工程中的应用

1. 计算机在钢筋工程中的应用

主体结构基础尺寸较大，钢筋用量多，厂房框架结构跨度大、框架梁截面尺寸大，钢筋用量大，钢筋工程是主体结构的一个重要分项工程。对钢筋工程进行有效的管理控制，对于节省工程投资，缩短钢筋工程工期，保证钢筋工程质量都有重要的意义。按惯例，根据设计图纸编制钢筋配料计划，班组按单下料，并根据梁板号将各种钢筋混合堆放，以便于安装。待制作完成后再按梁板号顺序将钢筋运至工作面安装。工程实践表明，这种钢筋制作方法带有较大的盲目性与任意性。弊端表现主要有三点：

第一，钢筋制作时间长，工人在断料时，要边看图纸边断料，花费时间多，考虑得也不周全。

第二，钢筋断料后焊接接头位置难以确定，很难保证接头位置构造要求错开。

第三，钢筋下料长度随意性大，钢筋工人断料时对拟用钢筋（特别是负弯矩钢筋）过长一般不加以切断，短一些的也不接长，这些都影响了钢筋工程的质量。

另外，钢筋制作顺序堆放位置均要考虑安装时的需要，这就要求钢筋工人有较高的技术素质。这些问题如不妥善处理，在工程中势必会造成比较大的损失和浪费。为了改进这种传统的钢筋配料方法，应利用计算机来管理钢筋工程，在钢筋切断前进行综合计算，合理调整。

1）一般 CAD 软件技术在钢筋下料中技巧的应用

目前，运用 CAD 技术进行钢筋下料的软件非常普遍，关于 CAD 相关软件的使用方法也非常普遍，但在使用过程中，容易在 CAD 转化过程中出现一些问题，问题的主要原因是非标准的平法 CAD 制图和受限制的 CAD 制图。下面以一款软件为例，介绍钢筋下料过程中 CAD 的转化技巧。

（1）非标准平法制图

非标准的平法 CAD 制图，即非标准平法制图和非标准 CAD 制图。

软件智能毕竟非人工智能，软件的转化处理需要基于一定的标准条件，超出标准范围结果便会出错，在非标准平法制图的情况下有两个应对原则：增加软件的宽容性；尽量使图纸相对标准化。

增加软件识别的宽容性并不是只有等待软件的后继开发，CAD 转化过程中的一些高级选项已经为我们预留了很高的宽容性，例如梁转化过程中的加载梁集中标注中高级选项，如图 4-70 所示。

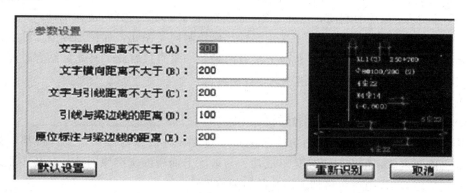

图 4-70   梁集中标注中高级选项

这个选项看似简单，却可以很大提升转化的准确性，但用户在 CAD 转化过程中经常都是"下一步"，从来没有对这些选项进行过设置、修改。

使图纸相对标准化的另一个办法就是直接用 CAD 修改图纸，注意修改 CAD 图纸只是修改 CAD 制图的表达方式，而不是修改图纸的如配筋这种根本信息，CAD 修改的一般内容包括图层、线条、文字、颜色、比例、图表、外部参照等。

①图层。

有些 CAD 图纸的所有内容都在一个图层上，这给准确提取带来困难，用户可以根据具体情况利用 CAD 的快速选择工具选择需要的内容然后置入相关图层。快速选择一个高效的工具，结合其他工具一起使用会起到事半功倍的效果。

②线条。

有些 CAD 的线条相当不到位，如梁线，用户可以修改软件 CAD 转化的到柱边线距离来应对，一般都会得到很好的解决，但有些情况却无法利用这个方法解决，如独立基础，很多图纸的独立基础在与梁相交位置线条是断开的，即不能形成闭合构件，这时在转化之前就要把这些线条拉通（无需每个独立基础都拉通），同名称的只要复制即可。快速、准确、高效永远是 CAD 转化的精髓和准则。

③文字。

有些柱表看起来很标准，但转化效率不高，问题在柱标高的文字表达上，如出现"随基础顶面"或者"随屋面标高"这样的文字而非"－30"这样的数字。柱表只是一个简单的特例，其他构件转化也会出现类似的情况，用户只要针对这些文字做一个简单的修改即可，当然也需要进一步优化软件的宽容性。另外针对一些因为字符间距转化不成功的构件只要对软件的转化参数设置下即可，也可以直接修改字符间距。

④颜色。

一般 CAD 的颜色不影响转化成功率，虽然如此，但却影响 CAD 转化的效率，我们知道 CAD 转化后，与 CAD 相同的构件标注为粉红色，不同的（非正确的）为蓝色，如果 CAD 的标注恰巧也是这个颜色，那么转化后会很混乱，给转化后期纠错造成一定困难。所以转化前有必要用快速选择工具对其颜色进行简单的修改，另外鲁班软件的选项调色板中应该有转化后颜色设置，这样设置起来会方便很多。

⑤钢筋比例。

第一，非 1∶1 标准的制图，这种 CAD 图纸在导入时只要选择对应比例即可。

第二，有些工程在同一张图纸中采用多种比例绘制同类图元，如柱定位图，标注配筋的柱和其他同名称柱绘制比例不同。解决方法有两种：一是直接转化，转化后结合过滤器进行构件替换；二是利用等比例缩放直接在 CAD 中修改。

⑥图表。

图表的转化一般有直接转化法和间接导出法。

直接转化法：软件的图表转化功能已经非常强大，对很多构件类型支持得都很好，如柱、门窗、连梁表等，但有时会转化不成功，一般除上面说的文字原因外就是某些非封闭表格问题，只要在 CAD 中对表格加上四边的封闭线即可。

间接导出法：利用 CAD 相关插件如 Magic Table 直接导出 Excel 图表，根据具体工程修改后复制粘贴进相关的构件属性表中即可，这种方法适用于大部分图表，尤其对软件暂不支持的构件图表效率极高。

（2）受限制的 CAD 制图处理方法

受限制的 CAD 可以分为特殊字体或者符号、多重插入或者加密无法分解和非矢量图即位图或者像素图。

①特殊字体或者符号。在 CAD 里显示"?"或者块符，大部分都是钢筋的具体型号级别上，也有在 CAD 里显示正常但在软件里显示非正常可转化字符。解决方法：首先，寻找相应字体；其次，替换字体，在 CAD 中利用查找——替换即可；再次，软件一种是直接替换，比较万能，但缺少批量替换，效率有所折扣；最后，在软件中手动输入钢筋级别符号，效率极高，但缺点是针对某些无法在鲁班软件中显示的字符无效。

②多重插入或者加密无法分解。有利用另存为 R14 格式再进行处理的，也有直接加载代码来处理的，但对于普通用户来说操作过于复杂，而用 delock. fas 或者 lockdwg. VLX，这两个工具简单好用，一般问题都可以解决；如果炸开过程中发现原多重插入块消失，可以参考外部参照绑定。

③非矢量图即位图。软件中钢筋所有的转化都是基于矢量图的基础，这是由软件目前的本质所决定的，并不是每一款矢量软件都可以去处理 PDF 这种位图文件，位图文件虽然可以转化成矢量文件，但是目前的转化效果都不是很好。

（3）软件在转化中的具体问题及解决方法

①CAD 文件导入显示问题。

在 CAD 中显示正常，导入后图形很小或者几乎找不到，这种情况的根本原因在于绘图区域过大或者说 CAD 图中距离图纸框较远地方还有其他一些很小的图元，解决办法是用 CAD 软件打开该文件，双击鼠标中间的滚轮，显示全屏，在图形周边进行框选，这样很容易找到图纸框以外的那些无用但影响显示的小图元，删除即可。

②CAD 文件载入时间问题。

CAD 文件太大会造成载入困难，一般单个 CAD 图形不会很大，很大的原因是由于 CAD 图有填充，当我们对 CAD 进行分解之后，文件图元会变得很大，所以我们只要在 CAD 文件中找到无用部分的图元，直接删除或者在图层管理中把相关图元图层"关掉"，再将其他有用图元另存到一个新的 CAD 文件中即可。

③梁转化常见问题。

标注在两张图上分 X/Y 两个方向，这个直接合并成一张图纸即可，如果有必要还可以在合并时新建图层；工程许多都是左右对称，但是梁标注只标注一边的 X 向梁和另一边的 Y 向梁，解决方法是先按正常方式转化，然后利用快速查找把其中的 L_0 全部删除，选择相关梁构件进行镜像，镜像后原位标注需注意，根据图纸如需要可以利用表格标注中的跨数据对调来进行调整，另外需注意梁原位标注的标高、跨偏移及吊筋选项。

梁配筋数据与梁截面尺寸不在同一图纸上，即梁配筋图无截面尺寸，梁截面尺寸标注在模板图上。有些配筋信息和截面标注位置重合或者距离偏差过大，无法把两张图纸进行简单的合并操作。一种方法是直接转化，然后导入截面模板图对需要修改部分进行手工标注；另一种方法是需要新建两个工程，对梁配筋图和梁模板图分别进行转化，打开截面转化的工程文件，找到其中的梁构件属性表，框选其中的梁截面尺寸，复制其中的内容，切换到梁配筋工程界面，打开其中的梁配筋属性表粘贴进相应的位置即可。

④板筋转化常见问题。

板筋转化效率很高，但是对于利用编号设计的板筋还有待优化，利用编号设计的板筋如果编号较多则手工布置工作量会非常大。临时的处理办法可以采用在 CAD 中替换掉编号，如 1 号钢筋利用查找替换整体替换成 c10@150，2 号钢筋整体替换成 c12@200，此法相对手工建模是十分高效的。但是这种方法在不同编号板筋配筋相同但尺寸不同或者图纸绘制尺寸不精确的情况下，转化的工作量也会比较大，因为有些复杂工程图纸的板筋编号有百余种，因此，需要谨慎使用。

⑤柱转化常见问题。

柱转化可以归纳为柱表转化和柱定位图转化，两者都比较简单，有种情况可能会对初学者造成一定困惑，如同一工程中分两个区进行设计，两个区的柱名称相同但配筋或者截面不同，这种情况最简单的解决办法就是在转化完一个区的柱或者柱表后打开构件属性表，利用替换工具把所有构件加上前缀，如 KZ-1、2、3 可以批量修改成 AKZ-1、2、3 等，其他的构件如梁等的 CAD 转化同理；另外一种情况是 CAD 转化中暂不支持的构件，如构造柱的转化，构造柱在转化中我们可以先转化成 KZ，然后再利用构件替换工具整体替换成相应的 GZ 即可，其他构件同理；如在以前软件没有砖墙转化选项，可以先转化成同截面的剪力墙，然后替换掉即可。

2）钢筋隐蔽工程的验收

在建筑施工过程中，隐蔽工程一直是建筑施工的重中之重，传统的检验方法只能通过人工事前控制，但由于工程的复杂性和施工人员的疏忽，往往会对隐蔽工程造成破坏，而事后管理人员又无法通过直观的检查确定隐蔽工程是否合格。如钢筋工程，通过人工无法在混凝土浇筑完成之后检查钢筋的分布、位置及钢筋保护层的厚度，而计算机技术的应用就解决了这一难题。

钢筋保护层厚度测定仪可用于检测现有钢筋混凝土或新建钢筋混凝土内部钢筋直径、位置、钢筋分布及钢筋的混凝土保护层厚度，还可对非磁性和非导电介质中的磁性体及导电体进行检测，而且能以图像显示混凝土内部钢筋的平面分布图和剖面分布图。

应用领域：混凝土结构工程中钢筋位置、钢筋分布及走向、保护层厚度、钢筋直径的探测。还可以对非磁性和非导电介质中的磁性体及导电体进行探测，如墙体内的电缆、水暖管道的检测等。

通过仪器，在同一显示屏既可以使检测模式直观、精准，又可以准确显示钢筋位置、间距、保护层厚度；单点测量、网格扫描、波形扫描、剖面扫描四种方法都完全实现后，删除操作有误测试数据及图形，便于现场测试使用；网格扫描测试过程中完全实现随时相互交错切换 X 轴与 Y 轴（即纵横坐标轴方向）测试，随意切换后数据及钢筋分布图会自动延续之前信息进行测试，从而提高现场测试的灵活性；采用自动存储标定值，实现快速测量，减免检测前的每次标定工作的麻烦程序。

3）5D BIM 技术在钢筋工程中的应用

（1）5D BIM 技术介绍

BIM 数据模型是基于 3D 建模技术，融入了建筑构件的属性信息后封装成的多维度、多属性的信息载体。5D BIM 技术是广联达公司在 BIM 技术的基础上，加入时间（Time）和成本（Cost）两个维度，封装成五维信息载体，简称 GBIM－5D。

GBIM－5D 施工管理系统是以建筑 3D 信息模型为基础，把造价信息纳入到模型中，形成建筑成本（造价）信息模型——BCIM（集成造价和算量产品）。运用建筑成本信息模型能够帮助建筑企业在招标投标阶段、施工过程、审核结算时省却繁琐的计量需求，从而提高工作效率和数据精度，同时提供直观的 5D 成本信息模型视图、实时的查询、计算分析等，能更加形象地辅助用户进行各项项目管理工作和问题诊断分析。

（2）GBIM－5D 技术

GBIM－5D 承载建筑工程 3D 几何模型和建筑实体的建造时间、成本，内容包括空间几何信息、WBS 节点信息、时间范围信息、合同预算信息、施工预算信息等，从而解决了 BIM 只关注几何属性和构件属性的不足，拓展了 BIM 信息模型的建模能力与应用范围。

GBIM－5D 技术由于加入了时间和成本属性，因而在钢筋工程各阶段的实施过程中，能够关注工程进度、工程成本和造价，使钢筋工程的进度管理和成本管理成为可能，并在 3D 处理上做了大胆的创新尝试，构造三维可视化钢筋数据模型，使得放样更直观、排查更方便，可以很好地指导钢筋现场施工，大大提高了施工效率。

（3）技术方案与实现

基于 GBIM－5D 数据模型的技术，在建筑工程建造阶段的各算量业务中均有应用。它利用 GBIM－5D 数据模型，依据工程量计算要求计算各专业和不同类型算量，包括土建、建筑装饰、钢筋、安装（含给水排水、采暖、电气、消防、空调通风、智控弱电六个专业）、精装修工程量、钢筋下料、施工计划算量、进度报量算量、设计变更算量等。

①GBIM－5D 数据模型。

GBIM－5D 数据模型参照使用三层数据模型，即数据层、业务层和表现层。数据层是 GBIM－5D 的数据区，包括建筑实体的物理信息、3D 几何信息，建筑工程的工作内容、成本、施工过程等信息数据，可供招标投标、建造等不同阶段和不同工种（如建筑师、土木工程师、结构工程师等）之间进行信息共享。业务层包括两个方面：业务规则和模型操作，它们是一个个可以封装的具有业务独立性的组件。最后把业务规则、模型操作和数据层组合成不同的产品表现，以满足不同的应用需求。

②GBIM－5D 产品架构。

钢筋算量、钢筋下料等软件的架构，整体采用 MVC 架构。数据模型部分就是 BIM 5D 数据模型，分为核心的 BIM 以及扩展的 Cost 和 Time 部分。GGC 是产品的核心，即是传统意义上的 BIM 模型，包含几何属性 Shape 和建筑属性 Property。WBS 工作分解结构是钢筋工程时间维度的体现，WBS 对钢筋工程进行了细分，使项目工作更加详细。软件通过定义划分工程施工节点或流水段，做到对工程进度的时间管理。

对于产品线的不同软件产品，BIM 5D 数据模型是相同的，只是呈现与控制的实现不同。这样工程数据的共享与模型数据的共享就变得容易了。

③基于 5D BIM 数据模型的呈现。

产品采用移植性好、使用率高的 3D 图形库 OpenGL 作为模型呈现库，结合业务的考虑，内置了两种视图环境：3D 视图和 2D 视图。软件可以方便地在 3D 和 2D 视图下面进行显示图元的绘制、编辑、修改、属性定义与修改等操作。View 2D、View 3D 使用 BIM 5D 模型数据，利用 OpenGL 显示库进行模型的二维、三维显示。

④GBIM－5D 具体应用。

钢筋软件依据国家设计标准，参照工程中的图纸设计形式，运用整个工程 BIM 信息模型中构件实体的 3D 数据，如梁、柱、板等 3D 几何模型；经过增删改等操作输入建筑实体构件的相关钢筋信息，通过设置的钢筋计算规则，系统自动计算模型内所有构件实体的钢筋信息，使软件在钢筋处理使用上，简便和智能化，同时把钢筋信息全面融合到 BIM 信息模型中。

下面主要阐述工程设置和建模输入模块，相对 5D BIM 数据模型的应用。

GBIM－5D 中时间、成本的实现在工程设置中可以定义工程节点（流水段），进行量价套定，就是建立 WBS 节点和显示 WBS 挂接模型后的预算内容。由于 GBIM－5D 中成本和时间两个维度在软件的工程节点中予以了体现，所以软件能够指导钢筋工程的成本控制和时间进度控制。对于工程节点（WBS），在建模中能够清晰明了地查看每个节点的成本、工作内容和工作范围（WBS 节点对应的 3D 构件实体）等。

GBIM－5D 中几何属性、建筑属性的实现。建筑信息模型数据作为 GBIM－5D 数据模型的组成部分，是钢筋工程模型的基础和核心部分。当前广联达钢筋翻样软件采用了公司自主研发的数据平台进行几何数据和建筑属性数据的存储，使用 GGC 图形平台进行了数据封装与开发。软件对于墙、板、基础等主要结构构件予以了钢筋结果三维呈现。

2. 计算机在混凝土工程中的应用

1）混凝土超声波探伤检测、裂缝检测

（1）强度检测

超声波检测是利用混凝土的抗压强度与超声波在混凝土中的传播参数（声速）之间的相关性来检测混凝土强度的。混凝土的弹性模量越大、强度越高，超声波的传播速度越快。经试验，这种相关关系可以用非线性数学模型来拟合，即通过实验建立混凝土强度和声速的关系曲线。现场检测混凝土强度时，应该选择浇筑混凝土的模板侧面为测试面，一般以 200 mm×200 mm 的面积为一测区，每一试件上相邻测区间距不大于 2 m。测试面应清洁平整、干燥无缺陷和无饰面层。每个测区内的相对测试面上对应的辐射和接收换能器应在同一轴线上，测试时必须保持换能器与被测混凝土表面有良好的耦合，并利用黄油或凡士林等耦合剂，以减少声能的反射损失。按拟定的回归方程计算或查表取得对应测区的混凝土强度值。

（2）声波反射法测量厚度

如图 4-71 所示，超声波从一种固体介质入射到另一种固体介质时，在两种不同固体的分界面上会产生波的反射和折射。声阻抗率相差越大，则反射系数也越大，反射信号就越强。所以只要能从直达波和反射波混杂的接收波中识别出反射波的叠加起始点，并测出反射波到时，就可以计算混凝土的厚度：

$$H = 1/2\sqrt{(CT)^2 - L^2}$$

式中　　H——混凝土厚度；

　　　　C——混凝土中的声速；

　　　　T——反射波走时；

　　　　L——两换能器间距。

由式可知，要准确得到厚度，关键是如何设法测得较准确的混凝土声速 C 和混凝土结构底面波反射声时 T。当换能器固定时，L 是一个常数。

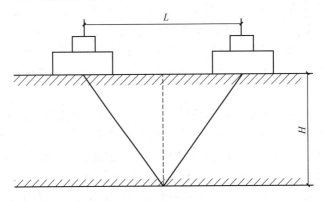

图 4-71　反射法测量厚度原理图

（3）超声波在桥梁混凝土裂缝检测中的应用

桥梁结构的使用性能及耐久年限，主要由设计、施工和所用材料的质量等诸多因素共同决定。由于设计、施工和材料可能存在某些缺陷，这些缺陷会使桥梁结构先天存在着某些薄弱之处；此外，桥梁在营运使用中又会受到不可避免的人为损伤及各种大自然侵蚀，带来后天病害。

如图 4-72 所示，先在与裂缝相邻的无缺陷混凝土中利用评测法计算出超声波在测距为 $2a$ 的混凝土中的声时；再将超声换能器置于裂缝两侧各为 a 的距离，计算出跨缝测试超声波的声时 t_c，计算裂缝深度 d_c 公式为：

$$d_c = a\sqrt{(t_c/t_0)^2 - 1}$$

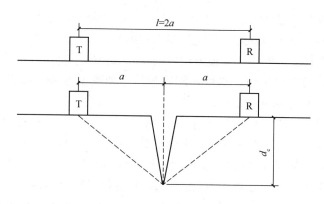

图 4-72 桥梁检测示意

2）计算机在混凝土冬期施工中的应用

（1）概述

各种各样的冬期施工措施及其相应的热工计算相当繁琐，用手工计算不但很难得到经济、实用、简便的冬期施工措施，而且会造成一定的经济损失。显然用计算机选择混凝土冬期施工措施及相应的热工计算是十分必要的，它可协助施工人员快速正确地选择冬期施工措施，克服盲目性，杜绝质量事故的发生，避免浪费损失。

（2）计算机软件的应用

①软件程序的编制。

软件程序是根据国家现行标准《混凝土结构工程施工质量验收规范》（GB 50204—2015）编制的，另外又参考了《简明施工计算手册》中的有关内容。程序由信息资料、热工计算、混凝土早期强度计算、加热设备容量计算、输入输出等 5 个模块组成。

模块一，信息资料模块。

该模块已录入了以下模块所需要的计算系数：材料热工参数、水泥水化热及其速度、透风系数、运输温度损失系数、水及骨料最高加热温度、混凝土凝固时间当量表、加热养护混凝土升温和降温速度、电热养护混凝土的最高温度、电极布置与适用范围、电极与钢筋间允许最小距离等。使用者根据计算要求，将有关资料直接输入计算公式进行计算，不必通过查询记录手工输入。在热工计算、加热设备设计计算、混凝土早期强度计算过程中碰到要从信息资料模块提取有关数据时，计算机会在屏幕上提示。

模块二，热工计算模块。

混凝土冬期施工措施分为 3 大类：混凝土养护期间不加热的方法、加热的方法以及这两种方法的综合。混凝土养护期间不加热的方法有蓄热法和掺化学剂法，混凝土养护期加热的方法有蒸气加热法、暖棚法和电器加热法，综合方法有短时加热法和蓄热法综合。蓄热法和掺化学剂法综合仍属于不加热法范围。

蓄热法是最经济最简便的方法，应该优先采用。但在大气温度低于−15℃、结构表面系数大于 5 的地面结构施工中还得采用掺化学剂法或加热法配合。

根据国家标准《混凝土结构工程施工质量验收规范》（GB 50204—2015）规定："冬期浇筑的混凝土，在受冻前，混凝土的抗压强度不得低于下列规定：硅酸盐水泥或普通硅酸盐水泥配制的混凝土，为设计的混凝土强度标准值的 30％；矿渣硅酸盐水泥配制的混凝土，为设计的混凝土强度标准值的 40%，但不大于 C10 的混凝土，不得小于 5.0 N/mm²。"这是决定混凝土冬期施工方法的基础，也是程序编制的基础。

程序编制是以蓄热法为重点，其他方法做辅助。当混凝土蓄热养护冷却至 0℃ 时，其混凝土强度满足上述的规范规定值，则可不配其他的冬期施工方法，蓄热法就足以解决问题了。否则还需配以其他的冬期施工方法。

热工计算模块以蓄热法计算顺序排列，其计算公式、计算系数均按顺序排在程序内。当碰到需要使用者决定时，程序会提示使用者到信息资料模块中何处去查询，或者要求使用者临时输入必要的数据。从混凝土材料加热、拌合直至开始养护时的各阶段温度全部计算出来，最后计算混凝土养护温度降到 0℃ 时的时间及相应的混凝土的强度，计算机通过比较去断定是否满足规范的要求。如果满足则屏幕显示出来，使用者看后也满意，则由打印机输出；如果不满足规范的规定，计算机在屏幕上也显示出来，等待使用者决定下一步如何办。或者修改某些数据重新计算，或者辅以别的冬期施工措施，让计算机继续计算下去。由于蓄热法以外的冬期施工措施较多，使用者也可指定其一个冬期施工方法，让计算机在蓄热法基础上进行计算。这个计算直至使用者满意为止。

模块三，混凝土早期强度计算模块。

混凝土早期强度在上述计算决定混凝土养护从开始至温度降到 0℃ 为止的时间并分成六段或者六段以上用成热度计算得来，本系统计算的混凝土早期强度是相对值，当采用硅酸盐或普通硅酸盐水泥时，相对值应不小于 0.3，采用矿渣硅酸盐水泥时应不小于 0.4。若满足了则系统跳过加热设备容量计算模块而进入输出部分输出结果，否则需辅助的冬期施工措施。

模块四，加热设备容量计算模块。

当常用的蓄热法不能满足混凝土冬期施工时，则需加热法冬期施工措施。通过前面的热工计算已确定了某种加热方法，由程序计算出该种加热设备的容量，以供使用者去挑选设备。

模块五，输入输出模块。

系统启动后，使用者输入要做的冬期施工的结构或构件的尺寸、混凝土配合比、材料用量、大气温度、材料温度等基本数据。如果没有给全，计算机会通过屏幕向使用者提出来。在中间计算过程中需要输入的，也有计算机向用户提出来。输出部分比较简单，仅将计算结果用打印机打印出来，供使用者实施便可。

②软件的应用。

第一，输入工作。

按照计算机屏幕中文提示，将冬期施工的工程尺寸、混凝土配合比、材料用量、大气温度、混凝土材料加热温度以及保温层的材料厚度和热工性能等资料和数据输入计算机。如果使用者不了解可以事先从输入过程中查询信息资料模块中的有关部分。

第二，热工计算。

在启动计算前，屏幕显示热工计算进行（Y/N）。使用者输入 Y 则启动计算，输入 N 则重新计算，重新显示上述输入的资料与数据。如果使用者要求开始计算，则当时输入 Y 计算机就启动计算。

计算机在计算过程中需要一些数据，计算停下来，在屏幕上提示到信息资料模块中何处去查询，使用者经查询后决定的取值输入计算机，计算机继续计算。这种中间输入方法的缺点是人不能离开计算机，优点是开始阶段输入数据少，使用者可以在中间过程中改变方案，输入不同数据，让计算机算出不同结果。由于整个计算时间不长，因而不会使人觉得在等待计算机计算。

混凝土早期强度计算。

混凝土早期强度计算过程中不需要使用者输入任何数据，但它是决定采用几种和哪几种冬期施工措施的关键数据，使用者应该很关心它的结果。

加热设备容量计算。

混凝土冬期施工需要采用加热方法时才有这段计算。不需要使用者输入任何数据，它的结果只说明加热设备的需要容量，供使用者选择设备时参考。

输出。

当全部计算结束后，计算机在屏幕显示其结果。使用者输入 Y 则计算机将用打印机输出全套数据，包括开始输入的原始数据、保温层情况、各阶段温度、混凝土降至 0℃ 的时间、混凝土早期强度（相对值）。如果需要加热法施工措施，打印输出的还有何种加热方法、加热养护期间的升温、恒温、降温时间与速度、加热设备需用量等。这些结果就是使用者在冬期施工中实施的依据。

三、BIM 在质量管理中的应用

1. BIM 在质量管理中应用的必要性

1）影响质量管理的因素

在工程建设中，无论是勘察、设计、施工还是机电设备的安装，影响工程质量的因素主要有"人、材、机"三大方面，即人工、材料、机械，此外还包括方法与环境。所以工程项目的质量管理主要是对这 5 个方面进行控制。

（1）人工的控制

人工是指直接参与工程建设的决策者、组织者、指挥者和操作者。人工的因素是影响工程质量的 5 大因素中的首要因素，在某种程度上，它决定了其他因素。很多质量管理过程中出现的问题归根结底都是人工的问题。项目参与者的素质、技术水平、管理水平、操作水平最终都影响了工程建设项目的最终质量。

（2）材料的控制

材料是建设工程实体组成的基本单元，是工程施工的物质条件，这样工程项目所用材料的质量直接影响着工程项目的实体质量。因此每一个单元的材料质量都应该符合设计和规范的要求，这样工程项目实体的质量才能得到保证。在项目建设中使用不合格的材料和构配件，就会造成工程项目的质量不合格。所以在质量管理过程中一定要把好材料、构配件关，打牢质量根基。

（3）机械的控制

施工机械设备是工程建设不可或缺的设施，对施工项目的施工质量有着直接影响。有些大型、新型的施工机械可以使工程项目的施工效率大大提高，而有些工程内容或者施工工作必须依靠施工机械才能保证工程项目的施工质量，如混凝土，特别是大型混凝土的振捣机械、道路地基的碾压机械等。如果靠人工来完成这些工作，往往很难保证工程质量。施工机械体积庞大、结构复杂，往往需要有效的组合和配合才能收到事半功倍的效果。

（4）方法的控制

工程项目的施工方法的选择也对工程项目的质量有着重要影响。对一个工程项目而言，施工方法和组织方案的选择正确与否直接影响整个项目的建设能否顺利进行，关系到工程项目的质量目标能否顺利实现，甚至关系到整个项目的成败。但是施工方法的选择往往是根据项目管理者的经验进行的，有些方法在实际操作中并不一定可行。如预应力混凝土的先拉法和后拉法，需要根据实际的施工情况和施工条件来确定。方法的选择对于预应力混凝土的质量也具有一定的影响作用。

（5）环境的控制

工程项目在建设过程中面临很多环境因素的影响，主要有社会环境、经济环境和自然环境等。通常对工程项目的质量产生影响较大的是自然环境，其中又有气候、地质、水文等细部的影响因素。例如冬期施工对混凝土质量的影响，风化地质或者地下溶洞对建筑基础的影响等。因此，在质量管理过程中，管理人员应该尽可能地考虑环境因素对工程质量产生的影响，并且努力去优化施工环境，对于不利因素严加管控，避免其对工程项目的质量产生影响。

2）传统质量管理的缺陷

由于受实际条件和操作工具的限制，大部分管理方法在理论上的作用很难在实际工程中得到发挥。这些方法的理论作用只能得到部分发挥，甚至得不到发挥，影响了工程项目质量管理的工作效率，造成工程项目的质量目标最终不能完全实现。工程施工过程中，施工人员专业技能不熟练、材料的使用不规范、不按设计或规范进行施工、不能准确预知完工后的质量效果、各个专业工种相互影响等问题都会对工程质量管理造成一定的影响，具体内容为：

（1）施工人员专业技能不熟练

工程项目一线操作人员的素质直接影响工程质量，是工程质量高低、优劣的决定性因素。工人们的工作技能、职业操守和责任心都对工程项目的最终质量有重要影响，但是现在的建筑市场上，施工人员的专业技能普遍不高，绝大部分没有参加过技能岗位培训或未取得有关岗位证书和技术等级证书。很多工程质量问题都是因为施工人员的专业技能不熟练造成的。

（2）材料的使用不规范

国家对建筑材料的质量有着严格的规定和划分，但是在实际施工过程中往往对建筑材料质量的管理不够重视，个别施工单位为了追求额外的效益，会有意无意地在工程项目的建设过程中使用一些不规范的工程材料，造成工程项目的最终质量存在问题。

（3）不按设计或规范进行施工

为了保证工程建设项目的质量，国家制定了一系列有关工程项目各个专业的质量标准和规范。同时每个项目都有自己的设计资料，规定了项目在实施过程中应该遵守的规范。但是在项目实施的过程中，这些规范和标准经常被突破，原因是：

①因为人们对设计和规范的理解存在差异；

②由于设计复杂，施工难度大，工人细节处理不规范；

③由于管理的漏洞，造成工程项目无法实现预定的质量目标。

（4）对完工后的质量效果不能准确判断

项目完工之后，如果感官上不美观，就不能称之为优质工程。但是在施工之前，没有人能准确无误地预知完工之后的实际情况。往往在工程完工之后，或多或少都有不符合设计意图的地方，存有遗憾。较为严重的还会出现使用中的质量问题，因未考虑到局部问题被迫牺牲外观效果等，这些问题都影响着项目完工后的质量效果。

（5）各个专业工种相互影响

工程项目的建设是一个系统、复杂的过程，需要不同专业、工种之间相互协调、相互配合才能很好地完成。但是在工程实际中往往由于专业的不同，或者所属单位的不同，各个工种之间很难在事前做好协调沟通。这就造成在实际施工中各专业工种配合不好，使得工程项目的进展不连续，或者需要经常返工，以及各个工种之间存在碰撞，甚至相互破坏、相互干扰等问题，严重影响了工程项目的质量。如水、电等其他专业队伍与主体施工队伍的工作顺序安排不合理，造成水电专业施工时在承重墙、板、柱、梁上随意凿沟开洞，因此破坏了主体结构，影响了结构安全。

3）BIM 技术质量管理的优势

BIM 技术的引入不仅能够提供一种"可视化"的管理模式，也能够充分发掘传统技术的潜在能量，使其更充分、有效地为工程项目质量管理工作服务。传统的二维管控质量的方法是将各专业平面图叠加，结合局部剖面图，设计审核校对人员凭经验发现错误，难以全面布控，而三维参数化的质量控制，是利用三维模型，通过计算机自动实时检测管线碰撞，精确性高，见表 4-5。

表 4-5 二维质量控制与三维质量控制优缺点对比

二维质量控制	三维质量控制
手工对图，凭人为经验，分析片面，主观因素强	系统自动在各个项目、各个专业全面检查，精度高
均为局部调整，难以全面布控	在任意位置剖切大样，任意观测该处所有数据
标高为原则性确定相对位置，许多数据不精确	发现问题比较容易，修改方便
通过平面图与局部图判断，对于节点部位表现模糊	直观体现节点位置交叉、碰撞结果

2. BIM 技术在质量管理中的应用

BIM 的工程项目质量管理包含技术质量管理与产品质量管理。

技术质量管理：通过 BIM 的软件平台动态模拟施工技术质量流程，再由施工人员按照仿真施工流程施工，确保施工技术信息的传递无偏差，避免实际做法和计划做法出现偏差，减少不可预见情况的发生，监控施工质量。

产品质量管理：BIM 模型储存了大量的建筑构件和设备信息。通过软件平台，可快速查找所需的材料及构配件信息，根据 BIM 设计模型，对现场施工作业产品进行追踪、记录、分析，掌握现场施工的不确定因素，避免不良后果出现，监控施工质量。

1）建模前的协同设计

在建模前期，需要建筑专业和结构专业的设计人员大致确定吊顶高度及结构梁高度；对于净高要求严格的区域，提前告知机电专业；各专业人员针对空间狭小、管线复杂的区域，协调做出二维局部剖面图。建模前期协同设计的目的是在建模前期就解决部分潜在的管线碰撞问题，对潜在质量问题提前预知。

2）碰撞检测

传统二维图纸设计中，在结构、水暖电等各专业设计图纸汇总后，由总工程师人工发现和协调问题。人为的失误，使施工中出现很多冲突，造成建设投资的巨大浪费，并且还会影响施工进度。另外，由于各专业承包单位实际施工过程中对其他专业或者工种、工序间的不了解，甚至是漠视，产生的冲突与碰撞也比比皆是。但施工过程中，这些碰撞的解决方案，往往受限于现场已完成部分的局限，大多只能牺牲某部分利益、效能而被动地变更。调查表明，施工过程中相关各方有时需要付出相当不菲的代价来弥补由设备管线碰撞引起的拆装、返工和浪费。

目前，BIM 技术在三维碰撞检查中的应用已经比较成熟，依靠其特有的直观性及精确性，于设计建模阶段就可一目了然地发现各种冲突与碰撞。在水、暖、电建模阶段，利用BIM 随时自动检测及解决管线设计初级碰撞，其效果相当于将校审部分工作提前进行，这样可大大提高成图质量。碰撞检测的实现主要依托于虚拟碰撞软件，其实质为 BIM 可视化技术，施工设计人员在建造之前就可以对项目进行碰撞检查，不但能够彻底消除碰撞，优化工程设计，减少在建筑施工阶段可能存在的错误损失和返工的可能性，而且能够优化施工质量过程的实施方案。最后施工人员可以利用碰撞优化后的三维方案，进行施工交底、施工模拟，在提高施工质量的同时，也加强了与业主沟通的主动权。

碰撞检测可以分为专业间碰撞检测及各专业、工种综合的碰撞检测。专业间碰撞检测主要包括土建专业之间（如检查标高、墙体、柱等位置是否一致，梁与门、窗是否冲突）、土建专业与机电专业之间（如检查设备管道与梁柱是否发生冲突）、机电各专业间（如检查管线末端与室内吊顶是否冲突）的各种碰撞点检查；管线综合的碰撞检测主要包括管道专业、暖通专业、电气专业系统内部检查以及管道、暖通、电气、结构专业之间的碰撞检查等。另外，解决管线空间布局问题，如机房过道狭小等问题也是常见碰撞内容之一。

对项目进行碰撞检测时，要遵循如下检测优先顺序：

第一步，进行土建碰撞检测；

第二步，进行设备内部各专业碰撞检测；

第三步，进行结构与给水排水、暖、电专业碰撞检测等；

第四步，解决各管线之间交叉问题。

其中，全专业碰撞检测的方法如下：将完成各专业的精确三维模型建立后，选定一个主文件，以该文件轴网坐标为基准，将其他专业模型链接到该主模型中，最终得到一个包括土建、管线、工艺设备等全专业的综合模型。该综合模型真正为设计提供了模拟现场施工碰撞检查平台，在这平台上能够完成仿真模式现场碰撞检查，并根据检测报告及修改意见对设计方案合理评估并作出设计优化决策，然后再次进行碰撞检测等内容。如此循环，直至解决所有的硬碰撞、软碰撞。

显然，常见碰撞内容复杂、种类较多，且碰撞点很多，甚至高达数万个，如何对碰撞点进行有效标识与识别，这就需要采用轻量化模型技术，把各专业三维模型数据以直观的模式储存于模型中。模型碰撞信息采用"碰撞点"和"标识签"直接定位到碰撞位置。

碰撞检测完毕后，在计算机上以该命名规则出具检测报告，方便快速地读出碰撞点的具体位置与碰撞信息。

在读取并定位碰撞点后，为了更加快速地给出针对碰撞检测中出现的各种碰撞点的解决方案，可以将碰撞问题划分为以下几类：

①重大问题，需要业主协调各方共同解决。

②由设计方解决的问题。

③由施工现场解决的问题。

④因未定因素（如设备）而遗留的问题。

⑤因需求变化而带来的新的问题。

3）施工工序中质量管理

工序质量控制就是对工序活动条件即工序活动投入的质量和工序活动效果的质量及分项工程质量的控制。在利用 BIM 技术进行工序质量控制时应着重于以下几方面的工作：

①利用 BIM 技术能够更好地确定工序质量控制工作计划。一方面要求对不同的工序活动制定专门的保证质量的技术措施，作出物料投入及活动顺序的专门规定；另一方面要规定质量控制工作流程、质量检验制度。

②利用 BIM 技术主动控制工序活动条件的质量。工序活动条件主要指影响质量的五大因素，即人、材料、机械设备、方法和环境。

③能够及时检验工序活动效果的质量。主要是实行班组自检、互检、上下道工序交接检，特别是对隐蔽工程和分项（部）工程的质量检验。

④利用 BIM 技术设置工序质量控制点（工序管理点），实行重点控制。工序质量控制点是针对影像质量的关键部位或薄弱环节确定的重点控制对象，正确设置控制点并严格实施是进行工序质量控制的重点。

第五节　计算机在建筑工程安全管理中的应用

一、计算机在脚手架工程中的应用

1. 计算机在脚手架工程中应用的必要性

随着我国国民经济的发展尤其是高层建筑的大量兴建，全国建筑行业发展到了一个前所未有的局面，让人目不暇接。随着建筑物复杂的程序的提高，一些脚手架及模板的支撑体系也有了相当大的进步，有些还引进了一些国外先进的支撑体系来完成这项任务。脚手架和模板支架在建设过程当中是主要的施工措施和设施，不仅应满足施工作业的需要，而且必须确保工作与使用安全。脚手架、支架往往都具有"高、大、重、特"的特点，不仅架子高、体型大、荷载重，而且常有一些特殊的使用与受力要求以及较难把握的参数和影响因素，使得安全要求不断提高，确保安全的难度增加。

本着以人为本的原则，安全生产得到了社会的广泛关注，如何预防建筑安全事故的发生及如何保证建筑安全施工，除了提高管理人员和施工人员的安全意识，还要加强对建筑施工场地的安全监督管理和隐患排查。而一个项目的建设，光靠安全员的检查是不可能完全消除安全隐患的，这就需要管理人员利用高新技术来达到这一要求。

利用计算机技术，围绕建设工程施工现场安全管理，利用先进的物联网、RFID、GIS、GPS、云存储、云计算等前沿技术，高效解决施工现场"人"、"物"、"环境"的安全管理焦点难点问题，通过互联网与现场摄像头关联，任何管理人员都可以随时查看现场施工的过程，发现不当操作立即制止，发现安全隐患立即整改。

1）脚手架防护要求

脚手架工程多属高空作业，必须十分重视安全技术问题，遵守安全技术操作规程，避免发生伤亡事故。架设时应满足：

①有完善的安全防护设施，要按规定设置安全网、安全护栏、安全挡板以及吊盘等安全装置；

②操作人员上下架子要有保证安全的乘人吊笼、扶梯、爬梯或斜道；

③吊挂式脚手架使用的挑架、桁架、吊架、吊篮、钢丝绳和其他绳索，使用前要作荷载检验，升降设备必须有可靠的制动装置；

④必须有良好的防电、避雷装置，钢垂直运输架均应有可靠接地，雷雨季节高于四周建筑物或构筑物的脚手架和垂直运输架应设避雷装置；

⑤在脚手架搭设和使用过程中必须随时进行检查，随时清除架上垃圾，控制架上荷载；

⑥6级以上大风、大雾、大雨和大雪天应暂停高空作业，雨雪后上架操作要有防滑措施。

2）脚手架事故原因

（1）材料问题

现阶段，工程中用作模板和脚手架的材料主要有木材和钢管。由于一些地方生产和销售建筑施工的劣质钢管、扣件的违法行为突出，使租赁市场混乱，大量不合格的钢管、扣件流入施工工地，施工单位不严格按照标准使用钢管、扣件，严重威胁了建筑施工的安全生产。正是这些不合格的产品，使模板和脚手架施工成为最大的事故隐患。

（2）设计问题

长期以来，我国的施工现场普遍采用钢管与扣件搭设水平结构的混凝土模板支架。但是对跨度大、空间高、荷载重的模板支架进行分析计算的研究和总结不多，以致不少工程所编制的施工组织设计和专项施工方案比较简略和设计计算不合理，使得钢管承载能力大大降低，在施工管理不严的情况下，极易发生模板支撑失稳。

（3）施工管理问题

由于施工管理问题而造成脚手架和模板倒塌的事故主要有：一是脚手架模板施工人员素质较差，缺乏相关的安全培训；二是施工单位的安全管理不严格，安全措施不到位，导致施工环境恶劣，进而引发脚手架安全事故的发生。施工管理问题导致的脚手架事故主要是脚手架基础未夯实、脚手架立杆垫板没有连续铺设等，与工程架构的拉结点也不符合规范要求。

2. 计算机脚手架安全软件简介

计算机软件技术能更加快捷高效地完成运算过程，并能模拟实现脚手架的安全生产。目前相关软件包括 PKPM、品茗、斯维尔等。

安全软件的主要模块有建筑图绘制、模板配模、外脚手架布置、内支撑布置等模块，同时，为用户提供了底图识别、统计表生成、脚手架设计校核计算书向导、图库管理和动画制作等若干工具。

用软件内嵌结构计算引擎，协同规范参数约束条件实现基于结构模型自动计算脚手架参数，免去频繁试算调整的难处。利用其可以出图的技术特点设计了平面图、剖面图、大样图自动生成功能，可以快速输出专业的整体施工图。其中材料统计功能可按楼层、结构类别统计出钢管、安全网、扣件、型钢等，支持自动生成统计表，可导出到 Excel 格式，便于实际应用。软件系统支持整栋、整层、任意剖面三维显示，通过内置三维显示引擎实现达到照片级的渲染效果，有助于技术交底和细节呈现。除此之外，软件还能快速对不同搭设方案进行最优化选择。

3. 软件实用工具

1）统计表生成

对组合钢模板配模和脚手架设计方案中的各种材料（包括标准零部件）进行完整的统计，便于工程在模板和脚手架方面的成本预决算，也便于材料管理。统计表可自动写在图形中，也可导出到 Excel 电子文档中，便于修改和保存。

2）脚手架设计校核计算书向导

对脚手架方案中的立杆、整架等零部件进行强度校核、变形校核、稳定性校核。如有需要，还可生成必要的工程文档。

3）图库管理

建立模板零部件图元库以便实时调用，将新设计的模板图形文件添加到扩充图库中；直接调用标准制图模板和缺省图形文件供技术人员编辑、修改，减少绘图工作量；图库管理采用结构树形式对不同类型的图形进行分类保存和调用。

4）三维效果渲染与动画制作

方案图能转成消影的三维效果图，也可进行渲染。为脚手架方案增加了动画效果，使设计者能看到建筑四周的脚手架搭设情况。

4. 软件的应用

1）配模流程

配模时，洞口平面的模板布置与无洞口的相同，但需要进行拉杆与洞口的干涉检查；不同楼层配模时当前层的模板资源应能够被保存、复制和调用到其他楼层；根据设置好的参数全自动或半自动地完成配模，然后进行统计、显示配模方案视图。软件配模流程如图 4-73 所示。

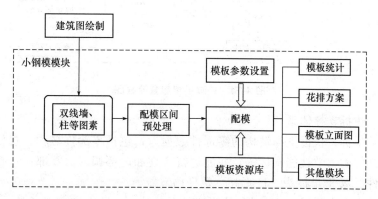

图 4-73　配模流程

小钢模配模的关键是对模板资源的使用。用模板资源库管理模板资源的作用有 3 个：构造配模方案、应用配模方案和统计模板资源。配模时，首先布置好双线墙构造节点，然后对每两个节点判断是否可以进行一次墙段配模，墙段配模时，获得配模区间长度，构造配模方案，最后布置小钢模板（包括平面模板、转角模板、拉杆、龙骨钢管、蝶形 3 形扣件）。

2）外脚手架设计方案

（1）方案设计

①外脚手架。

根据使用扣件的不同，分成普通扣件和同轴套装扣件 2 种形式。

②方案图。

包括脚手架平面布置图、脚手架纵向立面图、脚手架横向立面图、必要的节点（如拐角）处理图；用材料统计表标出钢模板的位置型号和数量及必要的注释。

③材料统计。

包括各种材料的规格、数量；统计表既能绘制到 CAD 图形中，也能输出到 Excel 电子表格中。

④几何计算和受力校核。

按照施工技术手册，包括强度校核、变形校核、穿墙拉杆校核等。

（2）外脚手架布置

系统能根据布置好的建筑底图自动生成外轮廓线并允许用户进行编辑，然后根据外脚手架布置参数自动完成脚手架布置，最后进行统计、显示脚手架立面图和剖面图。其布置流程如图 4-74 所示。

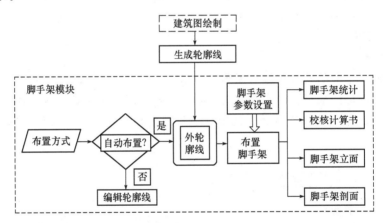

图 4-74 外脚手架布置流程图

（3）早拆、快拆支撑体系

①建立涉及早拆、快拆支撑结构的零部件数据库，包括零部件名称、规格、外形尺寸、结构简图及标准件的力学性能指标等，并能进行查询和内部调用。零部件包括立杆、横杆、可调底座、扣件、双 T 早拆头、U 形托、螺杆调节器等。

②建立 3 种内支撑架子形式、2 种快拆方式的方案。3 种内支撑架子是：碗扣架、普通卡扣架、套装扣件架；2 种快拆方式是：双 T 早拆、U 形托加螺杆调节器。

③确定支撑方案，统计出需用的零部件的尺寸、数量，给出支撑分布图。

④提供人工窗口进行编辑修改，增加、删除零部件；显示、浏览、打印所指定的内容。

⑤系统能根据布置好的建筑底图自动生成内轮廓线，并允许用户进行编辑。根据布置参数自动完成内支撑布置，然后进行统计、显示内支撑立面图。其布置流程类似于外脚手架的布置流程。内支撑布置不仅能够处理矩形区域，而且能处理凸凹的不规则多边形及圆弧边界。对于不能用矩形面板填充区域，自动形成异形面板进行填充。

二、计算机在建筑大型设备施工中的重要性

1. 建筑企业大型设备管理现状

近几年，建筑业高速发展，大型机械设备已是施工企业必不可少的垂直运输设备。大型建筑施工企业为了适应日益激烈的市场环境，提高自身竞争能力，下属有多个分公司，每个分公司在同一时间内会有多个施工项目，在同一个施工项目中有一种或者多种大型机械设备，此时整个集团企业内部间的协同性、设备管理的及时性、施工机械设备的安全性、性能完备性以及操作者技术的成熟性，以及提高设备的效率、安全的管理等现实问题，是企业必须解决和面临的现实问题。

大型机械设备作为施工项目必备的物质技术基础，能大幅度提高劳动生产率，节约大量人力物力，完成特种作业，加快施工进度，保证工程质量，缩短建设周期，所以一般项目都有至少一台以上的大型机械设备。大型机械设备施工项目除向专业设备租赁公司租赁外，还可以通过直接向厂家购买或向私营单位租赁等多条途径来解决设备运输问题。由于设备是经买卖或向私营单位租赁的，施工项目没有专业的设备管理经验，易形成重大设备安全隐患，造成设备安全事故，如设备倒塌事故、吊钩坠落事故、施工电梯直坠事故等等。现以塔吊为例，介绍大型机械设备的安全管理。

目前建筑施工企业对大型机械设备管理存在的基本问题：

（1）企业管理意识弱化

施工总承包企业，资质高、管理能力强，但大多数已不带自有设备，靠资质打拼市场，客观上退出了设备管理工作的第一线。一般大型建筑企业中只注重生产经营、安全，弱化机械设备协调管理，设备管理处于一种弱化地位。

（2）设备租赁过程管理职责不清，协同管理能力不足

一方面，企业在租赁设备使用管理上职责不清，对于从租赁公司或从个人那里租赁来的设备管理，各种法规清楚地界定了租赁各方的责任和义务。但对于建筑机械设备的管理，目前建筑租赁市场中，各承租企业比较注意对大型设备的管理，租赁合同也将双方的责任义务划分得比较清楚，但对一些中小型设备、专用设备，就不那么重视了。另一方面，大型建筑企业具有多个分公司，各个分公司又分布于不同的城市，有的更存在于不同的省份，而不同的分公司下面又同时拥有多台机械设备，在实际运行中，如何最大地优化每个管理过程，使得机械设备充分、安全、高效地利用是集团公司日益突出的现实问题，这也进一步要求集团公司的协同化管理。因此，建立一个计算机协同型设备管理方式是企业的迫切要求。

（3）设备管理技术落后、效率较低

在设备管理技术中主要问题在于：机械设备陈旧；操作人员队伍庞杂，素质高低不一，修理技术力量薄弱，维修保养困难；配件质量好坏不一等；对于管理角度对机械设备租赁的重要性理解不足，租赁市场不规范，建筑机械设备租赁专业知识和责任不足等问题。而利用计算机技术，能够自动检测出机械设备存在的问题，对模拟机械操作，维修保养及时预警等

内容具有巨大的作用。

2. 计算机的多层次型协同化大型设备管理

1）建筑设备层次型管理模式分析

针对目前的大型建筑企业实际情况，对于建筑设备管理模式，建立计算机三级平台管理层次模式：基础平台、约束性和评判标准平台、协同机制平台。

①基础平台包括：工程需求层次、采购层次、验收备案层次；

②约束性和评判性标准平台包括：经济性层次、适用性层次、安全性层次、技术性层次；

③协调机制平台包括：集合协同层次原则，建立健全、高效、集成协同化的设备管理集成体系，有利于大型企业科学合理地管理建筑设备，提高企业在市场化中的竞争能力和适应能力。

在企业管理运行过程中，设备的使用是整个管理体系的对象和目的，操作者是运行过程的主体和实行者，操作人员必须协同性地在运行模式中进行管理和运行，针对操作者的技术性要求，必须按照操作规程和技术性能进行操作。

在监督和评估层次中，其依据是各类法规、合同和条例，例如按照《合同法》《安全生产法》《建筑机械使用安全技术规程》《特种设备安全监察条例》的规定进行管理。这些文档是硬性指标，故在这个协同化模式中，该层次是刚性层次，只有做到在协同化模式中的刚性要求，最后才能从源头抓起，既实现了协同管理，又实现了安全性和技术性以及经济性的市场要求。

2）多层次型协同化大型设备管理模型

针对上面分析的层次型协同化管理模式，在大型建筑企业中针对市场要求、采购、备案、租赁以及验收和维护，应该建立如图4-75所示的一种资料共享型的大型设备管理模型。

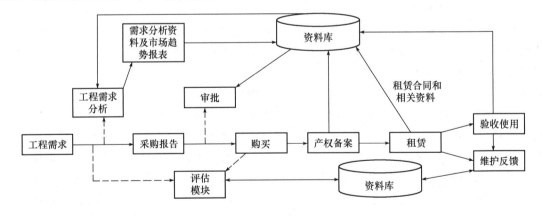

图4-75　资料共享型的大型设备管理模型

在该模型中，以资料共享为中心，资料的收集和共享贯穿在整个模型的始末。对于工程需求进行一定的工程需求分析，该分析的依据可以从历史的资料库中获得一定的历史资料和经验，这样可以更符合市场的需求和设备使用率最大化要求，在每次工程需求分析结束后把相关的需求资料和市场趋势报表反馈给资料库，这样经过一定时间的积累和运行，在该模式下的资料库将成为一个企业经验库。该模型增加了一个评估模块，在该模块中的评估依据也将在资料库中获得，这样获得的评估准则更符合企业实际和市场要求，也有助于设备的采购和运行。

在大型施工企业中，拥有多个分公司，各个分公司也都拥有多个项目和多台大型机械设备项目，针对目前出现的设备管理问题，建立一种面向协同型的集合化设备管理运行模型，在模型中设立了一个设备管理部，该部门是施工企业利用下属专业的设备租赁公司成立的大型机械设备管理部门，将所属施工企业的项目机械设备纳入统一管理，专管大型机械设备塔吊、施工电梯等使用安全。

在如图4-76所示的模型中，标记分成两类，一类为设备管理部标记，该标记的作用是集团公司对设备管理部的管理和支持，是集团指令直接下发给管理部，管理部将整个集团公司的项目中使用的设备进行按公司、项目的层次型归类并进行协同化的管理和监督；还有一类标记是项目或分公司标记，这类标记的作用是分公司的各种项目监管的设备标记，该标记直接转发给设备管理部，对设备管理部的规章和监督进行响应和协同。

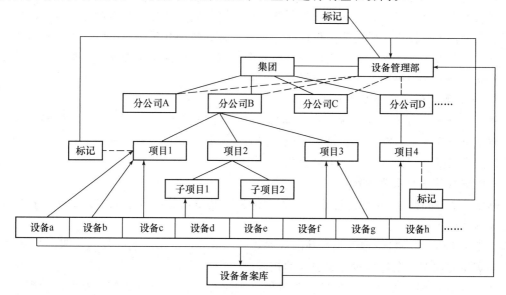

图4-76 协同型的集合化设备管理运行模型

三、BIM技术在安全管理中的应用

1. 传统安全管理的难点与缺陷

建筑业是我国"五大高危行业"之一，《安全生产许可证条例》规定建筑企业必须实行安全生产许可证制度，但是建筑业的"五大伤害"事故的发生率并没有明显下降。从管理和现状的角度分析，主要有以下几种原因：

1）企业责任主体意识不明确

企业对法律法规缺乏应有的了解和认识，上到企业法人，下到专职安全生产管理人员，对自身安全责任及工程施工中所应当承担的法律责任没有明确的了解，误认为安全管理是政府的职责，造成安全管理不到位。

2）政府监管压力过大，监管机构和人员严重不足

为避免安全生产事故的发生，政府监管部门按例进行建筑施工安全检查。由于我国安全生产事故追究实行"问责制"，一旦发生事故，监管部门的管理人员需要承担相应责任，而

由于有些地区监管机构和人员严重不足，造成政府监管压力过大，加之检查人员的业务水平不足等因素，很容易使事故隐患不能及时发现。

3）企业重生产，轻安全

一方面，造成事故的发生，有潜伏性和随机性，安全管理不合格是安全事故发生的必要条件而非充分条件，造成企业存侥幸心理，疏于安全管理。

另一方面，由于质量和进度直接关系到企业效益，而生产能给企业带来效益，安全则会给企业增加支出，所以很多企业重生产而轻安全。

4）市场主体行为不规范

垫资、压价等不规范的市场行为一直压制企业发展，造成企业无序竞争。很多企业为生存而生产，有些项目零利润甚至负利润。在生存与发展面前，很多企业的安全投入就成了一句空话。

5）安全评估资料体系不健全

建筑业企业资质申报要求提供安全评估资料，这就要求独立于政府和企业之外的第三方建筑业安全咨询评估中介机构要大量存在，安全咨询评估中介机构所提供的评估报告可以作为政府对企业安全生产现状采信的证明。而安全咨询评估中介机构的缺少，造成无法给政府提供独立可供参考的第三方安全评估报告。

6）工程监理管理安全起不到实际作用

建筑安全是一门多学科系统，在我国属于专业性很强的学科。而监理人员多是从施工员、质检员过渡而来，对施工质量很专业，但对安全管理并不专业。相关的行政法规却把施工现场安全责任划归监理，并不十分合理。

2. BIM 技术安全管理优势

基于 BIM 的管理模式是创建信息、管理信息、共享信息的数字化方式，在工程安全管理方面具有很多优势，如：

①基于 BIM 的项目管理，工程基础数据如量、价等，数据准确、数据透明、数据共享，能完全实现短周期、全过程对资金安全的控制。

②基于 BIM 的技术，可以提供施工合同、支付凭证、施工变更等工程附件管理，并为成本测算、招标投标、签证管理、支付等全过程造价进行管理。

③BIM 数据模型保证了各项目的数据动态调整，可以方便统计，追溯各个项目的现金流和资金状况。

④基于 BIM 的 4D 虚拟建造技术能提前发现在施工阶段可能出现的问题，并逐一修改，提前制定应对措施。

⑤采用 BIM 技术，可实现虚拟现实和资产、空间管理、建筑系统分析等技术内容，从而便于运营维护阶段的管理应用。

⑥运用 BIM 技术，可以对火灾等安全隐患进行及时处理，快速准确地掌握建筑运营情况。

3. BIM 在安全管理中的应用

采用 BIM 技术可使整个工程项目在设计、施工和运营维护等阶段都能够有效地控制资金风险，实现安全生产。下面将对 BIM 技术在工程项目安全管理中的具体应用进行介绍。

1）施工准备阶段安全控制

在施工准备阶段，利用 BIM 进行与实践相关的安全分析，能够降低施工安全事故发生的可能性，如：4D 模拟与管理和安全表现参数的计算可以在施工准备阶段排除很多建筑安全风险；BIM 虚拟环境能划分施工空间，排除安全隐患，如图 4-77 所示；基于 BIM 及相关信息技术的安全规划可以在施工前的虚拟环境中发现潜在的安全隐患并予以排除；采用 BIM 模型结合有限元分析平台，能进行力学计算，保障施工安全；通过模型可以发现施工过程重大危险源并实现水平洞口危险源自动识别等，如图 4-78 所示。

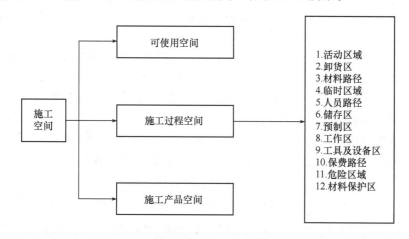

图 4-77　施工空间划分

图 4-78　利用 BIM 对危险源进行识别后自动防护示例

2）施工过程仿真模拟

仿真分析技术能够模拟建筑结构在施工过程中不同时段的力学性能和变形状态，为结构安全施工提供保障。通常采用大型有限元软件来实现结构的仿真分析，但对于复杂建筑物的模型建立需要耗费较多时间。在 BIM 模型的基础上，开发相应的有限元软件接口，实现三维模型的传递，再附加材料属性、边界条件和荷载条件，结合先进的时变结构分析方法，便可以将 BIM、4D 技术和时变结构分析方法结合起来，实现基于 BIM 的施工过程结构安全分析，有效捕捉施工过程中可能存在的危险状态，指导安全维护措施的编制和执行，防止发生安全事故。

3）模型试验

对于体系复杂、施工难度大的结构，结构施工方案的合理性与施工技术的安全可靠性都需要验证，为此应利用 BIM 技术建立试验模型，对施工方案进行动态展示，从而为实验提供模型基础信息。

4）施工动态监测

对施工过程进行实时监测，特别是重要部位和关键工序，以及时了解施工过程中结构的受力和运行状态。施工监测技术的先进性，对于施工管控起着至关重要的作用，是施工过程信息化的一个重要内容。为了及时了解结构的工作状态，发现结构未知的损伤，建立工程结构的三维可视化动态监测系统，就十分的重要。

三维可视化动态监测技术同传统检测技术相比，具有可视化的特点，可以操作在三维虚拟环境下来直观、形象地提前发现现场的各类潜在危险源，提供更便捷的方式查看检测位置的应力变化状态。在某一处监测点应力或应变超过拟定的范围时，系统将自动采取警报给予提醒。以基坑沉降为例，如图 4-79 所示。

使用自动化监测仪器进行基坑沉降观测，通过将感应元件监测的基坑位移数据自动汇总到基于 BIM 开发的安全监测软件上，通过对数据的分析，结合现场实际测量的基坑坡顶水平位移和竖向位移变化数据进行对比，形成动态的监测管理，确保基坑在土方回填之前的安全稳定性。

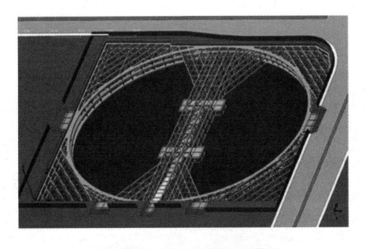

图 4-79　基坑沉降安全检测三维模型

通过信息采集系统得到结构施工期间不同部位的监测值，根据施工工序判断每时段的安全等级，并在终端上实时地显示现场的安全状态和存在的潜在威胁，给管理者以直观的指导。见表 4-6。

表 4-6　某工程监测系统对不同安全等级的显示规则及提示

星级	颜色	禁止工序	预计造成的后果
★	绿色	无	无
★★	黄色	机械施工、停放	坍塌
★★★	橙色	机械施工、停放	坍塌

续表 4-6

星级	颜色	禁止工序	预计造成的后果
★★★★	红色	1. 周边堆高 2. 人员随意进入 3. 机械施工、停放	坍塌、人员伤害

5）防坠落管理

坠落危险包括尚未建造的楼电梯洞口、专业大型管道洞口等。通过在 BIM 模型中的危险源存在部位建立坠落防护栏杆构件模型，研究人员能够清楚地识别多个坠落风险，并可以向监管部门提供完整详细的信息。如图 4-80 所示为工程护栏及防坠落设置。

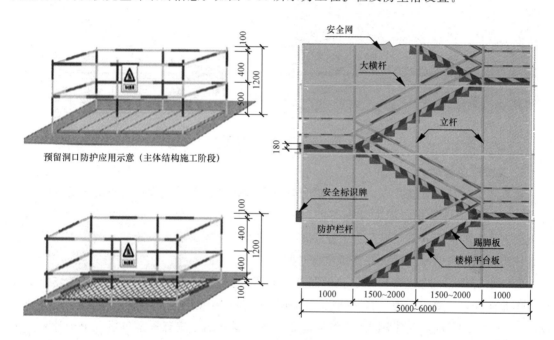

图 4-80　防护栏杆模型及防坠落设置

4. 塔吊安全管理模型

塔式起重机（以下简称塔吊）作为建筑施工现场的主要建筑机械，因其起升高度大、覆盖面广等特点而被广泛使用于建筑施工现场，担负着主要的垂直运输任务。同时又因为其具有重心高、危险性大等特点，经常会发生这样或那样的安全事故，给人们的生命财产造成损失。严重的，甚至会发生机毁人亡、群死群伤的重大事故。因而，如何加强塔吊的安全使用和管理、如何控制事故的发生，避免不必要的损失，引起了生产厂家、租赁安拆专业公司、建筑施工企业以及建设行政管理部门的高度重视。

大型工程施工现场需布置多个塔吊同时作业，因塔吊旋转半径不足而造成的施工碰撞也屡屡发生。确定塔吊回转半径后，在整体 BIM 施工模型中布置不同型号的塔吊，能够确保其同电源线和附近建筑物的安全距离，确定哪些员工在哪些时候会使用塔吊。在整体施工模型中，用不同颜色的色块来表明塔吊的回转半径和影响区域，并进行碰撞检测来生成塔吊回转半径计划内的任何非钢安装活动的安全分析报告。该报告可以用于项目定期安全会议中，减少由于施工人员和塔吊缺少交互而产生的意外风险。

基于 BIM 的塔吊安全管理，如图 4-81 所示，表现塔吊管理计划中钢桁架的布置，圆内表示塔吊的摆动臂在某个特定的时间可能达到的范围。

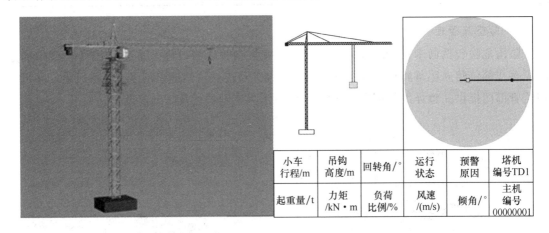

小车行程/m	吊钩高度/m	回转角/°	运行状态	预警原因	塔机编号TD1
起重量/t	力矩/kN·m	负荷比例/%	风速/(m/s)	倾角/°	主机编号00000001

图 4-81 塔吊安全管理

5. 灾害应急管理

随着建筑设计的日新月异，传统经验已经无法满足超高型、超大型或异形建筑空间的消防设计。利用 BIM 及相应灾害分析模拟软件，可以在灾害发生前，模拟灾害发生的过程，分析灾害发生的原因，制定避免灾害发生的措施以及发生灾害后人员疏散、救援支持的应急预案，为发生意外时减少损失并赢得宝贵时间。

BIM 能够模拟人员疏散时间、疏散距离、有毒气体扩散时间、建筑材料耐燃烧极限及消防作业面等，主要表现为：4D 模拟、3D 漫游和 3D 渲染能够标识各种危险，且 BIM 中生成的 3D 动画、渲染能够用来同工人沟通应急预案计划方案。应急预案包括五个子计划：施工人员的出入口、建筑设备和运送路线、临时设施和拖车位置、紧急车辆路线、恶劣天气的预防措施。利用 BIM 数字化模型进行物业沙盘模拟训练，训练保安人员对建筑的熟悉程度，在模拟灾害发生时，通过 BIM 数字模型指导大楼人员进行快速疏散；通过对事故现场人员感官的模拟，使疏散方案更合理；通过 BIM 模型判断监控摄像头布置是否合理，与 BIM 虚拟摄像头关联，可随意打开任意视角的摄像头，摆脱传统监控系统的弊端。如图 4-82 所示为建筑事故发生后，系统应急响应程序示意图。

另外，当灾害发生后，系统可提供给救援人员紧急状况发生地点的信息，通过监控系统等设备发现异常区域，获取相关信息，通过和楼宇自动化系统的结合，配合救援人员做出正确的处理，提高紧急救援的效率。

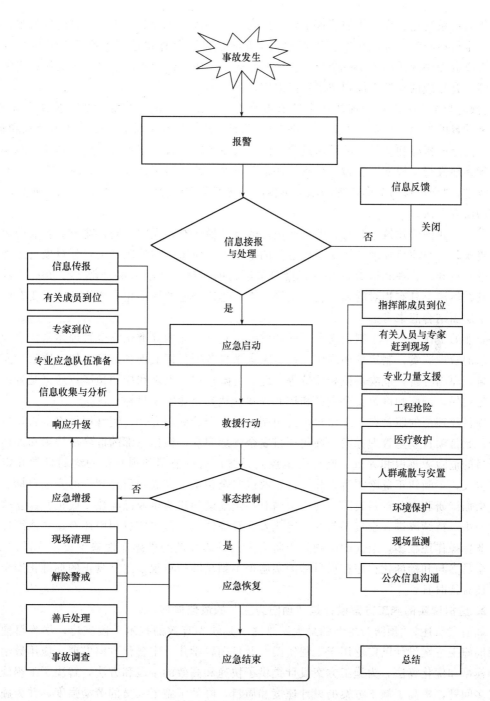

图 4-82　安全生产事故灾难应急响应程序示意

四、虚拟现实在建筑安全施工管理中的应用

1. 将虚拟现实技术用于建筑施工安全管理的背景

2001 年 11 月 12 日，国家标准化管理委员会批准发布了国标：《职业健康安全管理体系规范》（GB/T 28001—2001）。建筑企业应以此作为标准化安全管理的依据，标准化的安全

管理体系＝系统化、程序化的管理＋必要的支持文件和技术手段。其中，"预防为主、持续改进、全员参与"是标准化安全管理的三个重要属性，怎样将这三个要素有机地结合在一起，将离散无序的活动置于一个统一有序的整体中考虑，使管理活动更便于操作、实施和评价，需要有相应的支持文件和技术手段来实现。

"预防为主"要求在管理的各个环节中改善工作条件，消除事故隐患，控制职业危害，保护劳动者的生命与健康；"持续改进"即标准化安全管理区别于一般的技术规范和标准，其没有固定的指标和参数，不是通过建设的验收或评审，就一劳永逸、坐享其成，而是通过周而复始地进行"规划、实施、检测、评审"工作，使"目标、指标、状况、水平"不断提高和改进；"全员参与"即管理的职责不仅限于最高管理者和有关的职能部门，而是渗透到企业的所有层次。

目前，我国的建筑企业与其他行业企业的运作模式有较大的不同，建筑业企业的运作建立在建筑公司与项目经理部两个层次运作的基础上，建筑公司的职责主要是对项目经理部的工作进行指导、管理和监督，并不直接参与项目的实施，而项目经理部主要负责项目的实施，其在经济上具有相对的独立性。这样一来，建筑企业的标准化安全管理体系要有机地把这两个层面结合起来考虑。

企业的工作重点在于制定安全目标和方针，建立企业的标准化安全管理体系；明确各管理部门的管理职责，制定管理程序，动态采集来自各项目部的现场信息。如：质量、安全事故报告，原因分析，危险辨识和评价等；建立危险辨识、处理和控制预案；通过监督机制检查实施效果，调整和修改安全方针和控制预案，达到企业安全目标。

项目经理部的职责在于按照建筑公司制定的安全目标和方针，制订项目安全管理目标和方针；制订项目安全管理方案，细化项目安全管理职责；根据总部的危险源辨识和评估，进行项目的危险源辨识和评价、制订安全控制预案；通过公司和项目部两级的日常和定期检查、整改，不断纠正危险源辨识和评价，改进安全预案，完成项目经理部的安全目标。

根据调研和有关资料表明，现在国内有一定规模的建筑企业已经建立或正在建立这种以预防为主、持续改进、全员参与的标准化安全管理体系。但实施过程中还有这样或那样的问题，非标操作还很多，最大的问题是预防为主、持续改进的可操作性缺少技术手段的支持，以及全员参与和标准化程序在项目部的实施得不到足够的重视，建立真正的标准化安全管理体系还有待时日。

2. 虚拟现实的施工方案设计是"预防为主"的最佳体现

如前文所述，"预防为主"的最大困难之一是缺少有效的技术手段支持，尽管目前计算机辅助施工方案设计已广泛用于工程实践，并且向科学化、定量化方向发展，应用数学中的多种模型和优化算法，为施工方案设计提供了快速和高效的手段和方法，解决了工程施工中的很多问题，提高了施工方案的设计速度和质量，降低了施工人员的劳动强度，并为施工管理人员提供了直观的图形，使设计和施工人员能方便地进行施工方案的生成、修改、变更，实现了施工方案的动态处理；但目前的计算机辅助施工方案设计还只是一个平面设计，对实际工程施工中大型、复杂的建筑结构施工方案还不能全面、有效、直观地进行设计和表达，还不能有效地解决建筑施工中在空间上的布置与时间上的排列的主要矛盾。如：起重机的选择、数量、位置、高度、风缆着力点、开行路线、构件堆场、构件起吊路线、气象条件的影响等，都是施工方案设计必须考虑的问题。再如超大型建筑物的混凝土浇筑往往需要一次成型，这就需要解决混凝土的运输问题。混凝土的浇灌和输送方法，对高层建筑主体结构的经济性和质量有重要影响，仅仅通过平面图是不可能把这些问题表达清楚的，若对这些问题考虑得不充分，不仅施工进度、成本等都会受到影响，甚至会导致安全事故的发生。

另外，施工方案的设计，多数情况下，还只能依靠施工技术人员多年积累的实践经验或习惯做法，用平面方式表达，这在很大程度上影响了施工方案设计的质量，更无法表达清楚结构施工中的空间与时间关系。工程实践证明，合理的施工方案设计，对提高生产效率、降低工程成本、保证工程质量和施工安全等起着十分重要的作用，其必要性、重要性早已为施工设计和管理人员所认识，工程中一个新型的施工方案，设计者往往会为自己的大胆设想而激动，但人们不可能进行实际尝试、验证其是否正确、是否安全，无法验证其可行性。采用虚拟现实先期技术演示论证为新型的施工方案提供了一个演示的平台，也为预防为主的安全标准化安全管理提供了技术支持。虚拟现实施工方案设计模式如图4-83所示。

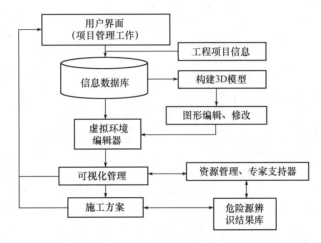

图 4-83　虚拟现实施工方案设计模式示意

基于虚拟现实的施工方案设计是指利用虚拟现实技术，在虚拟的环境中，建立施工场景、结构构件及机械设备等的三维模型（虚拟模型），形成基于计算机的具有一定功能的仿真系统，让系统中的模型具有动态性能，并对系统中的模型进行虚拟施工，根据虚拟施工的结果，验证其是否正确，在人机交互的可视化环境中对施工方案进行设计和修改，找出安全隐患，制定安全防范措施，得到优化设计方案，使"预防为主"的标准化安全管理体系有了实现的基础，这也是将虚拟现实技术用于安全管理的基础。

3. 基于虚拟现实的"全员参与"施工安全培训

在完成了虚拟现实的施工方案设计后，将其用于"全员参与"施工安全培训，是一种非常理想的培训方式．其优越性主要体现在以下几个方面：

①虚拟现实是完全交互的，在虚拟环境中可由操作人员决定下一步做什么、如何做、可重复做；

②虚拟现实不强调参与者的经验和理论知识，在有经验施工人员的参与下，可向缺乏经验的项目管理人员提供安全管理的经验，在先期虚拟环境中认识、学习、验证大型、复杂结构的施工组织和管理；

③参与者和虚拟现实交互式活动的方式和参与者在现实世界中的方式是完全相同的，虚

拟现实中的任何事物都很容易被参与者接受和理解，参与者不必具备任何操作计算机的技巧，使培训的覆盖面可包括所有的施工人员，可满足标准化安全管理体系提出的"全员参与"的要求。

4. 基于虚拟现实的施工方案与安全管理的"持续改进"

利用虚拟现实技术完成施工方案设计后，可产生最佳的项目进度计划，可达到项目安全管理持续性改进的目标。基于虚拟现实安全管理与进度计划相结合可以通过以下方法来实现：基于虚拟现实的项目"总控进度计划"，产生"总控安全计划"和"项目危险源辨识结果"，在这三项基础上产生"阶段安全计划"，再根据"阶段安全计划"的执行结果制订下一阶段的安全计划，这样项目经理部标准化安全管理的运行模式就非常完善、有效。如图4-84所示。

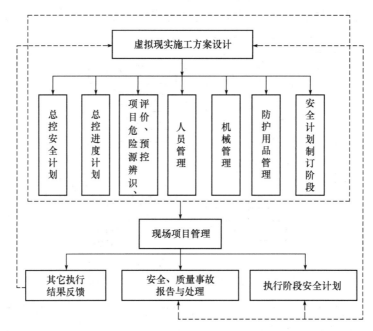

图 4-84　虚拟现实施工方案设计示意

1）制订总控安全计划

在上述模型中提出的总控安全计划包括：

①项目的安全管理方针和目标；

②划分工作阶段，分析每个阶段可能面临的危险，列举防范措施；

③项目各阶段的安全技术措施；

④安全培训计划；

⑤其他需要的内容。

2）项目危险源辨识、评价和预控

建筑公司需根据标准化安全管理体系的要求建立并维护好本企业的危险辨识结果库，在进行项目施工方案设计中，项目经理部据此进行本项目的危险源辨识，并根据本项目的虚拟施工方案验证和找出新的危险源，作为本项目开展标准化安全管理的依据。对辨识出的危险源应由建筑公司和项目经理部共同逐条进行评价，对评出的重大危险源，可结合虚拟环境研究、制定详细防范措施，并反馈到危险源辨识结果库。在项目进行过程中，项目经理部应根据现场安全状况如：安全计划执行情况、事故情况，新危险源的产生等，随时调整危险源辨识、进行评价和制定相应防范措施，通过系统再反馈到危险源辨识结果库，项目的危险源辨识结果汇聚到危险源辨识结果库后，建筑公司可用来不断补充和完善标准化安全管理体系，其关系如图 4-85 所示。

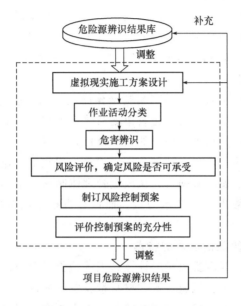

图 4-85　危险源辨识库的构成关系

3）阶段安全计划

基于虚拟现实设计的施工方案衍生出各阶段安全计划，其用以指导日常安全管理工作，具有很强的可操作性，在虚拟现实施工方案中可根据不同阶段施工的特点提出本阶段安全管理的任务和具体要求，帮助管理人员把握现场安全生产动态，各阶段安全计划包含的内容可归纳为："施工时间—施工部位—施工班组—危险因素—预控措施"，这些内容可随总控进度计划和总控安全计划的调整、一张日检查表的工作情况来改进，使日常安全检查的针对性得以加强，实现真正意义上的动态标准化安全生产管理。

虚拟现实技术虽是一门新兴的技术，还有许多不完善的地方，但其已可用于大型、复杂结构施工方案的设计，上海正大商业广场施工虚拟仿真系统在工程施工中的应用就是一个很好的例证。这也为采用虚拟现实技术进行标准化施工安全管理提供了重要的基础平台，在此基础上可通过虚拟现实技术对现场施工人员进行安全培训，在虚拟施工中观察、辨识危险源，评价和制订安全预案，使得在施工的全过程中动态地进行安全管理成为可能，保证工程项目的顺利完成，当然，要达到上述目标还有很长的路要走，还需要广大的工程建设人员付出不懈的努力。

◀◀◀ 第六节　计算机在建筑工程造价管理中的应用 ▶▶▶

一、计算机在建筑工程造价中的应用

1. 传统的建筑工程造价的缺点和不足

在传统的建筑工程造价中，传统建筑工程造价的预算编制过程要求预算员必须熟悉相关预算定额、取费标准、各种图纸和地区等的有关规定。传统建筑工程造价的预算编制工作需要消耗大量人力资源、花费较长的计算时间、人工计算非常慢，而且容易在计算中出现错误、工程造价的计算效率非常低。

随着建筑市场的竞争日益激烈。手工编制预算已经渐渐不能适应。随着建筑业的发展，建筑工程造价的管理日益困难。同时，建筑市场对建筑工程造价的预算的编制工作提出了随机性、及时性等的新要求，要求工程项目的预算价格，确定标底或报价策略能够迅速、准确地计算出，这样预算人员的工作强度就加重了。建筑工程施工企业要想在竞争日趋激烈的建筑市场中立足并长远发展下去，必须首先从改变管理体制这一工作开始抓起，迫切需要在建筑工程造价的预算工作中渗入新的技术力量，而计算机技术的迅猛发展为此创造了有利的条件。

2. 建筑工程造价中计算机的应用的特点

从工程的开始到结束，都需要大量的计算。工程造价专业应用软件可以为工程造价管理人员完成大量工作，例如人工、机械台班、材料量及费用的统计，根据统计资料进行造价测评或材料价格的预测，通过施工组织管理系统了解工程进度，根据已完成的工程量对基本建设投资计划进行动态调整，在不影响工程进度的条件下调整建设资金的到位时间，有效减少建设期贷款利息，等等。

通过计算机，可以积累大量的工程造价信息，形成经验数据库，而以往用手工手段进行这样大规模的统计、保存和管理几乎是不可能的。管理部门还可以借助计算机系统进行合同管理、招标投标管理、成本核算、材料和设备采购供应计划的编制以及大量的单位内部管理工作，因此，计算机在工程造价管理中的应用起着举足轻重的作用。

目前，算量计价软件是被建筑施工运用最为广泛的项目，各大软件公司基本都有自己的计价软件。中国市场运用较多的计价软件有广联达、鲁班、神机妙算、斯维尔等。

计算机辅助工程算量软件主要包含计价软件（定额计价软件、工程量清单编制软件、工程量清单计价软件）、图形计算工程量软件、钢筋工程量计算软件。

计算机在建筑工程造价中应用的特点主要包括以下四个方面：

①具有较高的精确度。在建筑工程造价中，采用计算机进行建筑工程造价的预算编制，避免了手工计算出现在汇总时小数点点错等人为错误的可能性。

②具有较快的编制速度以及较高的工作效率，能适应快节奏的市场要求。

③数据的修改和调整非常方便。通过计算机在建筑工程造价中的应用，方便了对工程量计算规则的调整、修改、定额套取、换算以及工程变更的修改等等。

④能够得到数据齐全完整的预算成果。通过计算机在建筑工程造价中应用，不仅能够完成预算文件本身的编制，而且可以提供一些技术经济指标的收集。例如，单位面积消耗指

标、项目费用的组成比例等。此外，还可以进行工料分析，为以后的工作如项目工程备料、施工计划、经济核算等提供大量有用的数据。

目前国内已经有很多种建筑工程造价的预算软件，已逐步完善电算化工作，用计算机编制工程预结算已经非常普及，并且计算机的应用也更加广泛。在工程造价管理中，计算机发挥了非常重要的作用。

二、建筑工程造价管理中计算机的应用

1. 电子信息技术在工程造价管理领域的应用

利用计算机信息管理实行建筑工程质量动态监控，可以弥补人脑记忆的不足，提高工作效率，减少人为因素的影响，增强质量监督工作的科学性、准确性和公正性。其单位工程包括主体工程、地基基础、地面楼面、装饰门窗、煤气工程、屋面工程、电气工程、采暖卫生、电梯安装、空调通风等等。在现代的工程造价管理中，相关软件的使用将会更加广泛，操作也会越来越方便，计算会越来越准确，而且可以应用到网络化管理，实现不同区域的人员能够同步的应用。并且能够从根本上解决工程量的计算问题，实现工程预算、结算的正确编制，而且输出接口统一可以减少工程技术人员的使用局限性。

各模块包括收费管理、委托方信息、检测通知、分包合作、系统管理等等。每一项的工作流程均包括数据录入、表格处理、统计查询、打印报表等功能。综上所述，计算机软件已经应用到工程的方方面面，并且有应用更加广泛的趋势，随着计算机技术在工程上的发展应用，工程技术人员将会更加快速方便地应用计算机软件完成工程项目，并能在实践中有效地提高我国的工程项目管理水平。

目前造价行业信息技术的运用有几个部分：

①以 Internet 为内部、外部和内外通信的网络平台，通过实施办公自动化和运用管理信息系统加强管理，提高办公效率。

②采用工程量计算软件、钢筋软件进行工程量和钢筋用量的计算，运用套价软件编制工程预决算。

③利用数据库技术建立指标收集和分析系统，用于已完工程的积累；利用信息网发布和获取信息，用于工程预决算的编制和造价管理。

2. 工程造价管理在电子信息化时代的特点

社会的不断进步和发展，工程项目的规模扩大，工程造价管理的数据处理量也越来越多。由此向工程造价管理工作提出了挑战，传统的被动式管理已无法满足日趋复杂的工程项目的需要。工程造价信息对工程造价的确定和控制影响越来越大，要想做好相应的管理和控制必然需要大量的信息作基础，也只有在充分掌握和详尽分析相关信息的前提下，实现工程造价的动态控制才有可能。工程造价管理与有关的各方面政府主管部门之间的信息传递日趋增加，这也意味着在管理上需作出相应的信息化调整。

3. 电子信息在工程造价管理中的现状及分析

随着信息技术的快速发展和其在建筑行业的推广发展，我国信息技术在工程造价管理方面的应用，主要表现为人们在制定定额、编制标底、投标报价、造价控制等方面已经摆脱了手工劳动，实现了电子化、信息化管理，各类工程造价管理相关软件的广泛应用就是最好的证明。

进入 21 世纪，互联网技术不断发展，我国出现了大批为工程造价及相关管理活动提供信息和服务的网站。这些网站不同程度地提供了政策法规、理论文章，有些涉及项目信息、造价指标和材料价格信息等，它们为进一步建设全国规模的工程造价管理专项系统进行了有益的尝试，并取得了一些经验。但从另一个方面来讲，这些网站没有统一的规划，有些提供的信息不够严谨、内容更新不及时，从专业角度来讲，还属于比较浅层的信息服务，难以满足深层次造价管理工作的需要。我国造价管理体制是在计划经济模式下，以定额管理为基础建立起来的，而且信息技术起步较晚，工程造价管理领域完全进入市场经济运行体制较迟，这样在一定程度上影响了信息技术在工程造价管理中的应用。

一方面，静态的管理难以应对变动的市场，主要表现为静态定额、解决方案和途径的缺乏。另一方面，滞后的数据收集与管理阻碍着工程造价动态控制进程，收集的数据得不到充分的利用，数据缺乏通用性。

目前，我国正积极推行工程量清单计价方式，在此模式下，如何运用先进的信息技术进行工程造价管理，正处在探索与发展阶段，从长远来看，信息技术应用将会推动造价管理信息化的快速发展。

4. 电子信息技术在工程造价管理中的前景与展望

1）工程预（决）算软件

目前造价软件使用已经很普遍，但功能应从单一的造价、出预算书向多方扩展。

①向上扩展，增加了工程管理功能，可以同时处理多个工程和一个工程的各阶段数据，贯穿从估算、概算、预算、阶段结算和竣工决算的全过程的造价管理；

②功能进一步细化，加强对计算结果的分析和细度的调整，以方便投标单位的造价调整和控制；

③与互联网络的连接，将预算软件所需的材料价格等数据通过互联网提供给用户，方便材料价格数据的维护，提高工作效率；

④对已完工程资料的积累方面功能的加强。

2）工程量、钢筋用量计算软件

此类软件，用于协助从施工图计算工程量。目前，用于算量的方法一般分为三种。

①现在使用较广的软件一般采用作图法，要求工作人员在识图的基础上用该软件重新输入图纸中各种构件及其尺寸，然后由系统自动计算工程量，得到工程量清单。

这种做法计算出的工程量比较精确，但必须重新绘制图纸，工作量仍然很大。

②另一种方法是直接将工程图纸扫描形成光栅文件，由软件处理矢量化后，抽取特征，用模式识别的技术识别构件类型和其几何参数，进而计算工程量；或由设计院生成的施工图的 CAD 文件在 CAD 环境下作模式识别。

这种方法要求在图纸的特征表示和建模上作大量的研究工作，抽取各种构件的特征参数，采用人工智能技术，为了最终能代替人完成识图的过程，这是较有前途的方法，但根据汉字识别技术的发展过程，必须对图纸的特征进行深入的分析研究，该软件要能真正代替人识图还有待开发。

③第三种方法是在建筑设计所使用的 CAD 软件中直接加入构件特征参数的属性，定义各种构件对象，在进行结构和建筑设计时使用这些对象设计建筑物，而不用直接使用线条作图。

　　这种方法使设计的结果中包括丰富的构件和参数而不是线条，经过一个语法分析器就能分离出所有构件和参数，避免了模式识别这个难关。因此，在人工智能的应用还未深入该领域时，仍必须通过交互的过程来填补软件在智能上的不足。

　　3）互联网在工程造价管理中的应用

　　工程造价的管理与互联网整合无疑将给工程造价的管理带来质的飞跃。传统的计划式的管理模式将被变动的市场的新型模式所取代，实现工程造价的协同控制也将成为必然。

　　（1）工程造价信息网

　　工程造价信息具体指的是与工程造价相关的法律、法规、价格调整文件、造价报表、指标等影响工程造价的信息。建立起统一的造价信息网，不但有利于使用者查询、分析和决策，更有利于国家主管部门实行统一的管理与协调，使得工程的造价管理统一化、规模化、有序化。

　　（2）材料价格信息网

　　材料价格的变动将直接影响着工程的预算和决算，对工程造价的动态控制起着决定性的作用。信息网、软件间的相互整合是建筑造价管理发展的必然趋势。

　　①信息网与造价软件。

　　当前市场上的造价软件中所需的材料价格大多采用人工录入价格的形式。有的是整体的引入，有的则是一个个输入，大大影响了快速报价的进程，同时也不能及时与市场接轨，无形间削弱了企业的竞争力。信息网与造价软件的整合将消除这一矛盾，在造价软件中直接点击相应引入按钮，输入要引入信息所在地点的详细资料，即可随时得到相应材料的价格，若所引入的材料价格有所变动，软件中的预警系统将自动提醒操作者更新价格。这不但缩短了录入材料价格的时间，还达到了随时更新的目的。

　　②信息网与进度控制软件。

　　工程控制的一个重要目标是成本控制，而成本控制在无形中又影响着进度和质量的控制，同时市场的变动将直接影响着投入的成本和资源的分配，而这必将导致工程进度的变动。所以，工程项目现场的进度控制也应通过成本控制时刻反映着市场的变动。信息网与进度控制的整合也将成为必然。

5. 计算机对工程造价管理应用的具体内容

　　1）通过信息技术的网络化的利用进行工程造价信息管理

　　通过信息技术的网络化的利用，可以进行行业信息的有效收集、分析、发布、获取，使得行业信息的处理实现全部网络化。同时可以实现建筑市场交易的网络化以及资源有效利用的网络化，并且相互整合信息网和软件。

　　2）通过计算机的应用进行动态全过程造价管理

　　所谓动态全过程造价管理，是指在建筑工程造价工作的全过程中，对建筑工程造价信息进行收集和有目的的分析整理，并通过分析得出的数据，形成使用者自己的企业的实际消耗标准，在后续的商业活动中发挥重要的参考作用。在动态全过程造价管理中，通过计算机和信息技术的应用，强调了动态管理。

　　只有通过各方面的相关技术的充分收集，将全过程造价的各个环节把握好，并且动态提取和分析历史数据和新的工程数据，形成经验性的积累，才能形成一个全过程造价管理软件。软件是不断循环积累的，具有平台性。这样，通过计算机的应用进行动态全过程造价管理，能够从根本上帮助用户实行有效的建筑工程造价的成本控制和建筑工程的造价管理，从而使得建筑工程企业获得巨大的市场竞争力。

3）通过计算机的应用切实降低工程造价

由于建筑工程材料价格占建筑工程造价的60%左右，并且一直处于上升趋势，因此，降低工程造价与建筑工程材料价格是否合理有着密切的关系。我国建筑工程造价将定额价格等部分作为确定材料价格的依据。目前，主要是由建筑工程定额管理部门制定、下达定额价格，但是，由于受到各方面的因素的影响，定额价格通常不能得到有力的监督。通过建筑工程造价中计算机的应用，实现了工程造价管理信息化后，建设了工程造价信息化管理系统，监督部门可以及时地通过工程造价信息化管理系统查看不同省市间、邻近地区间的材料价格，并且进行准确的比较，对于各级定额管理部门下达材料价格的合理性进行审查。这样，价格就能够准确地确定。由于不同的工程所用的材料的不同，工程造价信息化管理系统的高效性、准确性、重要性也是不尽相同的。建立工程造价信息化管理系统后，就可以避免施工单位进行报价时报高不报低等情况，从而使工程造价得到直接的控制。

4）通过计算机的应用进行建筑工程造价的全方位管理

随着网络化和全过程的计算机的应用，不会将计算机的应用只集中在某个具体的工作环节或者某一类具体的企业。随着信息技术的快速发展，整个建筑工程造价行业都将在以互联网为基础的信息平台上工作。不论是行业协会，还是甲方、乙方、中介等相关企业和单位，都将在计算机以及信息技术的帮助下，重建自己的工作模式，提高自身的市场竞争力。在建筑工程造价行业中，不仅是建筑工程行业实现信息发布、收集、获取，而且建筑工程企业的商务交流、工程计算分析以及企业的全面内部管理都将全面借助计算机实现信息化，通过计算机的应用进行建筑工程造价的全方位管理。

三、钢筋算量软件的应用

1. 算量软件的发展需求

国家为实现信息产业在传统行业的稳步推进，加快传统产业结构融入新信息经济的发展，出台了《2011—2015年建筑业信息化发展纲要》要求，即十二五期间要基本实现建筑行业信息系统的普及、信息化与建筑业跨界融合，在设计环节的工程造价也要有效运行。由于建设工程造价的单次计价特点，每个建设项目的工程造价均需重新计算，费时费力。而且，随着国家对设计院推行工程设计项目限额设计要求，对设计院工程造价人员在项目建议书、项目可行性研究、项目初步设计等工程设计各个环节流程中对工程概预算编制的准确性、快速性也相应提出了更高的要求。同时，限额设计也促使设计单位的概预算人员响应部分业主的要求，进入工程项目工程量清单编制领域，以满足业主在项目限额设计工作后，对项目招标投标标底的编制工作，为后续业主的成功招标打下良好的基础。因此，建筑业的信息化，对设计院工程造价人员的从业技能和从业素质，提出了更高要求。同时，也极大增强了该行业从业人员在建筑领域的地位和个人自信心。

计算机经过多年应用实践，就目前工程造价领域信息化发展中，应用最为广泛的，能保证造价人员在电算化进程中按时、准确并低强度地完成造价编制工作的，由软件公司开发的图形算量及变更软件和钢筋算量及变更软件在项目初步设计概算、工程量清单的编制及施工过程中产生的设计变更中的应用工作来说，分析该软件给工程造价行业带来的巨大影响，以及该软件如何成功实现经济数据编制有据可依、经济数据形成无纸化、经济数据流动畅通化，及如何高效促进项目资金在工程建设各环节良性、快速循环，加快资金流动率是很有必要的。最后，总结该软件既优化了建筑各环节的产业结构，也使造价人员在工作中不知不觉地融入到信息网络这一新经济的发展，响应国家对传统产业信息化建设步伐。土建图形算量及变更软件和钢筋算量及变更软件的工作原理，是根据国家结构设计规范和内置的平法图集、常见土建和钢筋施工工艺和施工验收规范，实现软件自动扣减，准确算量，并根据实际情况和需求，自行设置和修改相关参数。在软件中，是根据层高确定高度，根据轴网确定位置，根据属性确定截面。

2. 软件的应用

1）操作流程的应用

以广联达土建图形算量软件为例，主要工作流程如下：

新建工程—选择计算规则—工程设置—楼层管理—轴网管理—绘图输入—定义构件—绘制构图—套做法—汇总计算—查看结果。

特别要注意的是，软件从钢筋算量软件开始计算和从土建图形算量开始计算有所区别，具体按软件说明操作。这是由于在钢筋软件中包括了构件的截面尺寸和钢筋信息，导入图形算量软件后，不需再输入一次信息的操作，只需进行合法性检查几次，再将基础构件重新输入即可。该软件在设计院环境的应用中，最突出设计院概、预算人员优势利用的是具有强大的 CAD 导图功能，充分发挥设计院概、预算人员能第一时间拿到 CAD 原图的优势。该功能操作过程完全实现人机界面互动，可清晰检查出 CAD 图纸识别过程中遇到的图纸错误、漏洞识别等问题。

CAD 导入中的图纸管理功能，将导入的图纸逐项罗列，方便选择、查找和编辑，并能对对应构件和图元进行整理和编辑。图纸识别过程中的自动分割与手动分割功能互补，能最大限度地识别原设计图，自动计算所见即所得的土建和钢筋工程量，减少工程造价人员在 CAD 转化过程中的手动调整、图纸修改和绘图工作，大大提高了算量工作效率。当确实需手动分割图纸来提高 CAD 图的识别时，能快速与设计人员沟通，修改图纸以满足软件对图纸的识别要求。

土建图形算量软件建模层次分明，该软件在整个计算过程中，完全实现了土建图形异形实用化、算量过程可视化、结果准确化，并可完全按项目结构的不同类型进行定义绘图顺序。如：

①砖混结构：墙—门—窗—过梁—构造柱—圈梁—柱—梁—板。

②框架结构：柱—梁—板—墙体—门—窗—过梁—楼梯。

③框剪结构：剪力墙—填充墙—门—窗—过梁—梁—板—楼梯。

另外，该软件具备的三维动态观察功能，使组合复杂的构件在绘图和识图过程中的计算过程均可以三维动态显示，而对异形构件的参数化输入或自定义，也可实现对异形形状构件的准确处理，提高工程量的计量范围。该软件强大的钢筋自动算量功能，能将平法中复杂的钢筋类别进行快速计算和统计。如框架梁中的上部通长筋、侧面纵向筋、下部通长筋、左支座钢筋、架立筋、右支座钢筋等，手算费时费力，通过软件钢筋汇总计算和查看工程量功能，瞬间完成工程量计算和汇总，将工程造价人员彻底从以往繁琐、重复的手工计算中解放出来。同时，软件内置的自定义钢筋功能，可对任何异形钢筋自定义并进行准确计算。

另外，由于该软件内置三维动态观察功能，使排列复杂的钢筋在绘图和识图过程中的计算过程均可以三维动态显示，最真实地模拟和观察复杂钢筋的具体布置情况，对微小的细节部分也能进行准确计算。当然，熟悉软件中对各种构件参数设置的要求，是工程造价人员准确、快速编制工程量清单的基本要求。

2）算量软件内容的应用

（1）工程设置环节

①工程信息设置。

在充分熟悉了解图纸之后，建立工程时，根据工程实际情况填写工程信息，依照图纸说明选择相应计算规则，计算规则在选择后不能更改，所以一定要选择正确。计算规则、损耗模板、报表类别、汇总方式、计算及节点设置、设防烈度和抗震等级在新建工程时必须填写，这些内容将会影响钢筋的计算。

②楼层设置。

在查看立面图或剖面图后，确定层数和层高依次建立楼层，设置楼层信息，一般顺序为首层→地上层→地下层→基础层，基础层层高为基础底部（不包括垫层）到一层底的高度。其中要注意混凝土强度和保护层厚度要根据图纸要求进行修改，否则将影响钢筋长度，再利用"复制到其他楼层"按键进行快速修改。对于有女儿墙、电梯机房等构件的建筑，需比图纸上多设置一个屋面层用于绘制这些构件。

（2）构件定义

①轴网。

在一个工程的计算中，轴网的定义十分重要，轴网的正确与否直接关系到各种构件的位置、长度正确与否，轴网就是对图纸进行定位。在正确定义轴网之后往往还需绘制辅助轴线，在辅助轴线工具栏处有两点、平行、点角、圆弧的画法，最常用的是平行画法，只需选定基准轴线后输入偏离距离即可，简单快捷。当辅助轴线绘制的太多时会使得轴网混乱，这时可使用"修剪轴线"对不需要的轴线进行修剪，只保留需要的位置。

②柱的定义。

一种是根据柱的平面图一一定义；二是在有柱表的情况下，点击"构件"下拉菜单中的"柱表"按钮，新建柱生成柱表信息，在每根柱下可点击"新建柱层"来定义框架柱在不同楼层的截面和配筋信息。

③梁的定义。

根据平法图输入梁的截面和钢筋信息即可，需要注意的是要区分框架梁、非框架梁、框支梁等，因为会影响钢筋长度的计算。

④板的定义。

板需要分成现浇板、板受力筋和板负筋三部分来定义。板在绘制的过程中往往会遇到降板的问题，板最好单板一一绘制，这样在统一定义绘制之后，选择需要降板的那一块修改属性中的板厚即可。板的定义中更为重要的是板受力筋和板负筋，板受力筋分为面筋、底筋、温度筋、中间层筋，在定义时一定要选择正确，板跨受力筋也是在板受力筋中建立。板负筋要注意左右两端长度的输入，特别是图中标注的长度是否包含梁的中心线还是外边线。

（3）构件绘制

①柱的绘制。

柱一般用"点"绘制，不在交点处的柱可通过画辅助轴线或 shift＋左键的方法绘制。当不同楼层的柱相同时可用"楼层"下拉菜单中的"复制构件到其他楼层"一次性全部复制。还需注意的是，在柱绘制完成后，需点击"自动判断边角柱"按钮，软件会自动进行判断，并显示不同的颜色。

②梁的绘制。

梁的绘制比较简单直观，一般采用"直线"绘制，绘制完成后再一一进行原位标注，对于名称相同，标注也相同的梁可以使用"应用同名梁"按钮就可一次性完成原位标注。需要特别注意的是，每根梁都应进行重提梁跨，这是为了让软件重新识别支座，保证钢筋计算的准确性。在软件中粉红色的梁表示未标注的梁，红色表示错误的梁，绿色表示已标注的梁，在汇总计算时软件只会计算绿色的梁。这也是为什么必须重提梁跨的原因之一，没有原位标注有未重提梁跨的梁为粉红色，软件不会计算其钢筋。

③板的绘制。

现浇板绘制较为简单，多采用"点""直线"绘制。若采用"点"绘制时，往往会出现"不能在非封闭区域布置"的提示，这时需检查梁是否封闭布置，梁往往是因为对齐柱后导致未封闭，可以使用"延伸"按钮。板受力筋和板负筋应根据图纸和说明要求一一绘制，绘制时要小心谨慎防止出错。板负筋的绘制方法有很多种，如画线布置、按墙布置、按梁布置等，在实际操作中"自动生成负筋"较快速，在自动生成全部负筋后，然后依照图纸，批量选择信息相同的负筋修改钢筋信息。修改后可用不同颜色表示已经修改的负筋以示区分。

（4）单构件输入

当图纸上的构件在绘图输入中找不到相应的构件绘图时可以考虑使用单构件输入，例如楼梯、灌注桩等零星构件。下面以楼梯为例，说说单构件输入。在单构件输入中，软件已经把楼梯的各种常见的楼梯形式以图集的方式展现出来了，当利用单构件输入的时候，就可以直接根据施工图纸上的楼梯形式，在单构件标准图集中找出相对应的图形，修改其中的配筋、长度、搭接长度和锚固长度值，然后计算退出就可以将楼梯的钢筋计算完毕，相同的直接在数量中修改，简单方便，而且比较精确。另外梯梁和梯柱一般是在绘图输入中绘制。

（5）其他

对于一些异型结构或节点，在构件输入和单构件中都较难或无法实现时，可以通过定义异型梁、圈梁、自定义线等来实现，然后手动编辑钢筋。下面以天沟为例，用异形梁的方法来完成。首先新建异形梁，再编辑梁截面，然后编辑钢筋，可以在其他箍筋中定义。

除了异形梁，自定义线也可用于绘制截面复杂构件。首先新建异型自定义线，在多边形编辑器中编辑梁截面，然后手动编辑钢筋，与异形梁的编辑方法十分类似。

四、BIM 在建筑造价管理中的具体应用

1. BIM 在造价管理中的优势

1）BIM 在造价管理中的应用表现

BIM 在造价管理中的应用，主要体现在对成本的控制中，基于 BIM 技术的管理具有快速、准确、分析能力强等诸多优势，具体表现为：

（1）快速

建立基于 BIM 的 5D 实际数据库，汇总分析能力大大加强，速度快，短周期成本分析不再困难，工作量小、效率高。

（2）准确

对造价数据进行动态维护，准确性大为提高，通过总量统计的方法，消除累积误差，造价数据随进度进展准确度越来越高；数据粒度达到构件级，可以快速提供支撑项目各条线管理所需的数据信息，有效提升施工管理效率。

（3）精细

通过实际成本 BIM 模型，很容易检查出哪些项目还没有实际数据，监督各项实时盘点工作，提供实际数据。

（4）分析能力强

可以多维度（时间、空间、WBS）汇总分析更多种类、更多统计分析条件的成本报表，直观地确定不同时间点的资金需求，模拟并优化资金筹措和使用分配，实现投资资金财务收益最大化。

（5）提升企业成本控制能力

通过计量与计价，将实际成本 BIM 模型通过互联网集中在企业总部服务器，企业总部成本部门、财务部门就可共享每个工程项目的实际成本数据，实现了总部与项目部的信息对称。

2. BIM 在造价管理中的具体应用

基于 BIM 技术，建立造价的 5D（3D 实体、时间、工序）关系数据库，以各 WBS 单位工程量人机料单价为主要数据进入到造价 BIM 中，能够快速实行多维度（时间、空间、WBS）成本分析，从而对项目成本进行动态控制。其解决方案的操作方法如下：

1）创建基于 BIM 的实际数据库

建立的 5D（3D 实体、时间、工序）关系数据库，让实际数据及时进入 5D 关系数据库，成本汇总、统计、拆分对应瞬间可得。以各 WBS 单位工程量人机料单价为主要数据进入到实际成本 BIM 中。未有合同确定单价的项目，按预算价先进入；有实际成本数据后，及时按实际数据替换掉。

2）实际数据及时进入数据库

初始实际成本 BIM 中成本数据以采取合同价和企业定额消耗量为依据。随着进度进展，实际消耗量与定额消耗量会有差异，要及时调整。每月对实际消耗进行盘点，调整实际数据。化整为零，动态维护实际 BIM，可以大幅减少一次性工作量，并有利于保证数据的准确性。实际数据进入数据库的注意事项见表 4-7。

表 4-7　实际数据进入数据库的注意事项

类　　别	注意事项
材料实际费用	要以实际消耗为最终调整数据，而不能以财务付款为标准，材料费的财务支付有多种情况：未订合同进场的、进场未付款的、付款未进场的，按财务付款为成本统计的方法将无法反映实际情况，会出现严重误差

续表 4-7

类　别	注意事项
仓库盘点	仓库应每月盘点一次，将入库材料的消耗情况详细列出清单向成本经济师提交，成本经济师按时调整每个 WBS 材料实际消耗
人工费实际费用	同材料实际成本，按合同实际完成项目和签定工作量调整实际成本数据，一个劳务队可能对应多个 WBS，要按合同和用工情况进行分解落实到各个 WBS
周转材料实际费用	与材料实际成本相同，要注意 WBS 分摊，有的可能按措施费单独计算
管理费实际费用	由财务部门每月盘点，提供给上层管理者，调整预算成本为实际成本，实际成本不确定的项目仍按预算成本进入实际成本

3）快速实行多维度（时间、空间、WBS）成本分析

建立实际 BIM 模型，周期性（月、季）按时调整维护好该模型，统计分析工作就很轻松，软件强大的统计分析能力可轻松满足我们对各种造价成本分析的需求。

下面将对 BIM 技术在工程项目造价的成本控制中的应用进行介绍。

（1）快速精确的成本核算

BIM 是一个强大的工程信息数据库。进行 BIM 建模所完成的模型包含二维图纸中所有位置、跃度等信息，并包含了二维图纸中不包含的材料等信息，而这背后是强大的数据库的支撑。因此，计算机通过识别模型中的不同构件及模型的几何物理信息（时间维度、空间维度等），对各种构件的数量进行汇总统计。这种基于 BIM 的算量方法，将算量工作大幅度简化，减少了因为人为原因造成的计算错误，大量节约了人力的工作量和花费时间。有研究表明，工程量计算的时间在整个造价计算过程占到了 50%～80%，而运用 BIM 算量方法会节约将近 90% 的时间，而误差也控制在 1% 的范围之内。

（2）预算工程量动态查询与统计

工程预算存在定额计价和清单计价两种模式。自《建设工程工程量清单计价规范》发布以来，建设工程招标投标过程中清单计价方法成为主流。在清单计价模式下，预算项目往往基于建筑构件进行资源的组织和计价，与建筑构件存在良好对应关系，满足 BIM 信息模型以三维数字技术为基础的特征，故而应用 BIM 技术进行预算工程量统计具有很大优势：使用 BIM 模型来取代图纸。直接生成所需材料的名称、数量和尺寸等信息，而且这些信息将始终与设计保持一致，在设计出现变更时，该变更将自动反映到所有相关的材料明细表中，造价工程师使用的所有构件信息也会随之变化。

在基本信息模型的基础上增加工程预算信息，即形成了具有资源和成本信息的预算信息模型。预算信息模型包括建筑构件的清单项目类型、工程量清单，人力、材料、机械定额和费率等信息。通过此模型，系统能识别模型中的不同构件，并自动提取建筑构件的清单类型和工程量等信息，自动计算建筑构件的资源用量及成本，用以指导实际材料物资的采购。

系统根据计划进度和实际进度信息，可以动态计算任意 WBS 节点任意时间段内每日计划工程量、计划工程量累计、每日实际工程量、实际工程量累计，帮助施工管理者实时掌握工程量的计划完工和实际完工情况。在分期结算过程中，每期实际工程量累计数据是结算的重要参考，系统动态计算实际工程量可以为施工阶段工程款结算提供数据支持。

另外，从 BIM 预算模型中提取相应部位的理论工程量，从进度模型中提取现场实际的人工、材料、机械工程量，通过将模型工程量、实际消耗、合同工程量进行短周期三量对比分析，能够及时掌握项目进展，快速发现并解决问题。根据分析结果为施工企业制订精确的人、机、材计划，大大减少了资源、物流和仓储环节的浪费，及时掌握成本分布情况，进行动态成本管理。

（3）限额领料与进度款支付管理

限额领料制度一直很健全，但用于实际却难以实现，主要存在的问题有：材料采购计划数据无依据，采购计划由采购员决定，项目经理只能凭经验签字；施工过程工期紧，领取材料数量无依据，用量上限无法控制；限额领料假流程，事后再补单据。那么如何利用系统对材料的计划用量与实际用量进行分析对比就显得十分重要。

BIM 的出现为限额领料提供了技术和数据支撑。基于 BIM 软件，在管理多专业和多系统数据时，能够采用系统分类和构件类型等方式对整个项目数据进行方便管理，为视图显示和材料统计提供规则。例如，给水排水、电气、暖通专业可以根据设备的型号、外观及各种参数分别显示设备，方便计算材料用量。

传统模式下工程进度款申请和支付结算工作较为繁琐，基于 BIM 能够快速准确的统计出各类构件的数量，减少预算的工作量，且能形象、快速地完成工程量拆分和重新汇总，为工程进度款结算工作提供技术支持。

（4）以施工预算控制人力资源和物质资源的消耗

在进行施工开工以前，利用 BIM 软件进行模型的建立，通过模型计算工程量，并按照企业定额或上级统一规定的施工预算，结合 BIM 模型，编制整个工程项目的施工预算，作为指导和管理施工的依据。对生产班组的任务安排必须签收施工任务单和限额领料单，并向生产班组进行技术交底。要求生产班组根据实际完成的工程量和实耗人工、实耗材料做好原始记录，以此作为施工任务单和限额领料单结算的依据。任务完成后，根据回收的施工任务单和限额领料单进行结算，并按照结算内容支付报酬（包括奖金）。为了便于任务完成后进行施工任务单和限额领料单与施工预算的对比，要求在编制施工预算时对每一个分项工程工序名称进行编号，以便对号检索对比。

（5）设计优化与变更成本管理、造价信息实施追踪

BIM 模型依靠强大的工程信息数据库，实现了二维施工图与材料、造价等各模块的有效整合与关联变动，使得实际变更和材料价格变动可以在 BIM 模型中进行实时更新。变更各环节之间的时间被缩短，效率提高，更加及时准确地将数据提交给工程各参与方，以便各方作出有效的应对和调整。

目前，BIM 的建造模拟职能已经发展到了 5D 维度。5D 模型集三维建筑模型、施工组织方案、质量管理及造价等部分于一体，能实现对成本费用的实时模拟和核算，并为后续建设阶段的管理工作所利用，解决了阶段割裂和专业割裂的问题。BIM 通过信息化的终端和 BIM 数据后台将整个工程的造价相关信息顺畅地流通起来，从企业级的管理人员到每个数据的提供者都可以监测，保证了各种信息数据及时准确的调用、查询、核对。

第五章　计算机在智能建筑工程中的应用

<<< **第一节　智能建筑** >>>

一、智能建筑

1. 概述

智能建筑：指通过将建筑物的结构、系统、服务和管理根据用户的需求进行最优化组合，从而为用户提供一个高效、舒适、便利的人性化建筑环境。

智能建筑是信息时代的必然产物，建筑物智能化程度随科学技术的发展而逐步提高。当今世界科学技术发展的主要标志是 4C 技术（即 Computer 计算机技术、Contro 控制技术、Communication 通信技术、CRT 图形显示技术）。将 4C 技术综合应用于建筑物之中，在建筑物内建立一个计算机综合网络，使建筑物智能化。4C 技术仅仅是智能建筑的结构化和系统化。智能建筑的性能：通过对建筑物的 4 个基本要素，即结构、系统、服务和管理，以及它们之间的内在联系，以最优化的设计，提供一个投资合理又拥有高效率的幽雅舒适、便利快捷、高度安全的环境空间。

中国 90 年代开始发展智能建筑，其迅猛地发展势头令世人瞩目。为了智能建筑在我国更加快速地发展，国家出台了一系列关于智能建筑的法规。我国现行规范主要有：修订版的国家标准《智能建筑设计标准》（GB 50314—2015）和《智能建筑工程质量验收规范》（GB 50339—2013）。

智能建筑是传统产业与高新技术产业完美结合的典型范例。建筑技术与先进的计算机技术、控制技术、通信技术的融合赋予了建筑物新的含义，使建筑物更有效地为人们提供舒适、高效、便捷的居住环境和工作环境。在此基础上，更加高效节能、绿色环保，以满足社会进步和人类文明发展的需要。智能建筑催生了新的技术和产业领域，在拉动建筑业发展的同时也为信息技术开辟了新的发展和应用领域。

智能建筑的概念是美国人最早提出的。1984 年 1 月美国康涅狄格州哈特福德市建成了世界上第一座智能化大厦—City Place Building。该大楼采用计算机技术对楼内的空调、供水、防火、防盗及供配电系统等进行自动化综合管理，并为大楼的用户提供语音、文字、数据等各类信息服务，使客户真正地感到舒适、方便和安全。随后日本、德国、英国、法国等西方国家的智能建筑相继发展。我国智能建筑的建设起始于 1990 年，随着国民经济的发展和科学技术的进步，人们对建筑物的功能要求越来越高，尤其是随着国民经济信息化的发展和互联网建设的应用，社会经济的各个环节都受益于信息网络，智能建筑作为信息高速公路上的一个节点，90年代中后期在我国形成建设高潮。互联网技术的发展和应用在改变人们工作、商务模式的同时，也改变着人们居家生活的模式，从而推动智能建筑技术的应用，从商务办公大楼发展到住宅小区，智能化住宅和智能大厦同属于智能建筑。

2. 智能建筑领域的主要技术

主要技术可以从以下几方面概括说明。

1）智能建筑的综合布线技术

综合布线系统（GCS）是建筑物内部或建筑群之间的传输网络。它能使建筑物内部的语音、数据、图文、图形及多媒体通信设备、信息交换设备、建筑物物业管理及建筑物自动化管理设备等系统之间彼此相联，也能使建筑物内部通信网络设备与外部的铁芯网络相联。

作为计算机技术与通信技术相结合的通信网络系统的组成部分和联系纽带——综合布线系统，是智能建筑的神经系统和基础设施之一，是智能建筑内部不能缺少的系统，没有它将无法实现智能建筑的自动化和智能化。

综合布线系统是智能建筑内的基础设施之一，它是重要的神经系统，是现代信息网络系统比较先进的通信传输应用技术。鉴于它是由国外进入我国，其应用技术和设备器材均来自国外。因此，其常用的名词术语和相关定义基本上是从国外引入的。此外，综合布线系统的技术尚在不断发展和继续完善，我国对此的各项标准尚未全部制定。目前，其文字符号和名词术语以及定义还没有较完善齐全的规定和资料。同时，综合布线系统涉及范围较为广泛。例如城市建设、房屋建筑和各种系统（例如计算机网络系统），以通信领域来说，除综合布线系统外，还与接入网、光纤通信和数据通信等部分有关。所以，综合布线系统是一个发展变化着的系统。

2）智能大厦的设备自动化技术

智能大厦中需要监控的对象如下：

暖通空调系统、给水排水系统、供配电与照明系统、交通管理系统（电梯系统及停车场系统）、火灾自动报警与消防联动系统、公共安全防范系统。

20世纪80年代采用计算机集中控制和监视方式，可靠性较差。90年代以来计算机集散控制（DCS）方式已占据90%以上。目前，分布式计算机控制是智能建筑的发展趋势。

社会上广泛使用的楼宇自控（BSA）设备，仍主要是各位厂商的产品。用户选用时应根据大厦的需求充分考虑各公司产品的性能价格比。

智能大厦中机电设备种类繁多，监控范围很广，集散系统通常采用二级计算机网络和四级控制装置的组成结构。

有两种国际上的开放式标准，作为我国智能建筑设计标准的参考。

（1）Lon Mark 标准

是以美国 Echlon 公司 1990 年开发出的 Lon Mark 技术为基础的一套标准。Lon Mark 实际上是一种现场总线技术。遵循 Lon Mark 标准，可以使世界上数千家 Lon Mark 技术生产的产品相互通信，相互替换，实现互操作。

1996 年我国建设部科技委智能建筑开发推广中心与美国 VACOM 集团合作研究出采用 Lon Mark 技术的国产化新一代自动控制系统 BAS－V2000。

在 Lon Mark 总线上连接若干智能节点，每个节点由一个神经元芯片、I/O 电路、通信媒体收发器组成。中央监控计算机通过网络服务接口 PCLTA 总线与 Lon Mark 总线联接。现场控制器通过 LonBus 总线实现点到点之间的通信，它们之间没有主控制器。

（2）BACnet 标准

BACnet 网络通信协议是由美国暖通空调制冷工程师学会（ASHRAE）发起制定并得到美国国家标准局（ANSI）批准。由楼宇自动化系统的生产厂商参与制定的一个开放性标准——一个管理信息领域的标准。通过在信息管理网一级上互联，解决不同厂家的自动化系统如何互相交换数据，实现集成。它比 LonMark 有更大量的数据通信，运作高级复杂大量的信息。但 BACnet 要支持暖通系统空调以外的其他监控系统，还需要进一步完善。

以上两种开放性标准在楼宇设备的控制中具有互补性。在各子系统的设备中适于采用 LonMark 标准，而在信息管理领域方面，对于整个领域控制中众多子系统的集成，对于上层网际间的互联性则适于采用 BACnet 标准。目前这两种网络已经实现了和 IP 网的集成。

（3）智能建筑的系统集成

国家标准中对系统集成（SI）的定义是："将智能建筑内不同功能的智能化子系统在物理上、逻辑上、功能上连接在一起，以实现信息综合，资源共享。"智能建筑分为甲乙丙三个等级，对系统集成有不同的要求。

智能建筑的系统集成，主要是以 BAS 系统为主的自动化系统的集成，使之达到环保、节能、便于管理的目的。

（4）智能建筑通信网络系统

智能建筑中常用的通信网络系统包括局域网、双向有线电视网和电话网（含综合业务数字电话网 ISDN）。前两者作为智能建筑的宽带骨干网集中了绝大多数的信息应用及信息管理资源。近年来以太网局域网独占鳌头，目前的传输速率一般为 10 M/100 M/1 Gbps；在双向有线电视网也有部分地选用了通信网络技术。智能建筑中的电话网（包括 ISDN）目前常用与语音通信和窄带数据通信。

（5）智能建筑接入网技术

智能建筑接入城域网或因特网，要求越来越高的接入带宽。接入网技术是智能建筑与外部网络相连的关键。目前有以下几种形式。

①基于传统电话系统的 XDSL 技术，分为铜线和光纤两大类。

②基于有线电视网的 HFC 形式。

③基于光纤到区（楼）的局域网接入方式。

④卫星直播网络接入方式。

（6）智能楼宇办公自动化技术

建筑设备自动化系统是采用计算机技术、自动控制技术和通信技术组成的高度自动化的综合管理系统，对建筑物中或建筑群中的电力供应、暖通空调、给水排水、防灾、保安、停车场等设备或系统进行集中监视和统筹科学管理，综合协调，维护保养，保证机电设备高效运行，安全可靠，节能长寿，给用户提供安全、健康、舒适、温馨的生活环境与高效的工作环境。

建筑设备自动化系统的功能主要体现在以下几点：以最优控制为中心的过程控制自动化；以可靠、经济为中心的能源管理自动化；以安全状态监视和灾害控制为中心的防灾自动化；以运行状态监视和计算为中心的设备管理自动化。

（7）住宅小区智能化

20世纪九十年代初期，智能建筑技术逐步延伸到了住宅小区，最初是在我国沿海城市取得成效，现在已经成为智能建筑的主要市场。住宅小区中已由开始单一的安全防范系统发展到目前多种不同的功能，有家庭和住宅小区的安全防范、通信与计算机网络、机电设备监控、三表（或者四表）远传抄送和物业管理办公系统。可为住宅小区提供高度安全性、便捷的通信方式、综合信息服务、物业管理现代化、家庭管理智能化的生活环境。近年来，由于宽带网进入住宅小区，又提出了"数字化社区"的理念，把智能化住宅的发展推向了一个新的阶段。

3. 智能建筑技术的发展趋势

智能建筑应当充分体现"以人为本"的思想，通过采用高科技来实现人的需要，改善和提高人工环境的品质，并且实现环保与节能。智能建筑也是城市信息化的基本单元，起着支撑城市信息化的作用。城市信息化的建设又带动和推进了建筑智能化的水平。应当注意到智能建筑在以下几方面的发展趋势。

1）控制网的标准化和开放性将进一步得到提升

在这个趋势下，LonMark和BACnet标准的实施更加受到关注。工业以太网因其协议开放而有广泛应用的能力。现场总线的发展将向以太网靠近。IP技术也将融入控制网。

2）网络宽带化和因特技术的应用

为满足日益增长的信息应用及系统集成和信息融合的需要，智能建筑信息系统的宽带化是必然趋势。随着光纤的广泛应用，为智能建筑的宽带化创造了必要的有利条件。

因特技术已经渗透到工商企业的各个领域。在智能建筑中实现因特接入，进行网站建设，满足用户访问因特网服务的需求，在因特上对智能建筑的某些功能进行远程监视和综合管理是当前智能建筑信息网发展的又一个动向。

3）无线通信技术的采用

无线通信技术在智能建筑中的应用是一个发展趋势，特别是在旧的建筑物改造中难以重新布线的情况下，有很大的优势。

今后，随着因特网的无线访问，无线局域网、无线家居智能系统等技术的不断成熟，无线通信在智能建筑中必将占有一定的比例。

4）视频传输技术的大量应用

在智能建筑的宽带网上，将会大量使用视频传输技术。在数字化社区中，视频传输系统包括以下内容：视频点播系统（VOD），会议电视系统（MTV），可视电话系统，可视对讲系统，家庭内的各种视频传输系统等。

5）系统集成和信息融合技术的应用

在目前的智能建筑中存在着局域网，电话网，双向有线电视网和控制网四类网络。存在着数据、语言、视像、控制这四种信息。在智能建筑中实现系统集成和多种信息融合的目的如下：优化网络结构，避免功能重复，减少投资；集中资源、信息共享；有利于系统的科学管理、集中维护和系统发展与扩充。

（1）将控制网和信息网分层设计

当通过信息网实现子系统间的互动时，要注意实时性和可靠性。控制集成模式如：楼宇管理系统BMS集成模式、以BA和OA为主，面向物业管理的集成模式和IBMS（及其扩展

I2BMS、I3BMS）集成模块。

楼宇系统集成的进展如下：

因特网/企业信息网技术及 WEB 技术在系统集成中的应用。有代表性的成果是 Honeywell 系统的第四代产品——建筑自动化企业网 EBI（企业楼宇集成系统）。EBI 采用了 WEB 技术，使嵌入的 WEB 服务器成为企业网的信息中转站；EBI 建立的 SQLserver 相关数据库管理系统，可以把企业网中所有的数据库连锁在一起。

采用 OPC 技术的集成方案。

产品化的集成软件，例如西安协同数码公司的建筑物自动化集成系统 synchroBMS（软件）。

（2）信息融合的几种模式

智能建筑中，局域网是各种信息融合的核心。由于网上传输着四种信息，故有局域网与 IP 电话系统的集成，实现数据和语音信息的融合。局域网与数字摄像系统的集成，实现数据和视像信息的融合。局域网与控制系统的集成，实现数据和控制信息的融合。

6）智能建筑的支撑体系

智能建筑的存在与发展需要一个支撑体系，表现在以下三个方面。

智能建筑是 4C（计算机技术 Computer，现代控制技术 Control，现代通信技术 Communication，现代图形显示技术 CRT）以建筑物为载体的应用。建筑科学技术涉及城市规划、建筑学、结构工程学、建筑装饰、水暖、电气及新型材料应用等。如果没有建筑科学技术的同步发展与配合，就不可能有真正的智能建筑。

由于通信技术和计算机网络的应用，才出现了智能建筑，网络是智能建筑的最重要特征。网络的运行包括信息层、控制层、设备层（传感/执行层）三个层次，其服务目标与运行的基础是设备层。没有设备层的支撑，网络的运行与信息处理将失去落脚点。因此，智能建筑的设备层中各种机电设备都面临着提升功能、适应网络化运行的要求，建筑电气设备和建筑电气技术是其中最重要的方面。

智能建筑是一个层次链极强的系统工程，包括五个层次：技术经济政策、标准、规范；计划、规划、设计、咨询、评估；施工、安装、调试、开通；运行管理；维护、保养及物业管理。任何一个层次的缺陷，都会影响智能建筑行业健康有序的发展。

在社会各方已经逐渐取得共识的情况下，上述智能建筑的支撑体系将会越来越得到重视和加强。我国对智能建筑大楼的需求日趋高涨，发展迅猛。但从总的趋势来看，智能建筑将向以下四个方向发展。即向深度发展，向广度发展，向规模化发展，向可持续性方向发展。

二、智能建筑的诞生与发展

1. 智能建筑的诞生与发展

1）全球第一幢智能大厦——城市广场

智能建筑的概念，在 20 世纪末诞生于美国。第一幢智能大厦于 1984 年在美国哈特福德市建成。

在美国康涅狄格州哈特福德市，将一幢旧金融大厦进行改建，定名为"都市办公大楼"，如图 5-1 所示，这就是公认的世界上第一幢"智能大厦"。该大楼有 38 层，总建筑面积十万多平方米。

当初改建时，该大楼的设计与投资者并未意识到这是形成"智能大厦"的创举，主要功绩应归于该大楼住户之一的联合技术建筑系统公司。UTBS 公司当初承包了该大楼的空调、电梯及防灾设备等工程，并且将计算机与通信设施连接，廉价地向大楼中其他住户提供计算机服务和通信服务。随着时代发展和国际竞争，计算机的使用促成了智能大厦的蓬勃发展。

2）日本第一幢智能大厦——本田青山大楼

日本第一次引进智能建筑的概念是在 1984 年，并于 1985 年 8 月在东京青山完成了本田青山大楼，有人称之为日本的第一幢智能大厦，如图 5-2 所示。

图 5-1　城市广场（City Place）　　　　　图 5-2　本田青山大楼

青山大楼的管理、办公自动化和通信网络等设备是运用本田与 IBM 合作开发的"HARMONY"综合办公系统。智能大厦实现了楼宇自动化（BA）、办公自动化（OA）、通信自动化（CA）及布线综合化的智能化大型建筑。

3）我国智能建筑的发展

我国智能化建筑发展的三个阶段：六、七年前的智能建筑只有一些智能功能如消防自控，其他方面的设备根本没有自控。四、五年以前的智能建筑基本只具有楼宇、消防、保安等自控功能，计算机为主控机，多采用集中控制方式和 DOS 操作系统，监视和控制多为简单模式，软件水平较低。近一两年落成的智能建筑很多都具有较完善的建筑设备自动化（BA）、通信自动化（CA）和办公自动化（OA）系统，简称 3A 系统。可见近年来建筑的智能化水平有长足的发展。

国内智能建筑建设始于 1990 年，随后便在全国各地迅速发展。北京的发展大厦可谓是我国智能建筑的雏形，随后建成了上海金茂大厦、深圳地王大厦、广州中信大厦、南京商茂国际商城等一批具有较高智能化程度的智能大厦。21 世纪，智能建筑在我国兴起。

（1）上海浦西第一高楼——世茂国际广场

上海浦西第一高楼世贸国际广场，总建筑面积 14 万平方米，主体建筑高达 333 米。位于上海黄浦区南京东路 789 号，人民广场东北面。发展商世茂集团共投资 30 亿元人民币，于 2007 年 1 月建成。此建筑应用了清华同方系统，集成软件 ezIBS。ezIBS 智能建筑信息集成系统是一个通用的 IBMS 服务平台，是构建在 ezONE 平台上的智能建筑行业的应用软件，提供了企业级的系统集成服务，包括各子系统的接入服务、数据存储服务、与应用软件进行数据交换的协议以及实现此协议的接口等，形成了一套基于这个平台的应用软件所使用的应用服务框架。其最终目标是对辖区内所有建筑设备进行全面有效地监控和管理，确保大厦内所有设备处于高效、节能、最佳运行状态，为用户提供一个安全、舒适、快捷的工作环境。

（2）伟大工程巡礼：珠江大厦

位于中国广州的一座号称"全球最节能建筑"的摩天大楼"珠江大厦"被认为是对抗环境污染的一盏"明灯"。这座大厦可利用风能、太阳能发电，并且正在引领绿色建设技术的新潮流，是著名的智能大厦的代表，如图 5-3 所示。

图 5-3　珠江大厦

2. 智能大厦与传统建筑相比具有鲜明的特点

①具有良好的信息接受及反应能力，提高了工作效率。具有各种内部及外部信息交换手段，以及装备性能良好的通信设备。发展迅速、内涵容量大，且各种高新技术和设备将不断引入 3A 系统，例如多媒体电脑、宽带综合业务数据网（B－ISDN）等。

②有易于改变的空间和功能，灵活性大，适应变化能力强，能满足多种用户对不同环境功能的要求。

智能化建筑环境具有适应变化的高度灵活性，传统的建筑是根据事先给定的功能要求，完成其建筑与结构设计。而智能大厦要求其建筑结构设计必须具有智能功能，除支持 3A 功能的实现外，必须是开放式、大跨度框架结构，允许用户迅速而方便地改变建筑物的使用功能或重新规划建筑平面。譬如房间设计为活动开间（隔断）、活动楼板，大开间可分成有不同工位的小隔间，每个工位楼板由小块楼板拼装而成，这样建筑开间和隔墙布置就可随需要而灵活变化。

智能大厦管线设计具有适应变化的能力，可以适应租户更换、使用方式变更，设备位置和性能变动的各种情况。譬如室内办公所必需的通信与电力供应也具有极大的灵活性，通过结构化综合布线系统，在室内分布着多种标准化的弱电与强电插座，只要改变跳接线，就可快速改变插座功能。

③创造了安全、健康、舒适宜人和能提高效率的生活和工作环境。智能大厦首先要确保安全和健康。其防火与保安系统等均已智能化，如对火灾及其他自然灾害、非法入侵等可及时发出警报，并自动采取措施及时制止灾害蔓延。智能大厦其空调系统能监测出空气中的有害污染物含量，并能自动消毒，使之成为"安全健康大厦"。智能大厦对温度、湿度、照度均加以自动调节，甚至控制色彩、背景噪声及味道，使人心情舒畅，从而能大大提高生活的品质。

④能源利用率高，能运行在最经济、可靠的状态，具有良好的节能效果。对空调、照明等设备的有效控制，不但提高了舒适的环境，还有显著的节能效果。例如，空调系统采用了焓值控制、最优启停控制、设定值自动控制与多种节能优化控制措施，使大厦能耗大幅度下降，从而获得巨大的经济效益。

⑤由于 3A 系统相互配合而产生许多新功能，包括：

建筑物管理系统与远程通信系统的配合，从而可使用户利用身边的电话机作为终端控制温度和湿度给定值的变更；温度和湿度测试值的确认；能源使用量和设备运行状态的通知；在异常时的用户报警通知；空调、照明投入和切断等。

建筑物管理系统与办公自动化系统的配合，从而使接在办公自动化的区域网络上的个人电脑、工作站获得建筑物管理信息，使会议室的预约管理系统与空调运行结合起来实现联动，还可使建筑物管理系统收集到的能源与办公自动化的财务管理系统相结合。

远程通信系统与办公自动化系统的配合，从而使信息上孤立的建筑物成为广域网的一个接点。

◀◀◀ 第二节　智能建筑工程的施工与质量验收 ▶▶▶

一、智能建筑工程项目管理

1. 施工管理

施工管理主要包含施工组织管理、施工进度管理和施工界面管理，具体如下：

1）施工组织管理

施工组织管理需要与施工进度管理密切结合，分阶段组织强有力的施工队伍，合理安排工程管理人员、技术人员、安装和调试人员的进场时间，保质保量地按时完成这个阶段的施工任务。

2）施工进度管理

施工进度管理包括施工期间施工人员的组织、设备的供应、弱电工程与土建工程、装修工程的配合等，通过建立工程进度表的方式来检查和管理。

3）施工界面管理

施工界面管理主要有高压配电柜接口界面、低压配电柜接口界面、空调设备接口界面、冷水机组接口界面、电梯运行监控接口界面、办公自动化系统的网络协议界面等。施工界面管理的中心内容是弱电系统工程施工、机电设备安装工程施工和装修工程施工在其工程施工内容界面上的划分和协调。

2. 工程技术管理

1）技术标准和规范管理

在工程中，进行系统设计、设备提供和安装等环节上要认真检查，对照有关的技术标准和规范，使整个管理处于受控状态。工程中所涉及的国家或行业的技术标准和规范很多，例如火灾报警系统、综合布线系统等。

2）安装工艺管理

工程的技术管理主要要抓住安装设备的技术条件和安装工艺的技术要求。现场工程技术人员要严格把关，遇到与规范和设计文件不相符的情况或施工过程中做了现场修改的内容，都要记录在案，为系统整体调试和开通建立技术管理档案和数据。

3）技术文件管理

工程的技术文件包括各弱电子系统的施工图纸、设计说明、相关的技术标准、产品说明书、各系统的调试大纲、验收规范、弱电集成系统的功能要求及验收的标准。对这些文件要实施有效科学的管理。

3. 质量管理

工程质量管理要贯穿在智能系统的整个工程实施过程中。为保证系统高质量的运行，要确切做好质量控制、质量检验和质量评定。

质量管理的重点包含：

施工图的规范化和制图的质量标准；

管线施工的质量检查和监督；

配线规格的审查和质量要求；

配线施工的质量检查和监督；

现场设备和前端设备的质量检查和监督；

主控设备的质量检查和监督；

智能化系统的监控；

调试大纲的审核和实施及质量监控；

系统运行时的参数统计和质量分析；

系统验收的步骤和方法；

系统验收的质量标准；

系统操作与运行管理的规范要求；

年检的记录和系统运行总结等。

二、智能建筑的验收

1. 工程实施的质量控制

智能建筑工程质量验收应包括工程实施的质量控制、系统检测和工程验收。

智能建筑工程的划分应符合《智能工程质量验收规范》（GB 50339—2013）的规定。

在智能建筑工程验收的项目中，智能系统的验收尤为重要，按照《智能工程质量验收规范》（GB 50339—2013）的规定，具体内容见表 5-1。

表 5-1 智能建筑工程的子分部工程和分项工程的划分

子分部工程	分项工程
智能化集成系统	设备安装，软件安装，接口及系统调试，试运行
信息接入系统	安装场地检查
用户电话交换系统	线缆敷设，设备安装，软件安装，接口及系统调试，试运行
信息网络系统	计算机网络设备安装，计算机网络软件安装，网络安全设备安装，网络安全软件安装，系统调试，试运行
综合布线系统	梯架，托盘，槽盒和导管安装，线缆敷设，机柜、机架、配线架的安装，信息
移动通信室内信号覆盖系统	安装场地检查
卫星通信系统	安装场地检查
有线电视及卫星电视接收系统	梯架、托盘、槽盒和导管安装，线缆敷设，设备安装，软件安装，系统调试，试运行
公共广播系统	梯架、托盘、槽盒和导管安装，线缆敷设，设备安装，软件安装，系统调试，试运行
会议系统	梯架、托盘、槽盒和导管安装，线缆敷设，设备安装，软件安装，系统调试，试运行
信息导引及发布系统	梯架、托盘、槽盒和导管安装，线缆敷设，显示设备安装，机房设备安装，软件安装，系统调试，试运行
时钟系统	梯架、托盘、槽盒和导管安装，线缆敷设，设备安装，软件安装，系统调试，试运行
信息化应用系统	梯架、托盘、槽盒和导管安装，线缆敷设，设备安装，软件安装，系统调试，试运行
建筑设备监控系统	梯架、托盘、槽盒和导管安装，线缆敷设，传感器安装，执行器安装，控制器、箱安装，中央管理工作站和操作分站设备安装，设备安装，软件安装，系统调试，试运行

续表 5-1

子分部工程	分项工程
火灾自动报警系统	梯架、托盘、槽盒和导管安装，线缆敷设，探测器类设备安装，控制器类设备安装，其他设备安装，软件安装，系统调试，试运行
安全技术防范系统	梯架、托盘、槽盒和导管安装，线缆敷设，设备安装，软件安装，系统调试，试运行
应急响应系统	设备安装，软件安装，系统调试，试运行
机房工程	供配电系统，防雷与接地系统，空气调节系统，给水排水系统，综合布线系统，监控与安全防范系统，消防系统，室内装饰装修，电磁屏蔽，系统调试，试运行
防雷与接地	接地装置，接地线，等电位联结，屏蔽设施，电涌保护器，线缆敷设，系统调试，试运行

系统试运行应连续进行 120 h。试运行中出现系统故障时，应重新开始计时，直至连续运行满 120 h。

1）检查内容

施工现场质量管理检查记录；

图纸会审记录；存在设计变更和工程洽商时，还应检查设计变更记录和工程洽商记录；

设备材料进场检验记录和设备开箱检验记录；

隐蔽工程（随工检查）验收记录；

安装质量及观感质量验收记录；

自检记录；

分项工程质量验收记录；

试运行记录。

2）施工现场质量管理检查记录

施工现场质量管理检查记录应由施工单位填写、项目监理机构总监理工程师（或建设单位项目负责人）作出检查结论。

3）图纸会审、设计变更和工程洽商记录要求

图纸会审记录、设计变更记录和工程洽商记录应符合现行国家标准《智能建筑工程施工规范》（GB 50606—2010）的规定。

4）设备材料进场检验记录和设备开箱检验记录应符合下列规定

第一，设备材料进场检验记录应由施工单位填写、监理（建设）单位的监理工程师（项目专业工程师）作出检查结论；

第二，设备开箱检验记录应符合现行国家标准《智能建筑工程施工规范》（GB 50606—2010）的规定。

5）隐蔽工程验收记录

隐蔽工程（随工检查）验收记录应由施工单位填写、监理（建设）单位的监理工程师（项目专业工程师）作出检查结论。

6）安装质量及观感质量验收记录

安装质量及观感质量验收记录应由施工单位填写、监理（建设）单位的监理工程师（项目专业工程师）作出检查结论。

7）自检记录

自检记录应由施工单位填写、施工单位的专业技术负责人作出检查结论，且记录的格式应符合《智能工程质量验收规范》（GB 50339—2013）的规定。

8）分项工程质量验收记录

分项工程质量验收记录应由施工单位填写、施工单位的专业技术负责人作出检查结论、监理（建设）单位的监理工程师（项目专业技术负责人）作出验收结论，且记录的格式应符合《智能工程质量验收规范》（GB 50339—2013）的规定。

9）试运行记录

试运行记录应由施工单位填写、监理（建设）单位的监理工程师（项目专业工程师）作出检查结论，且记录的格式应符合《智能工程质量验收规范》（GB 50339—2013）的规定。

10）软件产品的质量控制

软件产品的质量控制除应检查《智能工程质量验收规范》（GB 50339—2013）第 3.2.4 条规定的内容外，尚应检查文档资料和技术指标，并应符合下列规定：

①商业软件的使用许可证和使用范围应符合合同要求；

②针对工程项目编制的应用软件，测试报告中的功能和性能测试结果应符合工程项目的合同要求。

11）接口的质量控制

接口的质量控制除应检查《智能工程质量验收规范》（GB 50339—2013）第 3.2.4 条规定的内容外，尚应符合下列规定：

第一，接口技术文件应符合合同要求；接口技术文件应包括接口概述、接口框图、接口位置、接口类型与数量、接口通信协议、数据流向和接口责任边界等内容。

第二，根据工程项目实际情况修订的接口技术文件应经过建设单位、设计单位、接口提供单位和施工单位签字确认。

第三，接口测试文件应符合设计要求；接口测试文件应包括测试链路搭建、测试用仪器仪表、测试方法、测试内容和测试结果评判等内容。

第四，接口测试应符合接口测试文件要求，测试结果记录应由接口提供单位、施工单位、建设单位和项目监理机构签字确认。

2. 系统检测

1）系统检测前应提交下列资料

①工程技术文件；

②设备材料进场检验记录和设备开箱检验记录；

③自检记录；

④分项工程质量验收记录；

⑤试运行记录。

2）系统检测的组织应符合下列规定

①建设单位应组织项目检测小组；

②项目检测小组应指定检测负责人；

③公共机构的项目检测小组应由有资质的检测单位组成。

3）系统检测应符合下列规定

①应依据工程技术文件和《智能工程质量验收规范》（GB 50339—2013）规定的检测项目、检测数量及检测方法编制系统检测方案，检测方案应经建设单位或项目监理机构批准后实施。

②应按系统检测方案所列检测项目进行检测，系统检测的项目和一般项目应符合《智能工程质量验收规范》（GB 50339—2013）的规定。

③系统检测应按照先分项工程，再子分部工程，最后分部工程的顺序进行，并填写《分项工程检测记录》《子分部工程检测记录》和《分部工程检测汇总记录》。

④分项工程检测记录由检测小组填写，检测负责人作出检测结论，监理（建设）单位的监理工程师（项目专业技术负责人）签字确认。

⑤子分部工程检测记录由检测小组填写，检测负责人作出检测结论，监理（建设）单位的监理工程师（项目专业技术负责人）签字确认。

⑥分部工程检测汇总记录由检测小组填写，检测负责人作出检测结论，监理（建设）单位的监理工程师（项目专业技术负责人）签字确认。

4）检测结论与处理应符合下列规定

①检测结论应分为合格和不合格。

②主控项目有一项及以上不合格的，系统检测结论应为不合格；一般项目有两项及以上不合格的，系统检测结论应为不合格。

③被集成系统接口检测不合格的，被集成系统和集成系统的系统检测结论均应为不合格。

④系统检测不合格时，应限期对不合格项进行整改，并重新检测，直至检测合格。重新检测时抽检应扩大范围。

3. 分部（子分部）工程验收

①建设单位应按合同进度要求组织人员进行工程验收。

②工程验收条件。

第一，按经批准的工程技术文件施工完毕；

第二，完成调试及自检，并出具系统自检记录；

第三，分项工程质量验收合格，并出具分项工程质量验收记录；

第四，完成系统试运行，并出具系统试运行报告；

第五，系统检测合格，并出具系统检测记录；

第六，完成技术培训，并出具培训记录。

③工程验收组织的规定。

第一，建设单位应组织工程验收小组负责工程验收；

第二，工程验收小组的人员应根据项目的性质、特点和管理要求确定，并应推荐组长和副组长；验收人员的总数应为单数，其中专业技术人员的数量不应低于验收人员总数的50％；

第三，验收小组应对工程实体和资料进行检查，并作出正确、公正、客观的验收结论。

④工程验收文件的内容。

第一，竣工图纸；

第二，设计变更记录和工程洽商记录；

第三，设备材料进场检验记录和设备开箱检验记录；

第四，分项工程质量验收记录；

第五，试运行记录；

第六，系统检测记录；

第七，培训记录和培训资料。

⑤工程验收小组的工作应包括下列内容：

第一，检查验收文件；

第二，检查观感质量；

第三，抽检和复核系统检测项目。

⑥工程验收的记录应符合下列规定：

第一，应由施工单位填写《分部（子分部）工程质量验收记录》设计单位的项目负责人和项目监理机构总监理工程师（建设单位项目专业负责人）作出检查结论；

第二，应由施工单位填写《工程验收资料审查记录》项目监理机构总监理工程师（建设单位项目负责人）作出检查结论；

第三，应由施工单位按表填写《验收结论汇总记录》验收小组作出检查结论。

⑦工程验收结论与处理应符合下列规定：

第一，工程验收结论应分为合格和不合格。

第二，《智能工程质量验收规范》（GB 50339—2013）第3.4.4条规定的工程验收文件齐全、观感质量符合要求且检测项目合格时，工程验收结论应为合格，否则应为不合格。

第三，当工程验收结论为不合格时，施工单位应限期整改，直到重新验收合格；整改后仍无法满足使用要求的，不得通过工程验收。

◀◀◀ 第三节　计算机网络系统的施工项目的要点 ▶▶▶

一、计算机网络系统

1. 网络的定义

计算机网络是计算机技术与通信技术相结合的产物，它是由分布在不同地理位置上具有独立功能的多台计算机终端及其附属设备用通信设备和通信线路连接起来的。在网络软件的支持下，这种系统使得在一个地点的计算机用户能够使用另一个地点的计算机或计算机设备所提供的数据处理功能与服务，从而实现共享计算机系统资源及相互通信。

2. 计算机网络体系结构

计算机网络系统是非常复杂的，计算机之间的相互通信涉及许多复杂的技术问题。计算机的网络结构可以从网络体系结构、网络组织和网络配置三个方面来描述，网络组织是从网络的物理结构和网络的实现两方面来描述计算机网络，网络配置是从网络应用方面来描述计算机网络的布局、硬件、软件和通信线路来描述计算机网络，网络体系结构是从功能上来描述计算机网络结构。

3. 计算机网络系统的组成

计算机网络系统是由网络硬件系统和网络软件系统组成的。

1）网络硬件系统

网络硬件是计算机网络系统的物质基础。常见的网络硬件如下：

（1）服务器

服务器的主要功能是为网络工作站上的用户提供共享资源、管理网络文件系统、提供网络打印服务、处理网络通信、响应工作站上的网络请求等。常用的网络服务器有文件服务器、通信服务器、计算服务器和打印服务器等。一个计算机网络系统至少要有一台服务器，也可有多台服务器。通常用小型计算机、专用 PC 服务器或高档计算机作为网络的服务器。

（2）网络工作站

网络工作站的功能是向各种服务器发出服务请求，从网络上接收传送给用户的数据。网络工作站是通过网络接口卡连接到网络中的计算机上。

（3）网络接口卡

网络接口卡简称网卡，又称为网络接口适配器，是计算机与通信介质的接口，是构成网络的基本部件。

网卡的主要功能是实现网络数据格式与计算机数据格式的转换、网络数据的接收与发送等。

（4）线路控制器

线路控制器是主计算机或终端设备与线路上调制解调器的接口设备。

（5）通信控制器

通信控制器是用来对数据信息各个阶段进行控制的设备。

（6）通信控制处理机

通信控制处理机是数据交换的开关，负责通信处理工作。

2）网络软件系统

在网络系统中，网络上的每个用户，都可使用系统中的各种资源。但系统必须对用户进行控制，否则，就会造成系统混乱、信息数据的破坏和丢失。为了协调系统资源，系统需要通过软件工具对网络资源进行全面的管理、调度和分配，并采取一系列的安全保密措施，防止用户不合理的对数据和信息进行访问，以防止数据和信息的破坏与丢失。网络软件是实现网络功能不可缺少的软件环境。

3）网络操作系统

网络操作系统是用以实现系统资源共享、管理用户对不同资源访问的系统软件，网络操作系统是最主要的网络软件。

（1）网络协议软件

网络协议软件是通过协议程序实现网络协议功能。连入网络的计算机依靠网络协议实现互相通信，而网络协议是靠具体的网络协议软件的运行支持才能工作。凡是连入计算机网络的服务器和工作站上都运行着相应的网络协议软件。

（2）网络管理软件

网络管理软件是用来对网络资源进行管理和对网络进行维护的软件。

（3）网络通信软件

网络通信软件的作用是实现网络工作站之间的通信。

（4）网络应用软件

网络应用软件是为网络用户提供服务并为网络用户解决实际问题的软件。

二、计算机网络系统的施工

1. 计算机网络系统的施工要点

计算机网络系统的施工主要分为工作区子系统、配线子系统、电信间子系统、干线子系统、设备间子系统、建筑群子系统。

1）工作区子系统设计要点

工作区子系统由用户计算机、语音点、数据点的信息插座、数据跳线、电话机、电话跳线组成，它包括信息插座、信息模块、网卡和连接所需要的跳线电话机、电话跳线。

一个独立的工作区通常拥有一台计算机和一部电话机，设计的等级分为基本型、增强型、综合型。目前绝大部分新建工程是采用增强型设计等级，为语音点和数据点互换奠定基础。

一个语音点可端接的电话机数，应视用户采用什么样的线路而定。如果是二线制电话，可端接四部电话；如果是四线制电话只能端接二部；如果是六线、八线制电话只能端接一部，应根据用户的实际情况来决定。

工作区子系统由终端设备连接到信息插座的跳线组成。它包括信息插座、信息模块、网卡和连接所需的跳线，并在终端设备和输入/输出（I/O）之间搭接，相当于电话配线系统中连接话机的用户线及话机终端部分。终端设备可以是电话、计算机和数据终端，也可以是仪器仪表、传感器的探测器。

工作区可支持电话机、数据终端、微型计算机、电视机、监视及控制等终端设备的设置和安装。

工作区子系统施工的要点如下：

第一，工作区内线槽要布置得合理、美观；

第二，信息座要设计在距离地面 30 cm 以上；

第三，信息座与计算机设备的距离保持在 5 m 范围内；

第四，购买的网卡类型接口要与线缆类型接口保持一致；

第五，保证所有工作区所需的信息模块、信息座、面板的数量；

第六，基本链路长度限在 90 m 内，信道长度限在 100 m 内。

2）配线子系统

配线子系统的施工涉及到同级别子系统的传输介质和部件集成，主要监理要点包括：确定线路走向；确定线缆、线槽、线管的数量和类型；确定电缆的长度和类型等。

确定线路走向一般要由用户、设计人员、施工人员到现场根据建筑物的物理位置和施工难易度来确定。

信息插座的数量和类型、电缆的类型和长度一般在总设计时便确立，但考虑到产品质量和施工人员的误操作等因素，在订购时要留有余地。

订购电缆时，必须考虑：确定介质布线的方法和电缆走向；确认到管理间的接线距离；留有端接容差。

在配线布线通道内，关于电信电缆与分支电源电缆要说明以下几点：

①屏蔽的电缆与电信电缆并线时不需要分隔。

②可用电源管道障碍（金属或非金属）来分隔电信电缆与电源电缆。

③对非屏蔽的电缆与电源电缆，最小的距离为 10 cm。

④在工作站的信息口或间隔点，电信电缆与电源电缆的距离最小应为 6 cm。

⑤打吊杆走线槽时吊杆需求量计算：打吊杆走线槽时，一般是间距为 1 m 左右一对吊杆。吊杆的总量应为水平干线的长度（m）×2（根）。

⑥托架需求量计算：使用托架走线槽时，一般是 1～1.5 m 安装一个托架，托架的需求量应根据水平干线的实际长度去计算。

托架应根据线槽走向的实际情况来选定。一般有两种情况：

第一种情况，水平线槽不贴墙，则需要订购托架；

第二种情况，水平线槽贴墙走，则需购买角钢的自做托架。

水平布线，是将电缆线从管理间子系统的配线间接到每一楼层的工作区的信息输入/输出（I/O）插座上。管理者要根据建筑物的结构特点，从路由（线）最短、造价最低、施工方便、布线规范等几个方面考虑。但由于建筑物中的管线比较多，往往要遇到一些矛盾，所以，设计水平子系统时必须折中考虑，优选最佳的水平布线方案。一般可采用三种类型：

直接埋管式；先走吊顶内线槽，再走支管到信息出口的方式；适合大开间及后打隔断的地面线槽方式。其余都是这三种方式的改良型和综合型。

3）电信间子系统

现在，许多大楼在综合布线时都考虑在每一楼层都设立一个电信间，用来管理该层的信息点，摒弃了以往几层共享一个电信间子系统的做法，这也是布线的发展趋势。

作为电信间一般包括以下设备：机柜；集线器或交换机；信息点集线面板；语音点集线面板；集线器、交换机的稳压电源线。

作为电信间子系统，应根据管理信息点的实际状况，安排使用房间的大小和机柜的大小。如果信息点多，就应该考虑一个房间来放置，如果信息点少，就没有必要单独设立一个管理间，可选用墙上型机柜来处理该子系统。

4）干线子系统施工要点

干线子系统的任务是通过建筑物内部的竖井或管道放置传输电缆，把各个服务接线间的信号传送到设备间，直到传送到最终接口，再通往外部网络。它必须满足当前的需要，又要适应今后的发展。干线子系统包括：

①供各条干线接线之间的电缆走线用的竖向或横向通道。

②主设备间与计算机中心间的电缆。施工时考虑：确定每层楼的干线要求；确定整座楼的干线要求。

③确定从楼层到设备间的干线电缆路由。

④确定干线接线间的按合方法。

⑤选定干线电缆的长度。

⑥确定敷设附加横向电缆时的支撑结构。在敷设电缆时，对不同的介质电缆要区别对待。

第一，光纤电缆。

光纤电缆敷设时不应该绞结；光纤电缆在室内布线时要走线槽；光纤电缆在地下管道中穿过时要用 PVC 管或铁管；光纤电缆需要拐弯时，其曲率半径不能小于 30 cm；光纤电缆的室外裸露部分要加铁管保护，铁管要固定牢固；光纤电缆不要拉得太紧或太松，并要有一定的膨胀收缩余量；光纤电缆埋地时，要加铁管保护；光缆两端要有标记。

第二，同轴粗电缆。

同轴粗电缆敷设时不应扭曲，要保持自然平直；粗缆在拐弯时，其弯角曲率半径不应小于 30 cm；粗缆接头安装要牢靠；粗缆布线时必须走线槽；粗缆的两端必须加终接器，其中一端应接地；粗缆上连接的用户间隔必须在 2.5 m 以上；粗缆室外部分的安装与光纤电缆室外部分安装相同。

第三，双绞线。

双绞线敷设时线要平直，走线槽，双绞线的两端点要标号；双绞线的室外部分要加套管并考虑防雷电措施，严禁搭接在树干上；双绞线不要拐硬弯。

第四，同轴细缆。

同轴细缆的敷设与同轴粗缆有以下几点不同：细缆弯曲半径不应小于 20 cm；细缆上各站点距离不小于 0.5 m；一般细缆长度为 183 m，粗缆为 500 m。

确定从管理间到设备间的干线路由，应选择干线段最短、最安全和最经济的路由，在大楼内通常有如下两种方法：

方法一，电缆孔。

干线通道中所用的电缆孔是很短的管道，通常用直径为 10 cm 的钢性金属管做成。它们嵌在混凝土地板中，这是在浇注混凝土地板时嵌入的，比地板表面高出 2.5～10 cm。电缆往往捆在钢绳上，而钢绳又固定到墙上已铆好的金属条上。当配线间上下都对齐时，一般采用电缆孔方法。

方法二，电缆井。

电缆井方法常用于干线通道。电缆井是指在每层楼板上开出一些方孔，使电缆可以穿过这些电缆井从某层楼伸到相邻的楼层。电缆井的大小依所用电缆的数量而定。与电缆孔方法一样，电缆也是捆在或箍在支撑用的钢绳上，钢绳靠墙上金属条或地板三脚架固定住。离电缆井很近的墙上立式金属架可以支撑很多电缆。电缆井的选择性非常灵活，可以让粗细不同的各种电缆以任何组合方式通过。电缆井方法虽然比电缆孔方法灵活，但在原有建筑物中开电缆井安装电缆造价较高，它的另一个缺点是使用的电缆井很难防火。如果在安装过程中没有采取措施去防止损坏楼板支撑件，则楼板的结构完整性将受到破坏。

在多层楼房中，经常需要使用干线电缆的横向通道才能从设备间连接到干线通道，以及在各个楼层上从二级交接间连接到任何一个配线间。横向走线需要寻找一个易于安装的方便通道，因而两个端点之间很少是一条直线。

5）设备间子系统设计的要点

设备间子系统是一个公用设备存放的场所，也是设备日常管理的地方，有服务器、交换机、路由器、稳压电源等设备。设备间设计评审要点包括：

①设备间应设在位于干线综合体的中间位置。

②应尽可能靠近建筑物电缆引入区和网络接口。

③设备间应在服务电梯附近，便于装运笨重设备。

④设备间内要注意：室内无尘土，通风良好，要有较好的照明亮度；要安装符合机房规范的消防系统；使用防火门，墙壁使用阻燃漆；提供合适的门锁，至少要有一个安全通道。

⑤防止可能的水害（如暴雨成灾、自来水管爆裂等）带来的灾害。

⑥防止易燃易爆物的接近和电磁场的干扰。

⑦设备间空间（从地面到顶棚）应保持 2.55 m 高度的无障碍空间，门高为 2.1 m，宽为 90 m，地板承重压力不能低于 500 kg/m^2。

⑧温度和湿度要求。

一般将温度和湿度分为 A、B、C 三级，设备间可按某一级执行，也可按某级综合执行。

⑨照明要求。

设备间内在距地面 0.8 m 处，照度不应低于 200 lx。还应设事故照明，在距地面 0.8 m 处，照度不应低于 5 lx。

⑩噪声控制要求。

设备间的噪声应小于 70 dB。如果长时间在 70～80 dB 噪声的环境下工作，不但会影响人的身心健康和工作效率，还可能造成人为的噪声事故。

⑪电磁场干扰。

设备间无线电干扰场强，在频率为 0.15～1000 MHz 范围内不大于 120 dB。设备间内磁场干扰场强不大于 800 A/m（相当于 10 Ω）。

⑫供电。

设备间供电电源应满足下列要求：频率为 50 Hz；电压为 380 V/220 V；相数为三相五线制或三相四线制/单相三线制。

⑬安全要求。

设备间的安全可分为三个基本类别：对设备间的安全有严格的要求，有完善的设备间安全措施；对设备间的安全有较严格的要求，有较完善的设备间安全措施；对设备间有基本的要求，有基本的设备间安全措施。

⑭建筑物防火与内部装修。

A 类，其建筑物的耐火等级必须符合《建筑设计防火规范》（GB 50016—2014）中规定的一级耐火等级。

B 类，其建筑物的耐火等级必须符合《建筑设计防火规范》（GB 50016—2014）中规定的三级耐火等级。

与 A、B 类安全设备间相关的工作房间及辅助房间，其建筑物的耐火等级不应低于《建筑设计防火规范》（GB 50016—2014）中规定的二级耐火等级。

C 类，其建筑物的耐火等级应符合《建筑设计防火规范》（GB 50016—2014）中规定的二级耐火等级。

与 C 类设备间相关的其余基本工作房间及辅助房间，其建筑物的耐火等级不应低于《建筑设计防火规范》（GB 50016—2014）中规定的三级耐火等级。

内部装修：根据 A、B、C 三类等级要求，设备间进行装修时，装饰材料应符合《建筑设计防火规范》（GB 50016—2014）中规定的难燃材料或非燃材料，应能防潮、吸噪、不起尘、抗静电等。

⑮地面。

第一，为了方便表面敷设电缆线和电源线，设备间地面最好采用抗静电活动地板，其系统电阻应在 $1 \sim 10 \ \Omega$ 之间。具体要求应符合《计算机房用活动地板技术条件》（SJ/T 10796—2001）的标准。

第二，带有走线口的活动地板称为异形地板。其走线应做到光滑，防止损伤电线、电缆。设备间地面所需异形地板的块数可根据设备间所需引线的数量来确定。

第三，设备间地面切忌铺地毯。其原因：一是容易产生静电；二是容易积灰。

第四，放置活动地板的设备间的建筑地面应平整、光洁、防潮、防尘。

⑯墙面。

墙面应选择不易产生尘埃，也不易吸附尘埃的材料。目前大多数是在平滑的墙壁涂阻燃漆，或在平滑的墙壁覆盖耐火的胶合板。

⑰顶棚。

为了吸噪及布置照明灯具，设备顶棚一般在建筑物梁下加一层吊顶。吊顶材料应满足防火要求。目前，我国大多数采用铝合金或轻铜作龙骨，安装吸声铝合金板、难燃铝塑板、喷塑石英板等。

⑱隔断。

根据设备间放置的设备及工作需要，可用玻璃将设备间隔成若干个房间。隔断可以选用防火的铝合金或轻钢作龙骨，安装 10 mm 厚的玻璃。或从地板面至 1.2 m 处安装难燃双塑板，1.2 m 以上安装 10 mm 厚玻璃。

⑲火灾报警及灭火设施。

第一，A、B 类设备间应设置火灾报警装置。在机房内、基本工作房间、活动地板下、吊顶地板下、吊顶上方、主要空调管道中及易燃物附近部位应设置烟感和温感探测器。

第二，A 类设备间内设置卤代烷自动灭火系统，并备有手提式卤代烷灭火器。

第三，B 类设备间在条件许可的情况下，应设置卤代烷自动消防系统，并备有卤代烷灭火器。

第四，C 类设备间应备置手提式卤代烷灭火器。

第五，A、B、C 类设备间除纸介质等易燃物质外，禁止使用水、干粉或泡沫等易产生二次破坏的灭火剂。

6）建筑群子系统

建筑群子系统也称楼宇管理子系统。一个企业或某政府机关可能分散在几幢相邻建筑物或不相邻建筑物内办公。但彼此之间的语音、数据、图像和监控等系统可用传输介质和各种支持设备（硬件）连接在一起。连接各建筑物之间的传输介质和各种支持设备（硬件）组成一个建筑群综合布线系统。连接各建筑物之间的缆线组成建筑群子系统。建筑群子系统设计要点如下。

（1）确定敷设现场的特点

确定整个工地的大小；

确定工地的地界；

确定共有多少座建筑物。

（2）确定电缆系统的一般参数

确认起点位置；

确认端接点位置；

确认涉及的建筑物和每座建筑物的层数；

确定每个端接点所需的双绞线对数；

确定有多个端接点的每座建筑物所需的线缆总对数。

（3）确定建筑物的电缆入口注意要点

对于现有建筑物，要确定各个入口管道的位置；每座建筑物有多少入口管道可供使用；入口管道数目是否满足系统的需要。

如果入口管道不够用，则要确定在移走或重新布置某些电缆时是否能腾出某些入口管道；在不够用的情况下应另装多少入口管道。

（4）确定明显障碍物的位置

确定土壤类型，砂质土、黏土、砾土等。

确定电缆的布线方法。

确定地下公用设施的位置。

查清拟定的电缆路由中沿线各个障碍物位置或地理条件：铺路区；桥梁；铁路；树林；池塘；河流；山丘；砾石土；截留井；人孔（人字形孔道）；其他。

确定对管道的要求。

（5）确定主电缆路由和备用电缆路由

对于每一种待定的路由，确定可能的电缆结构；

所有建筑物共用一根电缆；

对所有建筑物进行分组，每组单独分配一根电缆；

每座建筑物单用一根电缆；

查清在电缆路由中哪些地方需要获准后才能通过；

比较每个路由的优缺点，从而选定最佳路由方案。

（6）选择所需电缆类型和规格

确定电缆长度；

画出最终的结构图；

画出所选定路由的位置和挖沟详图，包括公用道路图或任何需要经审批才能动用的地区草图；

确定入口管道的规格；

选择每种设计方案所需的专用电缆；

参考有关电缆部分，线号、双绞线对数和长度应符合有关要求；

应保证电缆可进入口管道；

如果需用管道，应选择其规格和材料；

如果需用钢管，应选择其规格、长度和类型。

（7）确定每种选择方案所需的劳务成本

确定布线时间：包括迁移或改变道路、草坪、树木等所花的时间；如果使用管道区，应包括敷设管道和穿电缆的时间；确定电缆接合时间；确定其他时间，例如拿掉旧电缆、避开障碍物所需的时间。

计算总时间。

计算每种设计方案的成本。

总时间乘以当地的工时费。

（8）确定每种选择方案的材料成本

确定电缆成本。

确定每英尺（米）的成本：参考有关布线材料价格表；针对每根电缆查清每 100 英尺的成本；将每米（英尺）的成本乘以米（英尺）数。

确定所有支持结构的成本：查清并列出所有的支持结构；根据价格表查明每项用品的单价；将单价乘以所需的数量。

确定所有支撑硬件的成本，对于所有的支撑硬件，重复确定所有支持结构的成本项所列的三个步骤。

（9）选择最经济、最实用的设计方案

把每种选择方案的劳务费成本加在一起，得到每种方案的总成本；

比较各种方案的总成本，选择成本较低的；

确定该比较经济的方案是否有重大缺点，防止其抵消经济上的优点。

如果发生以上的这些情况，应取消此方案，考虑经济性较好的设计方案。注意如果涉及干线电缆，应把有关的成本和设计规范也列进来。

2．计算机网络系统的设备选型

1）交换机选型要点

（1）千兆交换机选型要点

①适用性与先进性相结合的原则。

千兆交换机价格较高，但不同品牌的产品差异极大，功能也不一样，因此选择时不能只看品牌或追求高价，也不能只看价钱低的，应该根据应用的实际情况，选择性能价格比高、既能满足目前需要又能适应未来几年网络发展的交换机，以求避免重复投资或超前投资。

②选择市场主流产品的原则。

选择千兆交换机时，应选择在国内市场上有相当的份额的产品，并且该产品具有高性能，如高可靠性、高安全性、可扩展性、可维护性。

③安全可靠的原则。

交换机的安全决定了网络系统的安全，选择交换机时这一点是非常重要的，交换机的安全主要表现在 VLAN 的划分、交换机的过滤技术。

④产品与服务相结合的原则。

选择交换机时，既要看产品的品牌又要看生产厂商和销售商品否有强大的技术支持、良好的售后服务，否则当买回的交换机出现故障时既没有技术支持又没有产品服务，使企业蒙受损失。

（2）交换机验货时需要注意的事项

选择交换机时一般注意以下方面的问题。

①在外形尺寸选择方面。

如果企业的网络比较大，工程要求网络设备集中管理，那么，宽的机架式交换机最适合。如果企业对设备外形没有特殊需求，那么，可以选择合适的桌面型交换机产品，因为桌面交换机具有更高的性能价格比。

②在交换机的类型选择方面。

按照目前的网络类型，网络交换机可以分为以太网交换机、令牌交换机、ATM 交换机、FDDI 交换机等。以太网交换机目前是局域网交换机的主流设备，几乎成为局域网的标准交换设备。正因如此，一般提到局域网交换机均是指以太网交换机，以前的以太网交换机通常指的是 10 Mbit/s 以太网，而现在不仅有 100 Mbit/s 的以太网交换机，还有千兆交换机甚至万兆交换机。

③如果企业的布线系统必须选用光纤，则在交换机产品选择上有三种方案：选择光纤接口的交换；加装光模块；加装光纤与双绞线的转发器。

④如果企业强调多媒体的解决方案，则现在越来越多的 100 Mbit/s 交换到桌面的方案是实现 VOD 的理想方案。在这种情况下，企业选购交换机时应注意以下几个参数：

第一，板带宽。

当然是越宽越好，它将为企业的交换机在高负荷下提供高速交换。

第二，端口速率。

即每个端口每秒能够收发的数据包数量。

交换机的交换速率是决定网络传输性能的重要因素。因此，用户在选购交换机产品时，尽量选择具备千兆端口或能够升级的产品，以适应未来网络升级的需要。

第三，包转发率。

即交换机每秒转发的数据包的数量。

第四，延时。

交换机延时是指交换机从接收数据包到开始向目的端口复制数据包之间的时间间隔。

第五，管理功能。

交换机的管理功能是指交换机如何控制用户访问交换机，以及用户对交换机的可视程度，非管理型交换机易于配置并且只能使用 ASIC 解决方案。由于这类交换机不配备处理器，因而售价相对低廉，但这类交换机配置灵活性不高，不能满足有特定要求的用户。配备有处理器的管理型交换机具备包括远程管理、安全管理在内的多种控制与管理功能，因此配置灵活，能够适合多种不同的网络环境需求。用户在选购时可以根据自己实际需求选择可管理型或非管理型产品。

第六，端口数。

固定端口交换机的端口数量一般有 5、8、12、16、24、32 及 48 端口等几种，这是由于对于不足百人的小型企业或校园网络环境而言，24 端口交换机既可作为工作组交换机，也可作为企业骨干交换机使用；同时，就实际应用方面来说，24 端口交换机与 8 端口和 16 端口产品相比有更多的扩展空间，能够更好地满足用户未来网络扩展的需要。因此，用户在选择交换机产品时，如无明确的端口要求，应以选择 24 端口交换机为宜。

第七，可扩展性。

交换机的可扩展性直接决定着网络内各信息点传输速率的升级能力。因此，可扩展性也是用户在选择交换机产品时需要考虑的一个重要方面。

第八，堆叠能力。

可堆叠交换机具有可迅速部署、良好的性价比、可伸缩性以及易于管理等优点，目前得到了广泛地应用。要详细观察交换机，可按下列因素进行：

机框。总槽位数、可用槽位数、重量（满配置）、设备物理尺寸（宽×深×高）、相对湿度、运行温度。

体系结构。

交换方式。线卡与线卡之间、同一线卡内端口与端口之间。

性能指标。所支持的 L3 路由协议；所支持的组播协议；所支持的 VLAN 数；所支持的 ACL 数；所支持的 RIP 路由数；所支持的 OSPF 路由数；所支持的 MAC 地址数；DVMRP 路由数量；静态路由；路由 ARP 数量；IPX 转发数量；IPCache 数量；4 层 QoS 会话数；能支持的最大 GE 端口数；是否支持链路捆绑；链路捆绑 Trunk 数量；是否支持线速 NAT 功能。

性能指标。背板交换原理；包转发能力；包转发时延；支持 QoS 的队列数；是否支持基于端口的流速率控制；机箱平均无故障时间（MTBF）；管理模块平均无故障时间（MTBF）；电源平均无故障时间（MTBF）；平均故障恢复时间（MTTR）；系统可用度。

可靠性。

公用部件冗余。主控模块数；电源模块数；所支持的冗余路由协议。

网络管理。网络管理软件名称；网管协议；用户界面；Web 支持；MIB 接口提供。

GE 端口相应的传输距离。SX；LX；LH。

2）路由器选型要点

路由器的基本功能。

网络要实现端到端的通信连接，路由器不仅需要在网络中传输数据（路由选择和推进数据），而且需要和用户直接进行交互协同完成相应网络层的操作。

网络层提供的服务可以是面向连接也可以是面向非连接的，在计算机网络中一般采用的是面向非连接工作方式，而在电信网络中一般则采用面向连接工作方式。两者在控制和信息传输的简单性、服务效率以及保证通信过程服务质量等方面具有各自的特点，在综合网络中，必定会采用综合两种优点的连接方式。作为计算机网络的网络层中继设备的路由器一般采用面向非连接工作方式，执行的协议如 IP、IPX 和 CLNP（OSI 网络层协议）。考虑到电信网络和计算机网络的融合趋势，也可将电信网络的网络层的设备看作路由器的一种形式，那么在分组交换网络中的数字信道设备（简称 DCE）可以看作是特殊的面向连接的路由器。路由器的基本功能应考虑如下几点：

（1）路由选择技术和协议

路由选择技术和协议有：广域连接能力；端到端的数据传输；中间系统间的协议。

（2）路由器种类的选择

路由器一般有 4 种路由器，它们是：基本路由器；模块化路由器；单协议路由器；多协议路由器。

选择哪一种路由器，应根据应用需求来决定。

（3）路由器在网络互连中的应用

路由器可以将不同 LAN（如令牌环和 CSMA/CD 网络）通过各种 WAN 进行连接，可提供抗故障能力和无阻塞的网络互连，并支持用户的有限接入以保证网络的安全性。虽然其他网络中的设备也可能提供许多类似的功能，但只有路由器可以更自然更有效地实现这些机制。具体表现为：混合网络互连；高连通性；访问控制。

用户应根据业务发展的需要决定使用路由器。

3）工作站选型要点

网络工作站通常是计算机网络的用户终端设备，一般指 PC 机，主要完成数据传输、信息浏览和桌面数据处理等功能。在客户/服务器网络中，网络工作站称为客户机。工作站选型时考虑以下几个方面。

（1）工作站的主要体系结构

工作站的主要体系结构主要有：

工业标准体系结构（ISA），是一个 16 位的系统。

扩展工业标准体系结构（EISA），是一个 32 位的系统。

微通道体系结构（MCA），这是 IBM 专有的 32 位系统。

64 位的系统。

4）服务器的选型要点

服务器是一台被网络工作站访问的计算机系统，通常是一个高性能计算机，是网络的核心设备，服务器按计算机的性能可分为：大型机服务器；小型机服务器；工作站服务器。

如果按所提供的服务可分为文件服务器、打印服务器、数据库服务器、Web 服务器、电子邮件服务器、代理服务器、应用服务器等。

（1）服务器的指令集

服务器的指令集一般有（RISC）精简指令集计算机和复杂指令计算机（CISC）。

RISC 处理器可用的指令数量比 CISC 少得多，因此，RISC 的效率较 CISC 高。

（2）服务器选择原则

服务器选用原则主要有：系统的开放性；系统的延续性；系统的可扩展性；系统的互连性能；系统的稳定性；应用软件的支持；系统的性能/价格比；系统的安全性等。

（3）服务器的系统结构

目前，市场上主要流行的服务器的系统结构一般有：

IA 系统结构。该结构是以 32 位或 64 位处理器的系统总线为基础。

刀片式系统结构。该结构对硬盘的要求不高，以高密度、易管理、低功耗、灵活配置等为特点，是为群集计算服务的。

机架式。机架式服务器是采用标准 19 in、能够放置在机械结构内的产品。

机箱式。机箱式服务器是指通常独立放置在桌面或地面上使用的产品，外形、规格没有统一的标准。

（4）服务器的级别

①入门级。

入门级服务器通常只有一个 CPU、配置 64～128 MB，适用于小范围内完成数据处理、Internet 接入等需求，可满足 10～50 个用户需求。

②工作组级。

工作组级服务器一般有 1～2 个 CPU，具备小型服务器所具备的各种特性，适用于中小企业、中小学、大企业的分支机构，可满足 50～100 个用户需求。

③部门级。

部门级服务器一般有 2～4 个 CPU，具有较高的可靠性、可用性、可扩展性和可管理性，适用于各种小型数据库如 Internet 服务、Web 服务等，可满足 100～200 个用户需求。

④企业级。

企业级服务器一般有 4～8 个 CPU，系统性能、系统连续运行时间都比较好。服务功能齐全、适用于大型企业的应用，可满足众多用户的需求。

（5）数字视频服务器

数字视频服务器能够以企业 Internet 为网络平台，完成对本地或远程的受控站点的数字图像传输。数字视频服务器一般采用下面的结构：在远端监控现场，有若干个摄像机、各种检测、报警探头与数据设备，通过各自的传输线路，汇接到多媒体监控终端上，多媒体监控终端可以是一台 PC 机，也可以是专用的工业机箱组成多媒体监控终端。除了处理各种信息和完成本地所要求的各种功能外，系统利用视频压缩卡和通信接口卡，通过通信网络，将这些信息传到一个或多个客户终端。特别是还有一个功能，是数字视频服务器重点要解决的问题。

主要功能：

预览功能：可同时实现 1、2×2、3×3、4×4 等多画面实时图像预览。

远程控制功能：通过网络端口控制万向云台，全方位进行图像监控。

网络功能：在网络上传输视频流，进行远程监控。

服务器通过远程摄像头采集视频图像，经过编码在网络上传输，客户端通过客户端软件接收到视频图像。一般情况下，客户端需要安装一个客户端软件才能够接收到视频图像；也可以采用服务器/浏览器模式，即将客户端软件做成控件，嵌入到网页中。这样，就减少了客户端安装软件的麻烦。

（6）服务器操作系统选型要点

作为服务器软件的基础，操作系统常常被人们忽略。但是随着企业业务变得越来越复杂，选择合适的操作系统也就显得越来越重要。现在的操作系统在商务活动的组织和实施过程中发挥着支配作用。

第一，Windows 操作系统。

在 Windows 操作系统出现以后，由于它能支持众多的商业应用软件，所以对许多用户来说已经成为一个标准。Windows 操作系统通过将图形界面融入操作系统本身，标志着企业操作系统走进新时代，因为它大大缩小了服务器同客户端之间的差别。

当前，操作系统中最热门的趋势之一便是"兼容并存"，即将多种操作系统集成在一个平台之上。

第二，UNIX 操作系统。

有了 Linux 的竞争，UNIX 厂商更致力于提高商用 UNIX 开发的速度和 UNIX 的功能与性能。集中计算的趋势使许多大企业都转向拥有数十个或数百个处理器的单一 UNIX 服务器，UNIX 操作系统在这一点上是相当具有优势的。

5）防火墙选型要点

为了适应不同客户的需求，防火墙也衍生了各种特定的产品，对于用户来说，就需要因地制宜选择适合本单位所需要的产品。可以从下述几个方面要素进行防火墙选型：宏观因素；基本原则；管理因素；功能因素；性能因素；抗攻击能力因素；考虑百兆千兆防火墙的因素。

防火墙价格从几千元到几十万元不等，部署位置从服务器、网关到客户端，所面对的企业应用环境千差万别。在众多的防火墙中，根据不同用户的需求特点确定适合的产品。

（1）电信级用户

电信级用户对防火墙产品的要求，见表5-2。

性能需求，主要是对吞吐量的要求；

反拒绝服务攻击能力的需求；

远程维护能力的需求；

与其他安全产品互操作能力的需求；

负载分担能力的需求；

高可靠性的需求；

内网安全性需求。

表 5-2　电信级用户对防火墙产品的要求

项　　目	要　　求
面向用户对象	一般为大的 ISP、ICP、IDC
主要特点	内部网络有大量的服务器，高带宽，网络流量大，网络访问主要从外部客户端发起
能够承受的费用	能够承受高额的实施费用，以及后继的维护费用
相应的技术能力	高，有能力维护防火墙的运行

（2）企业级用户

企业级用户对防火墙产品要求是：内网安全性需求；细度访问控制能力需求；统计、计费功能需求；VPN需求；带宽管理能力需求，见表5-3。

表 5-3　企业级用户对防火墙产品的要求

项　　目	要　　求
面向用户对象	上网企业、政府机构、TSP 内部网络
主要特点	相对低带宽，网络访问主要从内部客户端向外部发起，内网一般包含关键性企业的内部数据
能够承受的费用	能够承受适中的实施费用，以及后继的维护费用
相应的技术能力	中

①大型企业根据部署位置选择防火墙。

大型企业应该选择一套可管理的防火墙体系，将防火墙分别部署到网络的服务器、网关和客户端上。每一个位置对防火墙的性能指标要求都不一样。在服务器端部署防火墙，可限定内网的随意访问，防止来自内部的攻击。由于经常有大量的访问，对防火墙的安全性能提出了较高的要求。在网关级，防火墙往往成为整个网络的效率瓶颈，如果选择不好，有可能影响整个网络的效率。因此，必须选择一款并发连接数高的高性能防火墙。在客户端，可由防火墙管理系统进行统一管理。

②中小企业根据网络规模选择防火墙。

中小企业一般在网关级配置防火墙，可选择百兆或千兆的性能。具体可根据自身应用的规模和数据流量来定，避免出现在数据流量大时选择了百兆性能，使防火墙成了网络性能的瓶颈。或在百兆的线路上安装千兆防火墙，造成浪费。

中小企业对防火墙产品的要求是：内网安全性需求；VPN需求；网络地址翻译，见表5-4。

表 5-4　中小企业对防火墙产品的要求

项　　目	要　　求
面向用户对象	小于 50 个节点的网络用户
主要特点	相对低带宽，网络访问主要从内部客户端向外部发起，内网一般包含关键企业内部数据
能够承受的费用	低
相应的技术能力	低

（3）个人单机级用户

个人单机级用户对防火墙产品的要求主要是：保护本机不被非授权用户访问；防止本机非授权向外传送信息；每一次的连接都可以向用户作出警告，见表5-5。

表 5-5　个人单机级用户对防火墙产品的要求

项　　目	要　　求
面向用户对象	移动办公的笔记本计算机的用户，拨号上网的用户
主要特点	直接连接 Internet，只需要保护本机
能够承受的费用	低，或者免费
相应的技术能力	低

◀◀◀ 第四节　计算机网络施工与验收 ▶▶▶

一、计算机网络系统施工

1. 工程施工的具体要求

为了提高计算机网络系统的施工质量，保证系统的正常运行，工程按照国家有关标准、规范的规定，在政府监察机构与监理机构的联合监督指导下，由相关资质的优秀队伍施工，保证工程质量。

工程施工时，对施工人员和工程施工都有要求，要求的要点如下，依据这些要求进行施工阶段的监理工作。

1）施工人员要求

作为工程施工人员应符合下列条件：遵守国家法律，无犯罪历史；严守工程保密制度；接受施工主管部门的管理，遵守各项规章制度；带班班长及主要施工人员必须持有施工资格证书，或具备相应专业知识及技能，并有数年相关的施工经验。

2）工程施工要求

（1）在施工开始前的准备工作

工程经过调研、设计、确定方案、招标后，下一步就是工程的实施，而工程实施的第一步就是开工前的准备工作，要求做到以下几点：

第一点，设计实际施工图。供施工人员、督导人员和主管人员使用。

第二点，备料。工程施工过程需要许多施工材料，这些材料有的必须在项目施工前备好。主要有以下几种：光缆、双绞线、插座、信息模块、服务器、稳压电源、集线器、交换机、路由器等，落实购货厂商，并确定提货日期；不同规格的塑料槽板、PVC防火管、蛇皮管、自攻螺钉等布线用料就位；如果集线器是集中供电，则准备好导线、铁管和制定好电器设计安全措施（供电线路必须按民用建筑标准规范进行）；制定施工进度表（要留有适当的余地，施工过程中意想不到的事件，随时可能发生，并要求立即协调）。

第三点，向工程单位提交开工报告。

（2）施工过程中要注意的事项

施工现场督导人员要认真负责，及时处理施工进程中出现的各种情况，协调处理各方意见，避免工程进度被拖延。

如果现场施工碰到不可预见的问题，应及时向工程单位汇报，并提出解决办法供工程单位当场研究解决，以免影响工程进度。

对工程单位计划不周的问题，要及时妥善解决。

对工程单位新增加的点要及时在施工图中反映出来。

对部分场地或工段要及时进行阶段检查验收、确保工程质量。

制定工程进度计划表。提前控制好施工进度，保证工程顺利竣工验收。

在制定工程进度表时，要留有余地，还要考虑其他工程施工时可能对本工程带来的影响，避免出现不能按时完工、交工的问题。

进度计划表需进行审批，审批文件（通知单等）需经双方授权人签字后方可实施。

2. 工程施工方案的评审

为了使施工单位熟悉设计图纸，了解工程项目特点、设计意图、关键工程部分的质量要求、施工中应注意的问题，同时也是为了发现和及时纠正图纸中存在的差错，在工程项目施工之前，监理工程师应组织设计单位和施工单位进行设计交底和图纸会审。通常首先由设计单位介绍工程项目的设计意图、结构特点、技术措施、施工要求和施工中应注意的有关问题以及设计图纸的情况，然后由施工单位提出图纸中存在的问题、需要解决的难题以及对设计单位的要求，通过三方讨论协商解决存在的问题，并将会审的内容、涉及的问题及意见写出会议纪要交给设计单位，由设计单位对纪要中提出的问题用书面形式进行解释、澄清或修改设计，并履行设计变更签证手续。对于较大的问题，则由监理单位牵头，组织建设单位、设计单位和施工单位共同研究、协商解决。

1）设计交底的内容

①工程项目的自然条件和环境。如地形、地貌、水文、气象、工程地质、水文地质、社会经济等情况。

②设计依据。主要包括合同文件、初步设计，所采用的设计规范及标准、主管部门和其他有关部门（如规划、环保、交通、农业、防汛、渔业、电力、旅游等部门）的要求、设计

单位和市场供货的建筑材料和设备等情况。

③设计意图。主要包括设计思想、设计方案评选情况，工程等级、工程的平面布置组成、结构型式的选择、基础处理方案、生产设备及其型式的选择、设备的安装和调试要求、施工进度及工期的安排等。

④各专业设计的特点及其相互配合的要求。

⑤施工中应注意的问题。如对建筑材料的要求、基础处理的要求、结构施工的要求应注意的问题，工程中所采用的新材料、新结构、新技术、新工艺对施工的要求，施工中应采用的技术保证措施等。

⑥重大的设计技术方案、特殊的爆破、特殊部位或重要部位的混凝土浇筑、重型或大件设备及构件的运输吊装、新建工程与原有工程的连接等的要求和注意事项。

⑦重大的技术革新内容和科学研究项目。

⑧主要的质量标准和工艺质量要求。

⑨其他注意事项。

2）图纸审查的内容

①设计是否满足规定要求，如防灾抗灾、安全防火、卫生、环保等要求。

②设计图纸是否齐全完整，是否符合规定要求，能否满足施工需要。

③设计中的重大技术方案是否与施工现场条件相符，各专业设计之间的配合是否协调。

④工程中所采用的各种材料的供应有无保证，能否采用替代材料。

⑤工程中所采用的新材料、新技术、新工艺、新设备在施工中有无问题，能否保证质量。

⑥设计图纸中有无差错、遗漏和相互间存在矛盾的问题，如各专业图纸之间、各专业图纸与总图之间、图与表之间在结构尺寸、高程等方面，以及在材料的规格、型号、质量、数量、尺寸等方面是否一致，是否存在错、漏、缺等问题。

⑦各专业图纸之间在预留孔洞、预埋件等方面的尺寸、位置、规格、高程、数量上是否一致。

⑧设计选项、选材、结构等是否合理，是否便于施工和保证工程质量、图纸与设备和材料的技术要求是否一致。

⑨地质资料是否齐全，设计地震烈度是否符合陆地实际要求和有关规定。

⑩地基处理是否全面合理和符合要求，是否便于施工。

⑪施工安全是否有保证，能否满足生产安全与经济运行的要求。

⑫设计和图纸中所涉及的各种标准，图册规范、规程等，施工单位是否具备。

3）工程施工阶段要点

工程施工时的主要工作是：质量控制、质量验收。

（1）质量控制

①工程项目施工阶段的质量控制过程。具体就是按生产程序、影响因素、施工阶段进行的。

②工程项目施工阶段的质量控制。

③施工阶段的质量控制系统。

④施工阶段质量控制的方法和手段。

⑤施工过程（工序）的质量控制。

（2）质量检验

质量检验就是讨论工程材料的质量、生产设备的质量、施工机械的质量等，现重点讨论施工质量。施工质量的好坏是一个工程成败的关键因素，不同类型的工程，国家、行业有相应的质量检验标准，应严格地按其要求施工。

4）工程布线要点

①网络布线应符合《综合布线系统工程设计规范》（GB 50311—2007）的要求。

②工作区到管理间，基本链路长度应小于等于90 m。信道链路长度应小于等于100 m。

③端接方式在一个系统中能使用568 A或568 B中的一种。

④线缆拐弯时的曲率半径应符合标准要求。

⑤不允许裸线出楼（层）。

⑥线缆两端应有标记。

⑦挖沟埋线时应穿铁管。

⑧光缆改变光线方向时，应设"人井"。

⑨架空走线时，要征得市容管理部门的同意。

⑩架空光缆拐弯时的曲率半径要符合标准的要求。

5）安装工程设备要点

①设备安装要符合规范要求。

②需要通过UPS供电的地方，应具备UPS电源。

③设备间要有防静电措施。

④交换机、路由器、防火墙、服务器、调制解调器等设备放置要平稳、安全。

二、计算机网络系统的验收

1. 竣工验收的前提条件

工程验收必须要符合下列要求：

①所有建设项目按批准设计方案要求全部建设完毕并满足使用要求。

②各个分项工程全部初验合格。

③各种技术文档、验收资料准备齐全。

④施工现场清理完毕。

⑤各种设备经接通电源后试运行，情况正常。

⑥用户经试用后无意见。

2. 工程验收方案的审核与实施

在工程完工时，甲方、乙方、监理方三方共同确定验收方案，作为监理方这时的主要工作是：确认工程验收基本条件；建议甲方、乙方共同推荐验收人员，组成试验组；确认工程验收时应达到的标准和要求；确认验收程序。

1）确认工程验收基本条件的主要事项

①是否完成建设工程设计和合同约定的各项内容。

②是否有完整的技术档案和施工管理资料。

③是否有工程中使用的主要设备、材料的进场检验报告。

④是否有各单项工程的设计、施工、工程监理等单位分别签署的质量合格文件。

⑤是否有工程施工单位签署的工程保修单和培训的承诺书。

2）组成验收组

工程验收组的成员，原则上不使用监理方、施工方的人员，避免出现"谁监理谁验收、谁施工谁验收"的状况。考虑的验收组成员应对监理方、施工方保密。但监理方可作为甲方的邀请代表。理论上是由上级主管部门确定验收单位和人选。

3）确认工程验收时的标准和要求

工程施工方应向监理方提供验收的国家标准、地方标准的条文或名称。甲方、监理方应向验收组提供验收标准文本，并根据本工程的特点提出具体的要求。

4）确认验收程序

验收程序主要有：验收准备工作、初步验收、正式验收、验收资料的保存。

（1）验收准备工作

工程验收的准备阶段应做如下工作：组织人力绘制竣工图纸、整理资料。协同设计单位提供设计技术资料（可行性报告、立项报告、立项批复报告、设计任务书、视频设计、技术设计、工程概预算等）。组织人员编制竣工决算和起草工程验收报告的各种文件和表格。

（2）初步验收

初步验收是在施工方自验的基础上，由建设单位、施工单位、监理单位组成初验小组，对工程各项工作进行全面检查、合格后提出申请正式验收。

（3）正式验收

上级主管部门或负责验收的单位收到竣工验收申请和竣工验收报告后，经过审查、确认符合竣工验收条件和标准后，即可组织正式验收。

正式验收的一般程序有8点：听取施工单位报告工程项目建设情况，自验情况及竣工情况；听取监理方报告工程监理内容和监理情况，以及对工程竣工的意见；组织验收小组全体人员进行现场检查；验收小组对关键问题进行抽样复核（如测试报告）和审查资料；验收小组对工程进行全面评价并给出鉴定；进行工程质量等级评定；办理验收资料的移交手续；办理工程移交手续。

（4）验收资料的保存

验收资料应作为工程项目的档案在工程验收结束后移交给甲方，作为今后扩建、维修的依据，也作为复查的依据，保存的资料要全面、完整，由专门的机构保存。

3. 工程验收的组织

1）工程验收组构成

一般由甲方牵头，上级主管部门主持，验收单位或小组独立工作，监理单位、施工单位、甲方配合验收小组工作。

2）工程验收组的分工

工程验收组对工程验收时，对其成员应有明确的分工。

一般按分项工程成立测试（复核）小组、资料文件审查小组、工程质量鉴定小组。

（1）测试（复核）小组的工作

测试（复核）小组是根据提交的验收测试报告，提交的数据，通过仪器设备，对关键点进行复测，验证其数据的正确性。

所要复测的内容，应根据分项工程的具体情况和有关标准、规范的验收要求进行。

（2）资料审查小组的主要工作

资料审查小组应根据合同要求对乙方所提供的有关技术资料进行审查，资料要齐全，审查的资料大致分为：

基础资料。招标书；投标书；有关合同；有关批改；系统设计说明书；系统功能说明书；系统结构图。

工程竣工资料。工程开工报告；工程施工报告；工程质量测试报告；工程检查报告；测试报告；材料清单；施工质量与安全检查记录；工程竣工图纸；操作使用说明书；其他。

工程质量鉴定小组。工程质量鉴定小组根据具体的工程分别要做以下工作：听取建设单位、施工单位、监理单位对工程建设介绍；组织现场、复查验收；听取验收测试小组的工作汇报、资料审查小组的工作汇报、用户试用的汇报；起草工程验收的评语。

三、智能建筑中人工智能的应用

1. 智能建筑的发展及存在问题

建筑智能化在发展过程中也存在着一些问题，现在在很多的建筑中已经出现了楼宇自动化系统，利用顺序逻辑判断的能力进行自动控制，这个系统在运行过程中无法进行思维逻辑判断和自主学习，因此，一旦工作环境或者是工作的参数发生一定的变化就要对系统进行重新地调整，编写新的控制程序。这种楼宇自动化系统在进行系统维护的时候比较复杂，在进行检修的时候也非常不便利，因此，在一定程度上和智能化还是存在着很大的差距。

在科学技术和市场环境不断发展的过程中，智能建筑系统出现了很多的分立运行系统，这些独立的系统在进行利用的时候出现了相互脱节的情况，因此，对建筑综合控制还存在着一定的问题。各个系统在硬件设备方面出现了大量重复的情况，同时各个系统之间没有相互通信和控制的接口，因此，在进行操作和管理的时候需要对不同系统进行掌握，这样导致在人员技术培训方面成本也非常高。采用统一的模板硬件和软件结构能够将各个独立的系统融合在一个整体中，这样能够提高控制和管理的可靠性，同时，在智能化方面也能获得更好的发展。

2. 专家系统技术在智能建筑中的应用

所谓专家系统就是指一个模拟专家决策的过程，在这个系统数据库中，它有很多该领域内所需的知识与经验，该领域内相关科研人员只要通过该领域的专家提供的专业知识或者经验进行一定的推理，就能够进行相应的模拟决策。专家系统主要由五大部分组成，即知识库、数据库、推理机、解释器和知识获取器。通过合理的应用就能够实现具有专家水平的有效的推理决策。

在人工智能建筑中充分应用专家系统技术就相当于将一个或者多个业内专家的知识或者经验统一于一个项目课题中，并且进行有效的推理和模拟决策，由此对于该项技术做出指导性的决策。相对于传统的控制系统，专家系统在多方面表现出了其巨大的优势。例如，通过对该系统的应用能够得出更加准确的计算结果，以及更加智能的决策和多种技术的结合统一。在智能建筑物业管理以及服务方面，通过对专家系统的应用，能够实现对人的更好的管理，使得在对于智能建筑的人员进出、费用缴纳方面的服务能够进行更加智能化的管理，由此实现人们对于智能化的更高要求，便利于人们的生活。

专家系统是一种基于知识的系统，这个系统在使用的时候主要是对一些控制对象以及控制规律的专家知识进行掌握。人工智能计算机程序系统在一定程度上具备每个专门领域的专家知识和经验，因此，能够对出现的专业问题进行解决。专家系统对某个专门的领域能够更好地进行解决，因此，在计算机智能软件系统中，可以根据一个或者是多个专家提供的知识来对出现的问题进行解决，这样能够对一些复杂问题进行解决。建立计算机智能软件系统可以对专家的专业知识和经验进行掌握，采用知识表达技术可以建立知识模型和知识库，利用掌握的知识来进行推理。专家控制系统在进行设计的时候能够将过去控制系统中出现的问题进行解决，传统的控制系统中依靠的数学模型，将数学模型和知识模型进行结合，能够将知识处理技术和控制技术进行结合，也能发展智能建筑。将专家系统应用到智能建筑的物业管理服务中，对用户进行管理，同时也对建筑出入人员和业务咨询提供便利。

近几年以来，由于在人工智能技术产业方面特定的优势，知识库专家系统及其知识工程得到了很大程度的发展进步，且不断朝商品化方向发展。

①将知识作为后盾的专家系统，基于控制对象、规律开展系统构造、运行，并利用专家知识以合理补充，构筑出全面系统功能、框架。

②将专家系统技术应用于电子计算机中，就如同得到特定领域专家一样，能够对该特定领域一系列问题予以处理。专家系统技术的发展，有效地实现了把不同专家的意见展开有机融合，对特定领域专业知识决策环节、成功经验实践应用进行模拟。这一技术在其内部构建了一个庞大的数据库知识模型，用以针对相应特定的领域，具备表达技术及可科学借助推理技术为对应问题制定有系统性建议意见的引领性决策。相较于传统控制系统，专家系统有着多方面的优点，其在设计期间不单单是通过数学模型计算出精确结果，而且是通过知识、数学模型的有机融合，促进决策进一步智能化，达到知识信息处理与控制技术全面统一的目的。

3. 智能决策支持系统在智能建筑中的应用

现如今，信息技术急速进步，电子计算机、数据库运算水平等相关方面均获得了明显的改善。与此同时，社会经济不断发展，人类所面临的数据信息越来越多，随之数据信息处理分析的要求同样在快速增多。鉴于此，如何开展好数据库控制管理工作，俨然成为当前智能技术亟待解决的问题。

在数据库技术、分布式数据库技术日臻完善的背景下，智能决策技术逐步被引入建筑智能化系统集成中。智能决策支持系统，有机结合了人工智能技术、管理科学技术及电子计算机技术，其形成与发展，为全面智能建筑进一步智能化创造了极大的便利。智能决策支持系统的主要理论依据为管理科学、运筹学及控制论行为科学，在协同电子计算机技术的辅助下，促使智能决策支持系统能够有效作用于处理非结构化、半结构化决策问题。

在管理人员做决策过程中，智能决策支持系统可为管理人员有效提供以决策的一系列数据信息及分析结果，促进管理人员进一步了解决策内容。同时智能决策支持系统还能够对管理人员所作出的决策予以优化，从而改善决策质量，积极促进决策创造良好的社会、经济效益。

4. 人工神经网络在智能建筑中的应用

伴随智能建筑功能逐步强化，智能建筑中部署了越来越多的电气设备，建筑能耗亦不断提升。想要管理好一栋现代化建筑，确保建筑内数量庞大的电气设备得以有序运行，这对建筑设备各方面管理技术水平提出了严苛的要求。

而有着自适应、学习能力的人工神经网络可为解决上述难题提供极大的帮助。人工神经网络可应用于多个不同领域，包括数据信息处理、最优计算、语音识别等。就建筑智能控制而言，通常要求系统具备灵敏度、精确性及仿真模型等特征，显然这些要求对过于繁杂的传统模式无法使用。伴随技术个性人工神经网络模型不断得到简化，同时很大程度缩减了对电子计算机硬件方面的要求，如此为人工神经网络技术的推广普及创造了可能，有着十分客观的发展前景。

目前，在智能建筑中，系统功能设计、自主学习功能、语音识别、图像处理和信息智能化处理等多方面通过人工神经网络控制技术系统的应用已经得到很好的实现。但是随着人们生活水平的提高，人们在其他方面的需求也日益迫切，例如，建筑房屋内电气设备所耗费的能源所需设备的有序运行和协调等，能够满足高强度、快反应和控制力较高的水平，同时实现智能的修复和运行。而这些功能的实现就需要人工神经网络控制技术的应用，因为人工神经网络控制技术本身具有极强的学习和适应能力，通过这种特性的应用就能够很好地实现智能建筑对于复杂事件的控制问题。通过对系统简单参数的自行调节，能够更好地实现在智能建筑中对于智能设备的检测、控制、维护、自主学习和调节，很好地避免了由于各个系统之间独立运行所带来的脱节现象和无法进行自行修复所带来的麻烦。真正地实现智能化和智能建筑系统应该具备的自主学习、自适应、自组织功能，同时能够很好地满足人们的需求。从另一个角度来看，通过人工神经网络控制技术的应用能够更好地降低建筑内部仿真模型的复杂性，提高智能建筑系统的有效率，同时在人工神经网络控制技术响应速度和精确度方面通过优化其内部的结构，稳定内部系统，真正实现建筑智能化。

人工神经网络在建筑系统中的建模、学习控制和优化方面取得了非常好的成绩，在应用范围方面也取得了非常好的成绩，在语音识别、图像处理领域都得到了很好的应用。智能建筑在功能上出现了不断发展的情况，这样也使得现代建筑在进行施工的时候出现了越来越多的电气设备，这些设备在进行使用的时候耗能也是非常大的。因此，对一幢现代的大厦进行管理的时候，要安装的设备是非常多的，要保证这些设备非常安全和可靠，同时也要保证经济性。

智能建筑在设备自动化控制水平、反应能力以及运行水平上都得到了非常好的发展。人工神经网络在学习和适应能力方面效果非常好，因此，在进行监督和非监督训练的时候非常好，对一些比较复杂的控制也具有非常好的效果。智能建筑中设备的控制器都有不同的原理，因此，在进行建筑物施工的时候要对建筑物的特性以及自动调节参数进行控制，这样能够适应不同的建筑物。建筑智能化设备能够对实时信号进行检测，同时在进行控制的时候也能进行调节，因此，其能够进行更好的学习和适应，使建筑物在功能方面智能化。智能建筑控制是一种非常精确的系统，同时也是反应速度非常灵敏的系统，因此，在进行使用的时候能够具备传统模式无法实现的效果。

而新的神经网络学习模型采用动态学习方法建模，降低了模型的复杂性以及对计算资源与硬件的要求，控制硬件费用降低，可以采用硬件方式实现。新的神经网络学习已经在微型芯片上实现，即所谓的神经网络芯片。因此，这种模式很可能在不久的将来适合于小规模的智能建筑和民用建筑。同时，智能建筑需要学习模式的出现改变了传统模式的响应速度与精度，对计算机设备要求更加简单。建筑学习模式的开发将带来低成本建筑智能控制的革命。

尽管目前的建筑神经网络模型存在实时性等技术问题，但随着计算机速度的提高与神经网络实时算法的改进，建筑神经网络控制将更加完善。神经网络学习控制将采用大规模集成电路而不是计算机芯片形式实现，也不仅限于建筑能量控制与管理，还可以完成建筑物监控、保安、照明、娱乐等任务。相信在不远的将来，基于芯片的简单装置将取代今天的微处理器，使大量建筑物真正拥有智能成为可能。较低的造价可以使智能设备进入普通市民家庭。

随着数据库技术、网络技术以及计算机运算能力的快速发展，基于数据库的控制已成为可能，特别是随着分布式数据库和数据仓库技术的日益成熟，在建筑智能化系统集成时引入智能决策系统，可使智能建筑真正实现智能化。智能决策支持系统是近年来计算机技术、人工智能技术和管理科学相结合的一种新的管理信息技术。它以管理科学、运筹学、控制论行为科学为基础，以计算机技术、信息技术为手段，面对半结构化和非结构化的决策问题，帮助中、高层决策者进行决策活动，为决策者提供决策所需要的数据、信息和资料，帮助决策者明确决策目标和对问题的认识，建立和修改决策模型，提供各种备选方案，并对各种方案进行优化、分析、比较和判断，帮助决策者提高决策能力、决策水平、决策质量和决策效益，以取得最大经济效益和社会效益。

人工智能在发展过程中获得了非常好的效果，其中，专家系统、人工神经网络和决策支持系统都得到了非常好的发展。这些技术在智能建筑中都得到了非常好的应用，同时也成为了智能建筑的控制子系统，这样能够在终端上应用更加先进的技术，同时也能降低建筑智能化的运行和维护成本，实现优化和节能控制。智能建筑的发展给人们的生活带来了很大的变化，同时也使得人们的生活改变了很多，为了更好地满足人们的需求，对人工智能技术要进行更好的研究，这样也能推动人们生活水平的提高。

◀◀◀ 第五节　BIM 技术在智能建筑系统中的应用 ▶▶▶

一、BIM 与智能建筑的融合

1. BIM 与智能建筑融合的背景

随着我国经济的迅速发展，我国在国际上的地位不断提高，一些重要的活动开始在我国举办。这类盛会给我国的经济发展和城市建设带来了新的契机，城市建设过程中大型的、地标性的建筑不断涌现。这类建筑在规模上属于大型建筑体，在功能上更加智能化，为建筑的使用者带来了不同于传统建筑的体验。然而，建筑规模的庞大、结构功能的复杂化也给建筑的规划、设计、施工和后期维护带来了不可想象的困难。传统的依靠 2D 图纸的设计方案，抽象难于理解，施工人员很容易误解而发生与设计方案的偏差，不得不返工；此外，因为建筑自身的结构复杂性，二维图纸对于管线、设备的表现不能直观地显示其空间位置是否存在冲突，也往往造成施工过程要修改设计图纸来调整设备等的位置，使得建设效率低下。建筑一旦施工完成交付使用，图纸一般束之高阁，重复利用率极低。

相对于 2D 的图纸，BIM 技术的引入改变了这一建筑信息在建筑竣工后不能被充分利用的弊端。BIM 技术是指运用数字信息与计算机技术的结合，以三维立体的方式来进行项目设计并指导施工、维护运营的新技术。BIM 模型以三维形式表达它的几何属性，BIM 模型各构件的非几何属性信息也被包含在模型内。BIM 中的信息贯穿于建筑的整个生命周期，设计阶段的 BIM 可以使用到施工阶段，对施工情况进行检查，另外施工阶段的改动可以在 BIM 模型中进行修改，BIM 同步于施工的结果。BIM 无论是几何属性还是非几何属性，对于建筑在竣工后的运维阶段都是重要的信息。BIM 应用于运维阶段将给建筑的使用者和经营者带来极大的收益和回报。

通过 BIM 技术在项目运营管理中的应用，可以明确 BIM 技术在运营管理中的数据存储借鉴、便捷信息表达、设备维护高效、物流信息丰富、数据关联同步等方面有很大优势。

相关学者的研究成果展示出 BIM 在建筑运维阶段的优势，将设计、施工阶段日趋丰满的 BIM 融入到建筑智能管理系统（IBMS）并应用于建筑运维阶段将发挥其更大的优势。

2. BIM 技术结合智能建筑系统应用于建筑建设中

现代大型建筑的建设要经历规划、设计、建造和运营维护四个阶段，而 BIM 技术可贯穿于整个过程，且 BIM 模型自身和其携带的信息在不断动态更新，也就是说 BIM 中的信息在建筑中从规划到运维阶段具有延续性和一致性。

1）BIM 在建筑四个阶段信息的变化

（1）项目前期

在业主方，项目提出后限于书面文字内容抽象且不实际，采用 BIM 技术，可实现对项目的初步规划，对规划方案进行预演、对项目实施的场地情况进行分析、对建筑建成后的各项性能进行预测和成本估算；另外规划方案可能不止一个，利用 BIM 模型对几个方案进行比对分析，可选出最优的一个方案，作为项目的基本雏形来支持后续工作的开展。此阶段确定项目实施进度，在 BIM 中建立数据规则，连同建筑性能数据分析结果可作为建筑设计和施工阶段的依据。

（2）设计阶段

这一阶段主要是建筑的设计方开展工作。BIM 技术在这一阶段的应用表现为，建筑模型三维可视化设计、建筑体及其内部构件的各个设计方协同设计、建筑性能化设计、管线综合布线设计等。BIM 模型的信息丰富起来，从小的管线节点到大的建筑幕墙，它们的尺寸、位置、颜色及可能的材质等信息作为属性进入模型中存储下来；在这个阶段，建筑施工的工程量也被大致统计出来。

（3）施工阶段

相比于前两个阶段，项目的施工阶段历时较长，对 BIM 技术应用也从设计方转移到项目施工方与监理方。施工方按照设计阶段的方案进行施工，并将实际施工结果与设计阶段的 BIM 进行比对，以控制施工结果与设计相符；施工过程中建筑构件的材料信息录入到 BIM 模型关联的数据库中，包括采购时间、供应商信息等，方便建筑在运营维护阶段对物料的追踪。监督方承担对建筑建设施工的监督和管理，把好施工过程中的质量和进度关，利用二维图纸查看施工是否符合设计方案既抽象又难于理解，而依靠 BIM 模型可以直观地对施工情况与设计方案进行对比，一定程度上降低了监理人员检查施工情况的工作难度，提高了工作效率。

可见，一方面，应用 BIM 技术为建筑建设施工的正常进行提供了依据；另一方面，项目在实施过程中，可能因为一些不可控因素（如施工环境、建筑布局等）而发生变更，施工不能按设计方案开展，设计阶段的 BIM 模型结果就要根据实际的情况进行修改调整，监理方可以依据更新的 BIM 模型协调各方进行下一步施工。建筑 BIM 模型自身在施工阶段信息得到补充，愈加完备。

（4）运维阶段

建筑的运维管理范畴包括五个方面：

①空间管理。

空间管理主要是满足组织在空间方面的各种分析及管理要求，更好地响应组织内各部门对空间分配的请求及高效处理日常相关事务，计算空间相关成本，执行成本分摊等内部核算，增强企业各部门控制非经营性成本的意识，提高企业收益。

空间分配。

创建空间分配基准，根据部门功能，确定空间场所类型和面积，使用客观的空间分配方法，消除员工对所分配空间场所的疑虑，同时快速地为新员工分配可用空间。

空间规划。

将数据库和 BIM 模型整合在一起的智能系统跟踪空间的使用情况，提供收集和组织空间信息的灵活方法，根据实际需要、成本分摊比率、配套设施和座位容量等参考信息，使用预定空间，进一步优化空间使用效率并且基于人数、功能用途及后勤服务预测空间占用成本，生成报表、制订空间发展规划。

租赁管理。

应用 BIM 技术对空间进行可视化管理，分析空间使用状态、收益、成本及租赁情况，判断影响不动产财务状况的周期性变化及发展趋势，帮助提高空间的投资回报率，并能够抓住出现的机会及规避潜在的风险。

统计分析。

主要包括成本分摊、比例表、成本详细分析、人均标准占用面积、组织占用报表、组别标准分析等报表，方便获取准确的面积和使用情况信息，满足内外部报表需求。

②资产管理。

资产管理是运用信息化技术增强资产监管力度，降低资产的闲置浪费，减少和避免资产流失，使业主在资产管理上更加全面规范，从整体上提高业主资产管理水平。

日常管理。

主要包括固定资产的新增、修改、退出、转移、删除、借用、归还、计算折旧率及残值率等日常工作。

资产盘点。

按照盘点数据与数据库中的数据进行核对，并对正常或异常的数据做出处理，得出资产的实际情况，并可按单位、部门生成盘盈明细表、盘亏明细表、盘亏明细附表、盘点汇总表、盘点汇总附表。

折旧管理。

包括计提资产月折旧、打印月折旧报表、对折旧信息进行备份，恢复折旧工作、折旧手工录入、折旧调整。

报表管理。

可以对单条或一批资产的情况进行查询，查询条件包括资产卡片、保管情况、有效资产信息、部门资产统计、退出资产、转移资产、历史资产、名称规格、起始及结束日期、单位或部门。

③维护管理。

建立设施设备基本信息库与台账，定义设施设备保养周期等属性信息，建立设施设备维护计划。对设施设备运行状态进行巡检管理并生成运行记录、故障记录等信息，根据生成的保养计划自动提示到期需保养的设施设备。对出现故障的设备从维修申请，到派工、维修、完工验收等实现过程化管理。

④公共安全管理。

公共安全管理是应对火灾、非法侵入、自然灾害、重大安全事故和公共卫生事故等危害人们生命财产安全的各种突发事件，建立起应急及长效的技术防范保障体系，包括火灾自动报警系统、安全技术防范系统和应急联动系统。

⑤能耗管理。

能耗管理主要由数据采集、处理和发送等功能组成。

数据采集。

提供各计量装置静态信息人工录入功能，设置各计量装置与各分类、分项能耗的关系，在线检测系统内各计量装置和传输设备的通信状况，具有故障报警提示功能，灵活设置系统内各采集设备的数据采集周期。

数据分析。

将除水耗量外各分类能耗折算成标准煤量，并得出建筑总能耗；实时监测以自动方式采集的各分类、分项总能耗运行参数，并自动保存到相应数据库。实现对以自动方式采集的各分类分项总能耗和单位面积能耗进行逐日、逐月、逐年汇总，并以坐标曲线、柱状图、报表等形式显示、查询和打印。对各分类分项能耗进行按月、按年同比或环比分析。

运维阶段在整个建筑生命周期所占的时间比例最大。从前三个阶段到建筑的运维阶段，BIM集成了建筑的三维几何信息、构件的位置与尺寸等参数信息、管线的布局、建筑的材料信息、基本设备的生产厂家信息等等。建筑的使用者利用建筑空间开展业务，空间管理自然离不开"面积"和"位置"，这两个信息在建筑竣工后的BIM模型中有现成的数据可供使用；资产管理，对建筑来说，一般指固定资产，所有的固定资产都是基于"位置"的，BIM模型中有这些固定资产的位置，在楼层、房间都是三维可视化显示；BIM模型中的建筑构件和基本设施的使用期限、生产厂家等信息可查阅，为建筑运营期间设施的维护提供一个参考；用BIM模型可以直观地找到应急设施和安全出口的位置，基于BIM模型可以进行应急方案模拟；BIM模型中关联各种能耗设备的探测器，可以直观地了解到某个部位的能耗情况。同时，空间管理中的建筑物局部改造、资产的调整搬移、设施的维护更换、安全应急方案的拟定、能耗的调查与能耗设备的调整又反作用于BIM模型，其几何信息与非几何属性信息得到修改完善。

2）IBMS集成BIM

随着科技的进步，我国的信息化、智能化也发展起来，IBMS系统成为现代建筑运营管理的一个利器。IBMS（智能建筑管理系统）是通过统一的软件平台对建筑物内的设备进行自动控制和管理。如实现对建筑内的空调、给水排水、供电设备、防火等设备进行综合监控和管理，为建筑的高效、节能管理提供辅助决策手段，使建筑处于高效率、低能耗正常运营的状态，使建筑使用者的工作环境更为安全和舒适。

IBMS 主要包括楼宇自控系统、消防系统、视频监控系统、停车库系统、门禁系统等子系统。针对 IBMS 中的子系统的运行方式，可以对建筑竣工的 BIM 模型进行进一步挖掘应用。

（1）BIM 用于空间定位

楼宇自控系统包括了照明系统、空调系统等。相关设备设施在 BIM 模型中以三维模型的形式表现，从中可以直观地查看其分布的位置，使建筑使用者或业主对于这些设施设备的定位管理成为可能。消防系统的消防栓安放位置、视频监控摄像头等的位置、停车库的出入口、门禁的位置等，在 BIM 这一三维电子地图中以点位反映给这些信息的关注者，以往的"问路"式管理方法依靠于有经验的工作者对建筑物中设备和设施的熟悉程度，位置找不到就去问他们；而今在融合了 BIM 的 IBMS 系统中可以一览详情。

（2）BIM 用于设备维护

BIM 模型的非几何信息在施工过程中不断得到补充，竣工后集成到 IBMS 系统的数据库中，相关设备的信息如生产日期、生产厂商、可使用年限等都可以查询到，不需要花额外的时间对设备的原始资料与采购合同进行翻找、查询，为设备的定期维护和更换提供依据；另外设备的大小、体积及放置信息作为模型的关联信息也存储在模型数据库中，在对建筑物进行 IBMS 相关子系统的改造中，不用进行多次的现场勘查，依据 BIM 中这些信息就可制订实施方案。

（3）BIM 模型用于灾害疏散

现代建筑物的功能多，结构相应复杂，建筑内部突发灾害时，及时采取有效的措施能减少人员伤亡，降低经济损失。BIM 模型汇集了建筑施工过程的信息，包括安全出入口的位置，建筑内各个部分的连通性，应对突发事件的应急设施设备所在等。因此当建筑内部突发灾害，BIM 模型可以协同 IBMS 的其他子系统为人员疏散提供及时有效的信息。BIM 模型的三维可视化特点，及 BIM 模型中的建筑结构和构件的关联信息可以为人员疏散路线的制定提供依据，保证在有限的时间内快速疏散人员。如火灾时，IBMS 的消防系统可以发挥作用，BIM 模型的"空间定位"特性可以提供消防设备的对应位置，建筑的自控系统可以根据 BIM 模型定位灾害地点的安全出口，以引导人员逃生。

（4）BIM 信息用于能耗管理

在建筑内的现场设备是 IBMS 的各个子系统的信息源，包括各类传感器、探测器、仪表等。从这些设备获取的能耗数据（水、电、燃气等），依靠 BIM 模型可按照区域进行统计分析，更直观地发现能耗数据异常区域，管理人员有针对性地对异常区域进行检查，发现可能的事故隐患或者调整能源设备的运行参数，以达到排除故障、降低能耗维持建筑的业务正常运行的目的。

BIM 模型的三维表达形式在建筑的整个生命周期中都发挥着重要作用，同时 BIM 在建筑全生命周期中的各个阶段不断更新，其中的信息是延续和一致的。

BIM 模型的丰富信息不能因项目竣工交付使用而戛然而止，信息的生命可以延续到后期建筑的运营阶段。以 BIM 模型融入到建筑智能化发展的建筑智能管理系统中，实现设备定位管理、设备维护信息查看、突发灾害的人员疏散及能耗的统计分析等，是对 BIM 技术的一个升级应用，显示出 BIM 技术在建筑全生命周期的活力。BIM 模型中的信息丰富必然存在着数据量大的问题，在众多数据中提取出有用的数据应用于建筑的运维管理也是一项艰巨的任务，需要具有相关专业知识的人员配合提取出 BIM 中的有用信息。通过对 BIM 融入 IBMS（智能建筑管理系统）进行建筑运维管理的简要分析，对 BIM 在建筑运维阶段的应用在后续研究中做进一步挖掘工作。

二、BIM 在智能建筑中的物业管理及设备运维中的应用

1. BIM 的动态化

BIM 在基建项目的设计、施工中应用得越来越广泛，同时发挥着越来越大的作用。从物业管理和设备运维角度出发，提出一些实用的想法，以延续 BIM 在项目中的寿命周期。

让 BA 走进 BIM，让 BIM 动起来。只有形成一个动态 BIM 环境，才能使 BIM 在运维上发挥作用。不是要一个动画三维图，而是要让 BIM 中涵盖动态化数据。

1）全楼空调的管理

对于一个复杂而庞大建筑的空调系统，要随时了解它的运行状态，利用 BIM 模型就非常直观，对整体研究空调运行策略、气流、水流、能源分布定义很大。对于使用 VAV 变风量空调系统及多冷源的计算机中心等项目来说，实用意义就更大。

通过 BIM 技术，人们可以了解到冷机的运行、类型、台数、板换数量、送出水温、空调机（AHU）的风量、风温及末端设备的送风温湿度、房间温度、湿度均匀性等几十个参数，方便运行策略研究、节约能源。同时对水泵启停、阀门的开启度、各管线的水温、流量，可进行直观的监视。

2）智能照明

现在大多数项目都具有智能照明功能，利用 BIM 模型可对现场管理，尤其是大堂、中庭、夜景、庭院的照明再现，为物业人员提供了直观方便的手段。

3）动态 BIM 的软、硬件条件

为了实现动态 BIM 的应用，在软件上：

①BA（楼宇自控）所得到所有监测信息中的重要信息，必须接进 BIM 模型中，这一点在弱电楼控系统采购时须要求软件系统提供商保证提供数据接口，可使数据接入 BIM；

②配置二维码、RFID 卡；

③移动平板电脑等。

2. 工程应急处置

1）漏水应急处理实例

在我们管理的项目中，有一次市政自来水外管线破裂，水从未完全封堵的穿管进入楼内地下层，尽管有的房间有漏水报警，但水势较大，且从管线、电缆桥架、未作防水的地面向地下多层漏水，虽然有 CAD 图纸，但地下层结构复杂，上下对应关系不直观，从而要动用大量人力，对配电室电缆夹层、仓库、辅助用房等进行逐一开门检查。如果能将漏水报警与 BIM 模型相结合，我们就可在大屏上非常直观地看到浸水的平面和三维图像，从而制定抢救措施，减少损失。

2）重要阀门位置的显示

标准楼层水管及阀门的设计和安装都有相应的规律，可方便找到水管开裂部位并关上阀门。但是在大堂、中庭等处，由于空间变化大，水管阀门在施工时常存在哪里方便就安装在哪里的现象，如某项目因极端冷天致使大门入口风幕水管冻裂，经反复寻找阀门，最后在

二层某个角落才找到。这里虽存在基础管理的缺陷，但如有 BIM 模型显示，阀门位置一目了然，处理会快很多。

3）入户管线的验收

一个大市政项目有电力、光纤、自来水、中水、热力、燃气等几十个进楼接口，在封堵不良且验收不到位时，一旦外部有水（如市政自来水管爆裂、雨水倒灌），水就会进入楼内。利用 BIM 模型可对地下层入口精准定位、验收，方便封堵，质量也可易于检查，减少事故几率。

3. 火灾应急处置水平的提高

对于火灾应急处置是 BIM 模型最具优势的典型应用。

1）消防电梯

按目前规范，普通电梯及消防电梯不能作为消防疏散用（其中消防梯仅可供消防队员使用）。而有了 BIM 模型及 BIM 具有了前述的动态功能，就有可能使电梯在消防应急救援，尤其是超高层建筑消防救援中发挥重要作用。

要达到这一目的所需条件包括：

①具有防火功能的电梯机房、有防火功能的轿厢、双路电源（采用阻燃电缆）或更多如柴发或 UPS（EPS）电源；

②具有可靠的电梯监控，含音频、视频、数据信号及电梯机房的视频信号、烟感、温感信号；

③在电梯厅及电梯周边房间具有烟感传感器及视频摄像头；

④可靠的无线对讲系统（包括基站的防火、电源的保障等条件）或大型项目驻地消防队专用对讲系统；

⑤在中控室或应急指挥大厅、数据中心 ECC 大厅等处的大屏幕；

⑥可靠的全楼广播系统；

⑦电梯及环境状态与 BIM 的联动软件。

当火灾发生时，指挥人员可以在大屏前凭借对讲系统或楼（全区）广播系统、消防专用电话系统，根据大屏显示的起火点（此显示需是现场视频动画后的图示）、蔓延区及电梯的各种运行数据指挥消防救援专业人员（每部电梯由消防人员操作），帮助群众乘电梯疏散至首层或避难层。哪些电梯可用，哪些电梯不可用，在 BIM 图上可充分显示，帮助决策。

2）疏散引导

对于大多数不具备乘梯疏散条件的情况，BIM 模型同样发挥着很大作用。凭借上述各种传感器（包括卷帘门）及可靠的通信系统，引导人员可指挥人们从正确的方向由步梯疏散，使火灾抢险发生革命性的变革。

3）疏散预习

另外，在大型的办公室区域可为每个办公人员的个人电脑安装不同地址的 3D 疏散图，标示出模拟的火源点，以及最短距离的通道、步梯疏散的路线，平时对办公人员进行常规的训练和预习。

4. 安防能力的提高

1）可疑人员的定位

利用视频识别及跟踪系统，对不良人员、非法人员，甚至恐怖分子等进行标识，利用视频识别软件使摄像头自动跟踪及互相切换，对目标进行锁定。

在夜间设防时段还可利用双鉴、红外、门禁、门磁等各种信号一并传入 BIM 模型的大屏中。可以试想当我们站在大屏前，看着大屏中一个红点水平、上、下移动，走楼梯、乘电梯，时时都在我们的视线之中，如同笼子里的老鼠般，无法跳出我们的视野。

当然这一系统不但要求 BIM 模型的配合，更要有多种联动软件及相当高的系统集成才能完成。

2）人、车流量监控

利用视频系统和模糊计算，可以得到人流（人群）、车流的大概数量，这就使我们可在 BIM 模型上了解建筑物各区域出入口、电梯厅、餐厅及展厅等区域以及人多的步梯、步梯间的人流量（人数/平方米）、车流量。当每平方米大于 5 人时，发出预警信号，大于 7 人时发出警报，从而作出是否要开放备用出入口、投入备用电梯及人为疏导人流以及车流的应急安排。这对安全工作是非常有用的。

3）重要接待的模拟

利用 BIM 模型，我们可以在大屏上和安保部门（或上级公安、安全、警卫等部门）联合模拟重要贵宾（VIP）的接待方案，确定行车路线、中转路线、电梯运行等方案。同时可确定各安防值守点的布局，这对重要项目、会展中心等具有实用价值。利用 BIM 模型模拟对大型活动整体安保方案的制订也会有很大帮助。

5. 空间管理与导引系统

1）空间管理

主要包括会议室、展厅的预定。对于较重要的会议，人们大多要到现场查看会场。对于一个集中会议区、大型的会展中心，预定会场就变成了一个很繁重的工作，且由于对会场布局的不同要求，使这一工作的效率变得很低。

BIM 模型的建立提供了可视空间的 3D 模型，人们在电脑画面上（或手持平板电脑上）就可方便地了解会场的布局、空间感觉和气氛，同时可以模拟调整布局会场，改变桌子摆放、增减椅子数量，并立即得到调整后的空间效果。通过网络又可实现远程会场预定，大大提高了效率。这种预定方式同样非常适合展场展位的预定，对于出租类写字楼或同一单位的办公室调整也有很大帮助。

2）3D 引导显示屏

利用智能手机在楼内、区内进行信息引导已开始应用。在大型项目、大型会展园区设立多处 3D 引导显示系统，方便顾客。例如：中国尊大厦设计了双层空中大堂及双层电梯，如找不好路径，要到目的层就会很麻烦，因此可设多块 3D 导引牌，指示乘梯路径。

3）区域及室内定位

目前多用手机增强信号、WiFi 信号、VLAN（内部通信）信号等组成定位系统，精度应可做到 3～5 m，也有更精确的微波专用定位系统，定位精度可达到零点几米。我们认为在一般办公楼、园区、大型商场管理，定位 3～5 m 的精度应该够用。

人们通过智能手机、平板电脑等移动设备利用 APP 即可了解区域内的各种空间信息（地图功能）并可按引导寻找到目的地。这对一个大型物业项目、大型商场及大型会展中心来说都具有非常实用的价值。

4）车库定位及寻车

对车库停车的定位和取车寻找是一个热门话题，在停车位边上（柱、墙上）安装二维码，用智能手机扫描后，即记录了停车位置信息，再利用区域定位，即可找到所存的车，这一方法简单、投资低。但没有智能手机，这一方法就不能起作用。

当然依靠摄像识别系统或者每个车发一个定位用的停车卡（RFID卡），依赖精度更高的定位系统寻回停车也是可行的，但要考虑领卡所需的时间对大流量车库入库速度的影响。

总之，在已有车辆诱导系统的大型停车场，定位及寻回方式应尽可能简单。

6. 在物业管理上的应用

1）预留维修更换设备条件

利用BIM模型很容易模拟设备的搬运路线，要认真分析，对今后数年需更换的大型设备，如制冷机组、锅炉等作出管道可拆装、封堵、移位的预留条件。

2）基于BIM的建筑数据统计

BIM模型中的建筑数据比传统的CAD软件要求更严、更准，利用这一点在物业管理中可对诸如石材面积、地毯面积、地板面积、外窗面积以及阀门、水泵、电机等大量材料和零配件进行精准的定位统计。尤其是对于那些十几万平方米以上的大项目，结合物业行业中已较成熟的ERP管理，就可使管理工作上一个台阶。

3）大型清洁维修设备的模型

利用BIM模型可对较小空间中要使用大型清洁设备进行模拟，为采购提供依据。

4）BIM－ERP的连接

在物业管理企业中，ERP系统已开始广泛应用，多种版本的软件紧紧围绕物业管理需求，系统内容逐渐丰富，适用性逐渐完善。在应用中许多物管企业参与或改进了这一系统，因此使其越来越完善。BIM模型要在物业运维方面发挥作用、延续生命，与物管ERP连接是最有效的方法。ERP的大量数据、统计方式、显示界面都将使BIM应用更快更成熟，因此在设计BIM应用时，就要提前预留与ERP的接口条件。

5）射频卡和二维码

在机电设备运维管理中，利用射频卡或二维码作设备标签已开始普及，我们开始试验用RFID卡对隐蔽工程中的VAVBOX（变风量空调末端）、阀门等进行标签。但因设备多、标签数量大、电源需更换等问题，感觉比较麻烦。现开始采用二维码，在设备本体、基座、隐蔽设备附近（如通道墙面）贴附二维码，感到很实用。用智能手机、平板电脑扫描二维码可得到设备的相关信息及上下游系统构成，也可将巡视资料通过WiFi（或3G、4G）送回后台。

6）隐藏顶棚功能

房间分隔改造、风道风口移位、增加灯光电线，由于有天花板挡着，路由看不到；安装空间是否充分，同样看不见；从检修孔探进头也被空调末端挡着，看不清。这种情况就需要把天花拆掉，看个究竟。BIM模型的建立，解决了这个难题，在现场拿着平板电脑，调出房间图纸，作隐藏天花功能处理（涂层透明化），这时整个天花从图像中隐去，甚至连四壁墙的装修也隐去，天花内、装修内的设备、管线、电线的方位和走向一清二楚，为改造、检修提供了极大方便。

7）人员定位

在BIM模型中，在晚间对入室的保洁服务员、巡视保安人员及运维的技工进行定位，就可了解每个人的移动轨迹，这无疑对内部可能发生的偷盗、泄密等事件起到监视和威慑，从而提高敏感区域的安全性，使物业整体保卫保密工作的水平进一步提高。

8）BIM 模型与运维人员的培训

BIM 模型直观、准确，各种机电设备、管线、风道、建筑布局一目了然，同时动态信息、人流、车流、设备运行参数，又以动画方式演绎出来。这些信息正是培训运维技工、安保人员以及各类服务人员的极好教材。因此，充分利用这些教材进行培训，又成为 BIM 模型的重要应用内容。

7. BIM 应用的条件和维护

1）BIM 运维应用的必要条件

①需要数台高性能的服务器以及 UPS 电源；

②需要 BA 与 BIM 的接口，即要求楼控供应企业按接口协议将 BA 系统的监控数据（含电梯视频、音频、数据的监测信号）接入 BIM 模型中；

③BIM 应用的专有平台软件，并针对运维管理充分考虑 BIM 的建模精度，可以适当简化，尤其是导视、导人、导车等系统，降低对硬件的要求等；

④消防、烟感、温感、卷帘各信息及其他联动系统的信息可接入 BIM；

⑤安防高清摄像机可将视频（火灾、人流密度、VVIP 动线等）动画化按位置接入 BIM 模型中；

⑥清晰的显示大屏，这个大屏可设在项目中控室、应急指挥中心、数据中心的 ECC 大厅、决策室，最好采用对比度、亮度、色度都优于传统的拼接屏；

⑦较强功能的楼内及室外应急广播系统；

⑧监控机房、指挥中心、电梯、电缆、电源等具有较高的防火等级。

2）BIM 模型的维护

BIM 模型的建立比 CAD 图纸难度大很多，再把各项应用集成起来，真正发挥作用，就需要更大的努力。

因此，首先要确保初始 BIM 模型的准确性和各项参数的准确性，尤其是各项机电设备、管线位置、规格的准确性。其次在日后的运行中，在改造、维修时还要不断及时修正各参数的符合性，否则时间一长，BIM 就失去了真实存在性。

参考文献

[1] 梁萍，贺易明，晁玉增．我国电子招标投标现状分析与发展对策研究［J］．改革与开放，2014.

[2] 中华人民共和国住房和城乡建设部．智能建筑工程质量验收规范 GB50339—2013［S］．北京：中国建筑工业出版社，2013.

[3] 纪博雅，戚振强，金占勇．BIM 技术在建筑运营管理中的应用研究［J］．北京建筑工程学院学报，2014.

[4] 高镝．BIM 技术在长效住宅设计运维中的应用研究［J］．山西建筑，2014.

[5] 刘占省，王泽强，张桐瑞，徐瑞龙．BIM 技术全寿命周期一体化应用研究［J］．施工技术，2013.

[6] 汪再军．BIM 技术在建筑运维管理中的应用［J］．建筑经济，2013.

[7] 屈芳，黄术东．智能楼宇管理系统设计研究［J］．电子信息科学与技术，2013.

[8] 人力资源和社会保障部职业技能鉴定中心．台湖数据 BIM 设计施工综合技能与实务［M］．北京：中国建筑工业出版社，2016.

[9] 赵红．数字测图技术［M］．北京：北京大学出版社，2013.

[10] 张建新，张红军．建筑工程新技术及应用［M］．北京：建材工业出版社，2014.

[11] 孙威，阎石，蒙彦宇，吴建新．基于压电波动法的混凝土裂缝损伤主动被动监测对比试验［J］．沈阳建筑大学学报（自然科学版），2012.

[12] 刘莎，伊雷．混凝土配合比设计方法的研究进展［J］．山西建筑，2016.

[13] 宋延超，李林斌．高性能混凝土配合比设计及其存在的问题［J］．建筑知识，2016.

[14] 徐斌．计算机技术在建材质量检测中的应用［J］．电子测试，2013.

[15] 尹斯棱．建筑施工安全风险控制与安全管理模式创新［J］．中国新技术新产品，2015.

[16] 梁颖．城市景观园林设计的现状与改进对策探讨［J］．林业科技情报，2015.

[17] 戴茜，黄心渊，蒋蕊，王旭．虚拟现实技术在园林规划设计中的应用［J］．电子测试，2014.

[18] 宋扬．虚拟现实技术在园林绿化设计中的应用［J］．浙江林业科技，2015.

[19] 王志圣．建筑工程施工监理存在的问题及对策［J］．信息化建设，2016.

[20] 凌青英．计算机技术在建筑行业中的应用［J］．轻工科技，2014.

[21] 王梦蔚，卢广达，黄丹．基于 CT 扫描试验及数字图像处理的混凝土宏细观建模研究［J］．混凝土，2014.

[22] 马杰华．人工智能技术在智能建筑中的应用研究［J］．科技创新与应用，2014.

[23] 王全杰，刘姹．建设项目网络计划编制软件实训教程/施工组织设计实训系列教程［M］．北京：中国建材工业出版社，2013.

[24] 李久林等．大型施工总承包工程 BIM 技术研究与应用［M］．北京：中国建筑工业出版社，2014.

[25] 易晓强．建筑施工安全管理现状分析与对策研究［J］．北京．江西建材，2015.

[26] 姜曦．谈 BIM 技术在建筑工程中的运用［J］．山西建筑，2013.